输变电设备智能巡检作业技术

李胜川　韦德福　刘佳鑫 等　著

科 学 出 版 社

北 京

内 容 简 介

受电网数字化转型和智能运维需求驱动，近年来输变电设备智能巡检技术迅速发展，并在电网中得到规模化应用。本书重点阐述输电线路无人机巡检、变电站机器人巡检、电缆隧道机器人巡检和电力人工智能图像识别等方面的研究成果，并介绍国网辽宁省电力有限公司在无人机、电缆隧道机器人和变电站机器人智能巡检作业技术的应用实践经验。

本书可供从事电力系统输变电设备运维、人工智能、机器人及无人机研发和试验检测领域工作的工程技术人员，以及相关科研院所、生产制造单位的专业技术人员和管理人员参考。

图书在版编目（CIP）数据

输变电设备智能巡检作业技术 / 李胜川等著. —北京：科学出版社，2022.10

ISBN 978-7-03-073404-4

Ⅰ. ①输…　Ⅱ. ①李…　Ⅲ. 智能技术－应用－输电－电气设备－巡回检测 ②智能技术－应用－变电所－电气设备－巡回检测　Ⅳ. ①TM72 ②TM63

中国版本图书馆 CIP 数据核字（2022）第 188313 号

责任编辑：姜　红　高慧元 / 责任校对：樊雅琼
责任印制：吴兆东 / 封面设计：无极书装

科学出版社出版
北京东黄城根北街 16 号
邮政编码：100717
http://www.sciencep.com

北京九州迅驰传媒文化有限公司印刷
科学出版社发行　各地新华书店经销
*
2022 年 10 月第　一　版　开本：720 × 1000　1/16
2022 年 10 月第一次印刷　印张：14 3/4
字数：297 000

定价：128.00 元

（如有印装质量问题，我社负责调换）

作 者 名 单

李胜川	韦德福	刘佳鑫	郭　铁
段世杰	李　桐	郎业兴	刘一涛
韩洪刚	陈瑞国	李　振	张忠瑞
孙赫阳	王　帅	王冠宇	刘劲松
高　强	王　汀	张　琳	鲁旭臣
周桂平	陈　浩	赵子健	李冠华
刘　齐	赵振威	周榆晓	赵义松
李　斌	王飞鸣	郎福成	唐佳能
崔巨勇	赵臣慧	宋　通	薛艳伟
于　宇	杨　超	常子轩	王春宇
刘　佷	贾东瑾	刘少俊	王梓屹

前　言

随着我国经济的快速发展，我国对电力的需求也越来越大。输变电设备是电力系统的重要组成部分，输变电设备安全可靠运行是保障社会生产、生活优质供电的前提。输变电设备巡检工作尤其关键，通过巡检可以不断获取和更新设备各类数据信息，获取设备健康状态，它是提前发现设备缺陷和隐患、预防电网故障的重要手段，是保障能源互联网建设的重要基础性工作之一。但传统的人工巡检模式已无法满足电网高质量发展的需求，日益庞大的电网规模对输变电设备的日常巡检工作提出了新的挑战。

“十三五”期间，机器人、无人机等设备智能巡检技术的应用，为我国电网巡检作业提供了全新的发展机会。该领域主要包括输电线路智能巡检技术、变电站智能巡检技术等关键技术研究。本书重点介绍围绕输电线路无人机巡检、变电站机器人巡检、电缆隧道机器人巡检和电力人工智能图像识别等方面的技术研究成果和工程应用验证。

得益于智能电网建设进程的不断推进，智能电网巡检机器人迎来了广泛的应用。凭借着远超人工的全面优势，巡检机器人与无人机的制造、应用和发展，越来越受到电力行业的关注。机器人制造企业的技术人员更关注设计、结构、生产流程等；电网相关企业的技术人员更加关注安装、维护和效率等；国内一些高等院校和科研院所也开设了特种智能机器人等方面的课程并广泛参与了国家级科技项目研究，相关专业师生也希望全方位地掌握设备智能巡检技术的相关知识。

输变电设备智能巡检所用的机器人和无人机，面向的是复杂电力检测和作业场景，涉及电气、机械、自动化、计算机、人工智能等多学科的交叉融合，知识量巨大，本书只能整理该领域中的一部分知识。希望本书能对推动我国电网机器人智能巡检技术研究和应用、提高我国电网输变电设备安全运行水平起到一定的指导和借鉴作用。

本书作者主要来自国网辽宁省电力有限公司电力科学研究院、国网辽阳供电公司、上海柔克智能科技有限公司。本书由李胜川、韦德福、刘佳鑫统稿，第 1 章由郭铁、郎业兴、王帅等撰写，第 2 章～第 5 章由段世杰、韩洪刚、张忠瑞等撰写，第 6 章～第 8 章由李胜川、刘佳鑫、王冠宇等撰写，第 9 章和第 10 章由韦德福、陈瑞国、刘劲松等撰写，第 11 章由李桐、孙赫阳等撰写，第 12 章由高强、刘齐等撰写。此外，王汀、张琳、王春宇、常子轩、贾东瑾等在撰写本书的过程中提供了帮助和支持。在此，对参与撰写的单位及个人致以诚挚的谢意，并对提供资料和参与评审的专家致以诚挚的谢意。

由于作者水平有限，书中难免存在疏漏之处，恳请读者批评指正。

李胜川

2022 年 2 月 16 日

目　　录

前言
第 1 章　绪论 ······ 1
1.1　电网设备巡检模式 ······ 1
1.2　电网设备智能巡检需求 ······ 2
1.2.1　变电站智能巡检需求 ······ 2
1.2.2　架空输电线路智能巡检需求 ······ 3
1.2.3　无人机智能巡检需求 ······ 5
1.2.4　电缆隧道智能巡检需求 ······ 6
1.3　智能巡检手段发展现状 ······ 6
1.3.1　变电站智能巡检发展现状 ······ 6
1.3.2　架空输电线路智能巡检发展现状 ······ 11
1.3.3　架空输电线路无人机智能巡检发展现状 ······ 17
1.3.4　输电线路精细化巡检发展现状 ······ 20
1.3.5　电缆隧道精细化巡检发展现状 ······ 22
1.4　智能化巡检机器人在变电站中的应用 ······ 25
第 2 章　架空输电线路无人机巡检系统 ······ 28
2.1　无人机巡检系统概述 ······ 28
2.2　无人直升机巡检系统概述 ······ 30
2.3　固定翼无人机巡检系统概述 ······ 33
2.4　无人机巡检系统关键技术 ······ 36
2.4.1　飞行控制技术 ······ 36
2.4.2　巡检通信技术 ······ 37
2.4.3　避障技术 ······ 39
2.5　架空输电线路巡检现状与巡检方式 ······ 40
2.5.1　巡检现状 ······ 40
2.5.2　巡检方式 ······ 41
第 3 章　架空输电线路无人机巡检作业技术 ······ 44
3.1　架空输电线路的构成与分类 ······ 44
3.1.1　架空输电线路构成 ······ 44

3.1.2 架空输电线路分类 …… 45
3.2 架空输电线路典型缺陷及特征 …… 47
3.2.1 架空输电线路本体缺陷 …… 47
3.2.2 架空输电线路附属设施缺陷 …… 49
3.2.3 架空输电线路外部隐患 …… 49
3.2.4 典型缺陷示例及分析 …… 50
3.3 无人机巡检作业流程 …… 58
3.3.1 空域的申报 …… 58
3.3.2 飞行巡检工作流程 …… 58
3.4 无人直升机巡检作业技术 …… 60
3.4.1 巡检内容 …… 60
3.4.2 巡检方式 …… 61
3.4.3 巡检前准备 …… 62
3.4.4 巡检作业 …… 65
3.4.5 巡检数据处理 …… 68
3.4.6 应急措施 …… 68
3.5 固定翼无人机巡检作业技术 …… 69
3.5.1 巡检内容 …… 69
3.5.2 巡检前准备 …… 70
3.5.3 巡检作业 …… 72
3.5.4 巡检数据处理 …… 74
3.5.5 作业注意事项 …… 74
3.6 无人机巡检作业技术典型应用 …… 75
3.6.1 小型无人直升机的巡检作业 …… 75
3.6.2 固定翼无人机的巡检作业 …… 77
第 4 章 输电线路无人机巡检技能培训 …… 78
4.1 无人机驾驶员资质管理与培训 …… 78
4.1.1 无人机驾驶员资质管理 …… 78
4.1.2 培训流程及内容 …… 79
4.1.3 培训方法 …… 84
4.2 输电线路无人机巡检能力培训 …… 86
4.2.1 输电线路无人机巡检能力培训现状 …… 86
4.2.2 无人机系统特性培训 …… 87
4.2.3 实际应用培训 …… 88
4.2.4 应急飞行培训 …… 92

第 5 章　架空输电线路无人机自主巡检作业技术 ······ 94
5.1　基于巡检分离的架空输电线路无人机全自主巡检作业 ······ 95
5.2　架空输电线路无人机自主巡检作业技术瓶颈 ······ 101
第 6 章　电缆隧道机器人巡检系统 ······ 103
6.1　轨道式机器人巡检系统 ······ 103
6.1.1　系统架构 ······ 103
6.1.2　机器人系统 ······ 105
6.1.3　软件控制系统 ······ 108
6.1.4　运动平台 ······ 108
6.1.5　系统运行模式 ······ 108
6.2　功能设计 ······ 111
6.2.1　检测功能 ······ 111
6.2.2　其他基础功能 ······ 116
6.3　系统软件设计 ······ 118
6.3.1　实时监控主界面 ······ 118
6.3.2　机器人设备控制 ······ 119
6.3.3　巡检任务管理 ······ 121
6.3.4　数据处理功能 ······ 123
6.3.5　移动端 ······ 125
第 7 章　电缆隧道机器人全自主巡检技术 ······ 126
7.1　视觉精细定位技术 ······ 126
7.1.1　技术原理 ······ 126
7.1.2　实现方法 ······ 128
7.2　基于视觉融合的电缆缺陷检测技术 ······ 130
7.2.1　技术原理 ······ 131
7.2.2　实现方法 ······ 132
7.3　基于机器学习的高鲁棒性视觉导航技术 ······ 134
7.3.1　技术原理 ······ 134
7.3.2　实现方法 ······ 137
第 8 章　电缆隧道巡检机器人工程实施与应用实践 ······ 143
8.1　轨道安装设计 ······ 143
8.2　机器人充电及控制系统 ······ 144
8.3　附属设施安装与改造 ······ 144
8.4　防火门自动穿越安装改造 ······ 145
8.5　人工路标安装 ······ 147

第 9 章 变电站智能机器人巡检系统 …… 149

9.1 系统架构 …… 149

9.2 系统组成 …… 150

9.2.1 机器人 …… 150

9.2.2 自动充电室 …… 153

9.2.3 导航定位设施 …… 156

9.2.4 辅助固定监控系统 …… 156

9.2.5 本地后台监控系统 …… 156

9.2.6 远程集控中心 …… 157

9.3 系统主要功能 …… 157

9.3.1 常规巡检 …… 157

9.3.2 集控管理 …… 158

9.3.3 设备缺陷管理 …… 158

9.4 人机交互 …… 159

9.4.1 运行模式切换 …… 159

9.4.2 视频录制、回放 …… 161

9.4.3 雨刷控制 …… 162

9.4.4 语音对话 …… 162

9.4.5 充电操作 …… 164

9.5 巡检模型配置 …… 164

9.5.1 温升设置 …… 164

9.5.2 定时巡检设置 …… 165

9.6 查询操作 …… 165

9.6.1 巡检数据查询 …… 165

9.6.2 报表查询 …… 166

9.6.3 历史曲线的查询 …… 166

第 10 章 变电站巡检机器人工程实施与应用实践 …… 168

10.1 基础环境搭建 …… 168

10.1.1 充电室组成 …… 168

10.1.2 充电室施工安装 …… 169

10.1.3 辅助道路修筑 …… 171

10.1.4 导航标志物布置 …… 172

10.2 无线网桥及微环境监测系统 …… 172

10.2.1 基站无线网桥连接 …… 172

10.2.2 微环境监测系统连接 …… 172

10.3 上位机系统安装 173
10.3.1 主机配置 174
10.3.2 安装软件 174
10.3.3 电气安装 174
10.4 基于分布式无线充电的变电站智能机器人巡检系统 175
10.4.1 变电站机器人充电方式概述 175
10.4.2 设计方案 175
10.4.3 配电方式及道路施工方案 179
第 11 章 人工智能技术在巡检中的应用 181
11.1 人工智能巡检应用的背景及意义 181
11.2 人工智能巡检相关技术概念 182
11.2.1 相关基础技术发展现状 182
11.2.2 图像与视频处理技术发展现状 184
11.2.3 技术分析与总结 189
11.3 人工智能巡检基础理论与支撑技术 190
11.3.1 基础理论 190
11.3.2 支撑技术 203
11.4 人工智能巡检视频图像处理技术 205
11.4.1 视频图像智能分析规则及框架 206
11.4.2 视频图像智能理解算法研究 209
11.5 人工智能巡检应用落地 216
11.5.1 无人机巡检场景应用 217
11.5.2 智能机器人巡检场景应用 217
第 12 章 总结与展望 220
12.1 智能巡检需求分析 220
12.2 智能巡检技术发展趋势 221
12.3 智能巡检关键技术发展方向 221
参考文献 223

第1章　绪　　论

1.1　电网设备巡检模式

随着全球资源、环境压力的不断增大，电力市场化进程的不断深入，以及用户对电能可靠性和质量要求的不断提升，电力行业正面临前所未有的挑战和机遇，建设更加安全、可靠、环保、经济的电力系统，已经成为全球电力行业的共同目标。在电力系统中，电能生产、输送、分配和使用的连续性，使得对系统中各设备单元的安全可靠运行都有很高的要求。电网任何环节的可靠性及运行情况直接决定着整个电力系统的稳定和安全，检修是保证各环节设备健康运行的必要手段，做好检修工作，及早发现事故隐患并及时予以排除，对于电力设备始终良好运行具有重要意义。

目前，设备检修模式正处于由定期检修向状态检修的过渡阶段，电力系统大部分单位设备检修还在采用定期检修和故障检修相结合的模式。定期检修模式主要存在以下缺点。

（1）没有考虑设备的实际状况，单纯按规定的周期开展设备预防性试验和检修，存在“小病大治、无病也治”的盲目现象。

（2）随着电网规模迅速发展，电网构架逐渐庞大，电力系统的变电站数量以及架空输电线路、电缆输电线路总计长度和条数快速增加，定期检修工作量剧增，直接从事变电站、输电线路巡视、检修、带电作业等工作任务的检修人员紧缺问题日益突出。

（3）近年来设备装备水平和制造质量大幅提升，早期制定的设备检修、试验规程滞后于现有的装备水平。

显然，定期检修模式不能满足坚强智能电网建设的要求，智能电网建设要求对电力系统的发电、输电、变电、配电、用电各个环节进行有效的维护，以保证电网的可靠、经济运行，但目前电网的运行维护主要是人工方式，往往会造成设备过修或失修的问题，难以建立电网系统的智能化维护体系。

随着计算机与人工智能领域科技的飞速发展，智能机器人的诞生及其在各个领域的广泛应用解决了人工劳动力不足及恶劣环境下人工作业难度大等问题，种种服务于电力系统生产的特殊用途的工业机器人——电力机器人也应运而生，它们是一种在计算机控制下的可编程的自动机器，根据所处的电力系统生产环境和作业的需要，它具有至少一项或多项拟人功能，如带电作业功能、巡检功能，或两者兼有之，另外还可以不同程度地具有某些环境感知功能（如视觉、听觉、力觉、触觉、接近觉等）以及语音功能乃至逻辑思维、判断决策功能等，从而使它们能在电力系统的生产环境中代替人或辅助人进行电力系统生产过程中的带电抢修和巡检维护作业。

目前，以电力机器人为基础的人工智能技术在电力系统发电、输电、变电、配电、用电等各个领域都得到了一定应用，已经形成了架空输电线路巡检机器人、变电站巡检机器人、配电系统带电作业机器人、电动汽车换电机器人及架空输电线路无人机巡检系统，为电力系统的安全稳定运行提供了有效的人工智能技术手段。

在设备运行状态巡检方面，人工智能技术日益发挥着举足轻重的作用。目前，发展比较成熟的有变电站智能巡检机器人，它们可以作为无人值班站的“值班人员”进行变电站设备的巡检，这样的“值班人员”通过机器视觉自动识别设备状态，并将识别结果上报人机交互界面。应用于架空输电系统的电力机器人根据其移动方式可分为沿线路或绝缘子攀爬移动的架空输电线路巡检机器人和架空输电线路无人机巡检系统。架空输电线路巡检机器人配有检测、除冰等执行器件，能够完成输电线路巡检、线路除冰、异物清理、导线修补和螺栓校紧等任务；架空输电线路无人机巡检系统包括无人机飞行平台、导航系统、图像采集及设备缺陷数据诊断系统，满足了输电线路智能化体系建设的需求，保障了输电线路的稳定可靠运行。

1.2 电网设备智能巡检需求

1.2.1 变电站智能巡检需求

我国地域辽阔，很多变电站所处的地理条件十分恶劣，如高海拔、酷热、极寒、大风、沙尘、多雨等，只靠人工在室外进行长时间的设备巡检工作是十分困难的。人工巡检存在劳动强度大、工作效率低、检测质量分散、管理成本高等明显不足，且对于设备内部的缺陷，例如，设备特殊部位发热、绝缘不合格等缺陷，只通过运行人员简单的巡视是难以发现的。随着机器人技术的快速发展，将机器人技术与电力应用相结合，基于室外智能机器人巡检平台，携带专业检测设备代替人工进行巡检已成为电网发展的迫切需求与必然趋势。变电站设备机器人巡检系统能够以自主或遥控的方式，对变电站室外高压设备进行巡检，识别设备状态，及时发现设备的热缺陷、外观异常并自动报警[1, 2]。

目前，110kV 及以下电压等级变电站已基本实现无人值班，220kV 变电站无人值班化发展也很迅速，500kV 变电站无人化试点也在逐步开展。由于远程集控中心到无人或少人值守站的距离较远，在恶劣天气或异常情况下，运行人员无法及时到达现场了解情况，可能失去优先处理的时机，导致问题扩大化。此外，对变电站设备进行投退、倒闸或顺序控制等遥控操作时，安全规程要求人工走到设备区就地查看被控设备的位置，并上报操作人员，以确保操作无误。在无人值守变电站如进行设备遥控，必须事先派人到变电站。用于无人值守变电站的巡检机器人，可代替人工通过机器视觉自动识别设备状态，并将识别结果上报给操作人员进行校验。随着无人值守变电站逐步增加，智能机器人巡检系统将逐步成为无人值守变电站必需的辅助系统。

变电站智能巡检系统以智能巡检机器人为基础，集机电一体化技术、多传感器融合技术、电磁兼容技术、导航及行为规划技术、机器人视觉技术、无线传输技术于一体，代替或辅助人工对变电站设备进行巡检，以及时发现电力设备的内部热缺陷、外部机械或电气问题，为运行人员提供事故隐患和故障先兆数据[3]。其主要功能需求有以下几个方面。

（1）常规巡检。电流及电压致热型设备的热缺陷检测、设备外观及状态检测、气体绝缘开关（gas insulated switchgear，GIS）设备罐体内部巡检、设备运行异常声音检测。

（2）特殊地理或气象巡检。高原、寒冷等地理条件或者大风、雾天、冰雹、雷雨等恶劣天气条件下，代替人工完成变电站设备的巡检，有效降低工作人员安全风险。

（3）设备操控时与站内监控系统协同联动。变电站智能巡检系统提供与站内监控系统和信息一体化平台接口，能够实现与监控系统的协同联动，在设备操控和事故处理时，通过最优路径规划自动移动到目标位置，实时显示被操作对象的图像信息。

（4）就地和远程视频巡检及远程视频工作指导。变电站智能巡检系统可通过视频远传、远程控制系统功能，实现变电站巡检的远程可视化。

（5）支持集控管理模式。变电站智能巡检系统远程集控中心可实现多个变电站智能机器人巡检系统的统一协调与集中控制，为变电站无人值守模式提供技术条件。

1.2.2　架空输电线路智能巡检需求

目前输电线路巡检手段主要可分为人工线路巡检、机器人线路巡检、载人直升机线路巡检和无人机线路巡检四种方式。考虑到输电线路分布广、地域环境恶劣、所处地形复杂等情况，采用人工巡检方式，操作人员的作业条件艰苦且工作量大，特别是对于高远山区以及跨越江河或沙漠等输电线路巡检，人工巡检方式面临花费时间长、操作困难大、作业风险高、工作强度大等诸多问题。随着输电线路电压等级的不断提高，输电线路杆塔高度也不断增加，人工巡检的工作效率降低，故此巡检方式越来越不能满足线路巡检需求。机器人巡检方式是针对高压架空输电线路的一种自动化线路巡检方式，虽然该巡检方式巡检精度高，但也面临着巡线距离短、巡检速度慢和难以跨越障碍等缺陷，限制了它的应用范围。载人直升机线路巡检方式可通过直升机搭载成像设备，能够对输电线路拍摄图像，具有较高的输电线路巡检效率，但投入成本大，需要大量的人力资源，管理及技术储备复杂，因而载人直升机巡检方式没能广泛推广使用。而无人机巡检方式由于飞机机体小、成本低、载重轻和操作简便等显著优点而逐渐受到电力企业的高度重视，在输电线路巡检领域中扮演着日益重要的角色。国内关于无人机巡检研究的报道比较少，研究人员通过对飞行姿态控制系统等硬件平台开发和多传感器软硬件集成研究，利用无人机搭载高清相机和红外热像仪对线路进行拍摄，并通过人工分析视频和照片，甄别出主要的缺陷和隐患。

高压绝缘子暴露于大气中并长期工作在强电场、强机械应力、骤冷骤热、风吹雨打等恶劣环境中，因此绝缘子出现故障的概率很大，严重威胁电力系统的安全运行。虽然目前有很多高压绝缘子检测方法，如超声波检测法、红外测温法、电压分布法等，但基本仍然采用人工高空作业的传统检测方式，通过绝缘杆将检测仪的探头安放到绝缘子串上，对所有绝缘子逐片进行检测，这样才能检测到绝缘子的有关参数。这些工作存在着劳动强度大、危险性高、测量困难等问题。

移动机器人技术的发展为架空输电线路巡检和高压绝缘子检测提供了新的作业平台和检测方法。线路巡检机器人能够带电作业，以一定的速度沿输电线路爬行，并能跨越防振锤、耐张线夹、悬垂线夹、杆塔等障碍，利用携带的检测装置对杆塔、导线及避雷线、绝缘子、线路金具等实施近距离检测，代替人工进行电力线路的巡检工作，可以大幅提高巡线的工作效率和巡检精度[4]。绝缘子串检测机器人通过携带的自动检测装置，可以准确检测每一片绝缘子的电阻值，测量准确率高，并能通过软件识别出已经漏电但尚未击穿的处于临界损坏的绝缘子。绝缘串检测机器人对低值或零值绝缘子能自动报警，提高了绝缘子检测的准确性，能及时发现不良绝缘子，为绝缘子更换及故障预警提供依据。因此，线路巡检机器人[5]和绝缘子串检测机器人[6]成为架空输电线路智能巡检技术研究的两个热点。

对架空输电线路智能巡检系统的功能需求主要包括如下几个方面[7]。

（1）移动巡检能力。要求机构能实现滚动、蠕动、跨越和避让输电线路上的各种障碍物，并且末端执行器能够进行空间位置姿态的灵活调整，实现自主爬行和越障。

（2）负载携带能力。要求机构有一定的负载能力，便于安装各种检测仪器、信息传输设备，并与导线形成等势体，智能巡检硬件系统体积小、重量轻、功耗低、可靠性高，一次巡检时间足够长。

（3）状态识别与信息采集能力。智能巡检主要收集的信息至少应包括以下内容：①输电线路组件状态信息，包括导线、绝缘子、防振锤等，通过状态识别技术，判断输电线路组件是否处于异常状态或已经损坏；②线路走廊通道信息，根据沿线植物、建筑物、地上的运动物来判断其是否靠近架空导线而使输电线路处于危险状态；③发热与放电信息，可靠检测出局部放电或过热点。

1.2.3 无人机智能巡检需求

输电线路无人机智能巡检作为智能电网建设第二批试点工程之一，其内容为研究先进高效的输电线路智能巡检关键技术，主要包括开发小型化、模块化、标准化的机载巡检设备，实现机载智能巡检系统的集成化、低功耗、嵌入式，研发无人机飞行平台，研究无人机飞行控制、导航系统准度和精度控制技术，开发线路巡检实时数据分析诊断系统等，以提升无人机巡检的数字化、自动化和智能化水平，开发智能线路巡检系统，增强巡检系统的稳定性、安全性和经济性，为更大范围地推广无人机智能巡检积累经验[8]。

输电线路巡检是一个较为精细的工作。智能巡检要求无人机能够部分替代人工巡检，并且比人工巡检的结果更加全面、精确、可靠。表 1-1 中列出了输电线路主要的巡检设备及缺陷类型。

表 1-1 输电线路主要巡检设备及缺陷类型

设备	可见光检测缺陷类型	红外检测缺陷类型
导线	断股、异物悬挂	发热点
金具	松动、锈蚀、裂纹	接触点发热
引流线	断股、引流线联板螺丝松动	发热点、接触点发热
绝缘子	闪络迹象、破损、污秽、异物悬挂等	击穿发热
杆塔	鸟窝、损坏、变形、紧固金具松脱、金具缺失	—
耐张管	破损、压接处导线是否有抽离现象	发热
接续管	压接处导线是否有抽离现象	发热
线路走廊	植被、违章建筑	—

由于部分重要检测对象（如紧固金具）体积较小，所以需要无人机平台搭载高清晰度巡检设备，在与输电线路一定距离的位置进行低速或悬停巡检，以获得巡检

细节图片。巡检时，应采用无人直升机平台作为载体，安装机载照相机、机载摄像机、红外热像仪、通信设备对架空输电线路进行巡检，以及时发现线路的故障和隐患，并及时将检测数据传回地面控制中心，以便做出正确判断，及时排除线路故障[9]。

1.2.4　电缆隧道智能巡检需求

架空输电线路进入隧道以及电缆隧道的网络化已经成为城市供电，尤其是现代化大型城市供电的特点和发展趋势。许多城市、大型发电厂和工矿企业相继采用地下电缆隧道传输电能，电力线路的架设、维护与建筑、交通空间的矛盾得到缓解，从而有效地改善了城市景观。但是，架空输电线路一般不需要外加绝缘层，而地下电缆则需要外加一层厚厚的绝缘层，导线绝缘材料长期工作在高压、高温下，引起物理、化学变化，发展到一定程度或在外部条件（雷电、短路等）激发下，容易造成绝缘性能下降，给火灾的发生埋下隐患。而一旦发生火灾，由于地下电缆隧道空间狭长、出入口有限、障碍物较多、内部可燃物复杂（绝缘材料种类繁多）、高温浓烟易于积聚、扑救工作难度较大等，极易造成不可估量的损失。

近些年来我国电缆隧道事故频繁发生，给人民的生命和国家财产带来了巨大损失，最主要的原因是对隧道内的运行状态监控不佳。为了保障电力电缆在地下隧道内的稳定安全运行，目前主要借助巡检人员对电缆隧道进行定期检查，然而电缆隧道空间狭长，内部电缆、挂架等构造物较多，形成一种闭域空间，造成与外界通信困难，一旦出现突发事故，巡检人员的生命安全将得不到保障。鉴于电缆隧道带来的这些新问题，原有的预防性维修体系已不能满足要求。国内外已经开始研究利用移动机器人进行状态检修，即利用在电缆隧道中工作的电缆隧道巡检机器人对运行中电气设备的工作状态进行连续的在线监测，随时获得能反映设备工作状况的相关信息，进行分析处理，根据诊断结论安排必要的维修，同时还对隧道内部空气各项指标进行检测，保证进入隧道内部的工作人员的安全。电缆隧道机器人用于地下电缆隧道的巡检是一个必然趋势。

1.3　智能巡检手段发展现状

1.3.1　变电站智能巡检发展现状

1. 国外研究现状

近年来国外针对变电站智能巡检系统的研究，仅是样机的开发和应用，并未见规模化应用推广。

图1-1所示的BIGMOUSE机器人是由日本四国电力与东艺公司及其他研究所设计的一款适用于500kV变电站的巡检机器人，运动平台为地面双轨道式，检测系统包括可见光摄像机和红外热像仪，以及云台和辅助光源照明。

图1-2为2012年由新西兰电网公司与梅西大学合作开发的全地形变电站巡检机器人，该机器人由4个电动机驱动，由36V的锂电池供电，高度为50cm，当携带摄像机的机械臂展开时，最大高度可达1.8m。该机器人安装的低清晰度摄像机和超声传感器用于防止机器人在运行时撞到障碍物，安装的高清摄像机用于拍摄图像和录制视频，通过4G通信网络或无线网络传回现场设备的图像和视频。该机器人采用远程遥控方式运行，将来可能为该机器人开发自主导航、远程开关操作协助、设备状态检测、设备维护监视等功能。

图1-1 日本四国电力等研制的变电站巡检机器人

图1-2 新西兰电网公司等研制的变电站巡检机器人

2. 国内研究现状

在“十五”国家高技术研究发展计划（863 计划）和山东电力公司科技计划支持下，2002 年山东电力研究院和山东鲁能智能技术有限公司率先开展了变电站设备智能巡检系统的研究。2005 年完成了变电站智能巡检机器人功能样机的研制，并通过了 863 计划专家组的验收；同年 10 月又完成了国内首台变电站巡检机器人产品样机的研制，并在山东电力超高压公司投入实际运行。自 2010 年以后，中国科学院沈阳自动化研究所、深圳市朗驰欣创科技股份有限公司、浙江国自机器人技术股份有限公司等研究机构和厂家的产品也已经实际应用于变电站。变电站智能巡检机器人基于室外轮式运动平台，携带可见光摄像机、红外热像仪、拾音器、超声等传感器，采用磁轨迹导航，并通过精确的自主导航和设备定位，按最优路径规划对室外高压设备进行自主或遥控巡检。第四代变电站智能巡检机器人通过机器视觉、红外测温、声音检测等方法，非接触式采集设备的红外热图、图像和音频等信息，自动识别设备的热缺陷、外观异常（如导线散股断裂、部件损伤、渗漏油、有附着物等）、断路器或隔离开关的位置、仪表读数、油位计位置等，生成统一规范的告警事项和巡检报告，向运行人员发出告警信息，并为设备状态检修提供基础数据。第四代变电站智能巡检机器人技术分别在全国 29 个省（区、市）的变电站（电压等级为 66～1000kV）得到了广泛应用。

由深圳市朗驰欣创科技股份有限公司研制的变电站智能巡检机器人如图 1-3 所示，该机器人最大行驶速度为 0.75m/s，可实现变电站设备巡检、出入人员管理等功能，目前已经在国网郑州、衡阳供电公司的变电站示范应用。

图 1-3　朗驰欣创科技股份有限公司研制的变电站智能巡检机器人

浙江国自机器人技术股份有限公司开发的智能巡检机器人如图 1-4 所示，该机器人通过自主移动底盘，搭载可见光摄像机、红外热像仪等传感器设备，由无线网络进行数据的回传，在多个变电站得到应用。

图 1-4 浙江国自机器人技术股份有限公司开发的变电站智能巡检机器人

新松机器人自动化股份有限公司研制的变电站智能巡检机器人主要由自动导引车（automated guided vehicle，AGV）、智能监控装置等组成。其 AGV 车体分为两种，如图 1-5 所示。采用履带式行走结构的机器人自重达 300kg，最大行驶速度为 0.75m/s，而轮式行走结构的机器人目前已在变电站大规模使用。该产品通过铺设于场区内的磁条做导引，由程序自动控制或人工远程遥控等方式完成对各种设备的检测工作，通过自身携带的可见光摄像机、红外热像仪、声音采集探头等设备对场区内设备的运行状态进行采集分析。

图 1-5 新松机器人自动化股份有限公司研制的两种变电站智能巡检机器人

国内其他变电站智能巡检机器人还包括：国网江苏省电力有限公司泰州供电公司研制的变电站智能巡检机器人，如图 1-6 所示，该机器人根据操作人员在基站的任务操作或预先设定任务，通过后台基站计算机接收实时数据、图像等信息；中国航空工业集团公司洛阳电光设备研究所研制的变电站智能巡检机器人，如图 1-7 所示，携带有红外探测器、高分辨率摄像机和激光测距仪等传感器。2014 年 9 月芜湖海格斯智能有限公司也开发了智能巡检机器人产品，该产品可代替检测人员对线路进行巡检，能应用到变电站、大型机房、石油化工生产线等需要实时、远程监控技术的相关领域。

图 1-6　国网江苏省电力有限公司泰州供电公司变电站智能巡检机器人

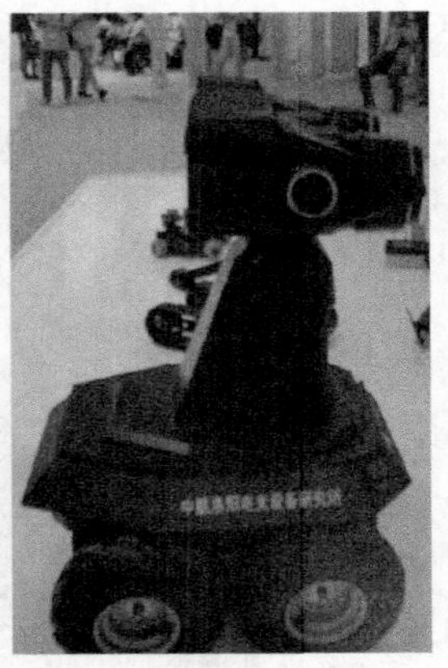

图 1-7　中国航空工业集团公司洛阳电光设备研究所研制的变电站智能巡检机器人

近年来以深度学习为代表的新一代人工智能技术在学术界和工业界均取得了巨大的进展。众多国内外知名科技企业（国内如百度、华为、阿里巴巴等，国外如谷歌、英伟达等）均在各类热门应用领域进行了大量探索，并通过建立行业级解决方案释放人工智能（artificial intelligence，AI）技术的潜能。其中，基于深度学习的计算机视觉技术日趋成熟，并可通过与不同客户场景需求的适配，推动智能巡检机器人领域的智能化升级。在电网智能化巡检方面，深度学习为智能装备视觉感知能力的升级提供了新的技术手段，成为推动电网智能巡检机器人技术变革的强大驱动力[10, 11]。

1.3.2 架空输电线路智能巡检发展现状

1. 国外研究现状

输电线路智能巡检技术的研究始于20世纪80年代末，日本、加拿大、美国等发达国家先后开展了智能巡线机器人的研究工作。1998年日本东京电力公司研制了具有初步自主越障能力的光纤复合架空地线巡检机器人，当遇到杆塔时，该机器人利用自身携带的导轨从杆塔侧面滑过，待机器人夹持轮抱紧杆塔另一侧的地线后，将弧形手臂折叠收起，以备下次使用。机器人携带的导轨约100kg，由于自身质量过大，对电源的要求较高。该机器人运动控制有粗略定位和精确定位两种模式：粗略定位控制是把杆塔和地线的资料数据（线塔的高度、位置、地线长度、线路上附件数量等）预先编制好程序输入机器人，据此控制机器人的行走和越障；精确定位控制则根据传感器反馈信息进行控制。机器人携带的损伤探测单元采用涡流分析方法探测光纤复合架空地线（optical fibre composite overhead ground wire，OPGW）铠装层的损伤情况。

加拿大魁北克水电研究院于2000年开始了LineROVer遥控小车的研制工作。遥控小车起初用于清除架空线路地线上的覆冰，后来逐渐发展为线路巡检、维护等多用途运动平台。第三代原型机结构紧凑，重25kg，驱动力大，抗电磁干扰能力强，具有52°斜坡爬坡能力。小车采用灵活的模块化结构，安装不同的工作模块即可完成架空线路视觉和红外检查、压接头状态评估、导线和地线状态评估、导线清污和除冰等巡检作业，已在工作电流为800A的315kV电力线路上进行了多次现场测试。之后，该机构又研制开发了LineScout线路智能巡检机器人，如图1-8所示。这种机器人能够跨越常见的线路金具，如绝缘子串、间隔棒、防振锤等，不但可以进行可见光和红外视频检测，而且装有机械臂，能够从事压接点电阻测量、断股修补、防振锤拖回等巡检作业工作。

图 1-8　加拿大魁北克水电研究院研制的 LineScout 线路智能巡检机器人

与线路智能巡检机器人相比，进行绝缘子串检测机器人技术研究的科研机构相对较少，且多处于研究起步阶段，公开的专利较多，实用化的产品或样机较少。日本住友电气机械株式会社在 1982 年发明了一种不良绝缘子串检测装置，主要用于双联绝缘子串的检测。将检测装置架放到绝缘子串上，采用机械自动行走的装置自动爬行，逐个测量绝缘子两端的绝缘电阻，通过对绝缘电阻的分析，判断不良绝缘子。

2. 国内研究现状

20 世纪 90 年代末，国内的一些研究机构和高等院校也开始了智能巡检系统的研究工作，并已经研制出多种结构的智能巡检机器人样机。在 863 计划支持下，中国科学院沈阳自动化研究所、武汉大学、中国科学院自动化研究所与山东大学同时开展了对架空输电线路智能巡检机器人的研制工作。

中国科学院沈阳自动化研究所开展了“沿 500kV 地线巡检机器人”的研制，成功地开发出由巡检机器人和地面移动基站组成的系统，并与锦州超高压局合作进行了现场带电巡检试验，完成了超高压实际环境下的巡检试验。该机器人能够沿 500kV 地线行走、跨越障碍，并能利用携带的摄像机或红外热像仪等检测装置，检测输电线、防振锤、绝缘子和杆塔等输电设备的损伤情况，实现机器人和地面基站的远程通信及基站对机器人运行状态的远程控制，如图 1-9 所示。该样机的成功研制，在系统电源、机器人本体、控制系统、检测设备、通信设备、地面控制与数据后台处理等方面积累了经验。

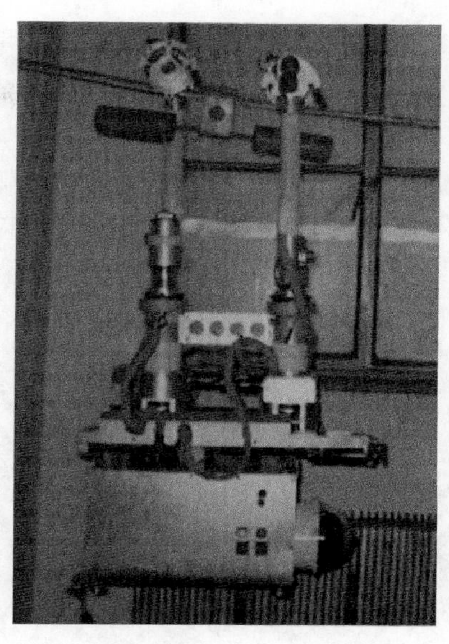

图1-9 中国科学院沈阳自动化研究所研制的智能巡检机器人

武汉大学针对 220kV 单分裂相线进行了智能机器人巡检系统关键技术的研究，在机器人越障机构、智能控制、移动导航、机器视觉技术、电能在线补给等方面取得了一定的突破。智能巡检机器人采用二臂回轮式悬挂机构，能够避让和跨越防振锤、悬垂和耐张绝缘子串、跳线等各种障碍物，如图1-10所示。利用机器人携带的摄像装置，实现线路及其通道走廊的检测与巡视，将检测到的数据和图像信息经过无线传输系统发送到地面基站，通过地面基站接收、显示发回的数据和图像资料。

图1-10 武汉大学研制的智能巡检机器人

同时，中国科学院自动化研究所和山东大学联合开展了“110kV 输电线路自动巡检机器人”的研究，如图 1-11 所示，其研究成果主要表现在：①设计了三臂悬挂式移动机器人结构；②采用“基于知识库的自动控制”和“基于视觉的远程遥控主从控制”的混合控制系统，实现了典型障碍的越障；③采用多层神经元网络分类器，实现了复杂环境下绝缘子开裂、破损的视觉检查；④基于远红外热释电传感器及小波熵理论，实现了输电线路断股的在线检测与诊断。

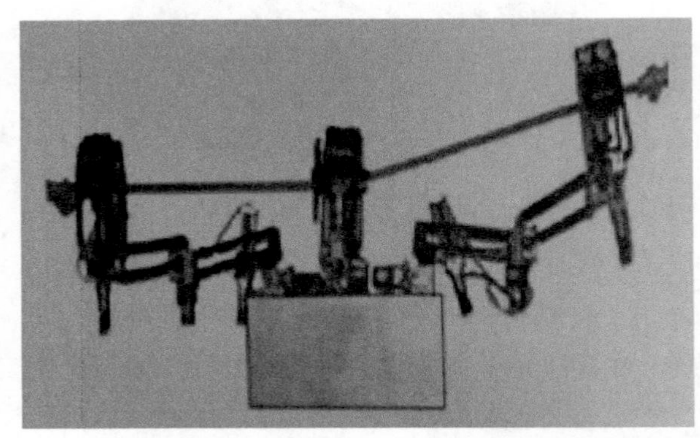

图 1-11　中国科学院自动化研究所和山东大学研制的智能巡检机器人

国网山东省电力公司电力科学研究院与山东鲁能智能技术有限公司合作开发了如图 1-12 所示的三臂越障智能巡检机器人。该机器人机械结构综合了多节分体结构和轮臂复合结构的优点，行车运动机理兼容了轮式移动和步进式蠕动爬行的特点，刚度大，姿态稳定性好，跨越障碍能力强；控制系统具有上、中、下三层

图 1-12　国网山东省电力公司电力科学研究院与山东鲁能智能技术有限公司研制的三臂越障智能巡检机器人

结构，实现了多自由度控制和多传感器信息处理；具有用于高压架空输电线路的自具电源及智能电池充电一体化装置。该三臂越障机器人结构简单、重量轻、操作方便，在实用性上具有一定优势。

图1-13为国网辽宁省电力有限公司电力科学研究院和中国科学院沈阳自动化研究所开发的绝缘子串智能检测机器人样机。采用绝缘子检测机器人后，检修人员只需配合机器人检测程序，将机器人放置于需要检修的绝缘子串上即可。机器人会自动逐片移动，每越过一片绝缘子，立即触发智能绝缘子检测仪，完成阻值检测。此样机适用于耐张塔双联水平绝缘子串的带电检测，具有运动连续性好、检测作业速度快、对绝缘子防污闪涂料涂层磨损小等优点。

图1-13　国网辽宁省电力有限公司电力科学研究院和中国科学院沈阳自动化研究所开发的绝缘子串智能检测机器人样机

图1-14为武汉大学在2005年提出的一种发明专利，涉及一种在高压线路悬垂绝缘子串上爬行的机器人结构，机器人包括支撑架、具有夹爪的旋转臂和具有夹爪的固定臂以及使固定臂沿支撑架做直线运动的升降机构。支撑架上设有使旋转臂旋转的旋转机构，旋转臂与旋转机构中的旋转轴连接；旋转臂与固定臂上的夹爪分别由活动手指和固定手指组成，旋转臂与固定臂上分别设有使活动手指旋转的旋转机构。机器人装置的两夹爪相互交替抓紧相邻绝缘子的颈部，当旋转臂和固定臂其中之一固定时，通过旋转臂的运动可实现非抓紧于绝缘子的臂的旋转运动，通过升降机构的运动可实现非抓紧于绝缘子的臂的升降运动。

图1-15为国网山东省电力公司电力科学研究院与山东鲁能智能技术有限公司合作开发的绝缘子串检测机器人。该机器人平台引进了韩国电力公社绝缘子串智能检测机器人技术，并根据国内线路特点进行了优化设计和功能扩展，能够运行于最高电压等级1000kV的悬垂和水平双联绝缘子串上，可以开展可见光检测、电

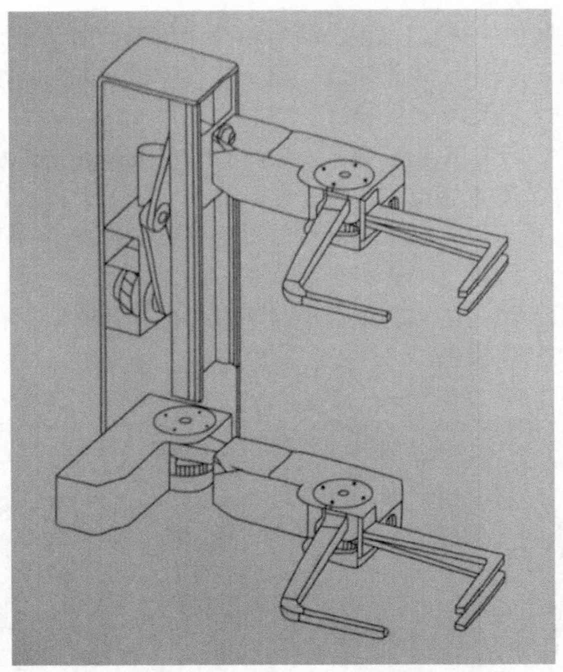

图 1-14　武汉大学发明的绝缘子串检测机器人爬行机构示意图

阻测量、分布电压测量、憎水性检测等带电巡检项目，综合评价绝缘子串的运行状态。该机器人已完成产品样机研制，并在多条线路进行了带电检测。

图 1-15　国网山东省电力公司电力科学研究院与山东鲁能智能技术有限公司合作开发的绝缘子串检测机器人

1.3.3　架空输电线路无人机智能巡检发展现状

无人机技术起源于军事应用。随着航空技术和自动化技术的迅猛发展，1914 年英国的军方高级将领向英国军事航空学会提出了一项建议：研制无人机以用于在某敌方目标区上空投弹。这个建议拉开了人类研制无人机的序幕。虽然英国最早开始研制，但第一个将无人机研制成功的是美国。1915 年，美国的斯佩里公司和德尔科公司研制出第一架无人机“空中鱼雷”。这架无人机总重只有 272kg，可以携带 136kg 炸药。在随后的近 100 年中，无人机在军事领域发挥了巨大的作用。20 世纪 80 年代，无人机开始进入民用领域，相继用于地质勘查、遥感测绘、海洋海事监察、输电线路和能源管道巡检、农药喷洒、抗灾救灾等领域。

1. 国外研究现状

近年来，随着无人机巡航能力、飞行稳定性等方面逐步趋向成熟，国外多家科研机构开展了无人机巡检输电线路的应用研究，英国最早开展无人机巡检输电线路方面的研究。英国威尔士大学和英国 EA 电力咨询公司于 1995 年起合作研制输电线路巡检飞行机器人，如图 1-16 所示。该飞行机器人包括无人直升机、导航系统、检测系统、地面控制系统、数据通信系统等。该无人机重 35kg，附加了稳定性控制系统以增加抗风干扰的能力，并安装了高分辨率的彩色电荷耦合器件（charge coupled device，CCD），实现基于视觉的导航和基于视觉的架空输电线路跟踪和在线检测。其方法是利用机器视觉技术，识别无人飞行器前方的障碍物，结合路径规划算法，躲避障碍物。但根据文献描述，此系统只能识别较大的障碍物，如树林，对导线识别和避障的可靠性不够，且要求飞行速度不能太快。

(a) 智能巡检飞行

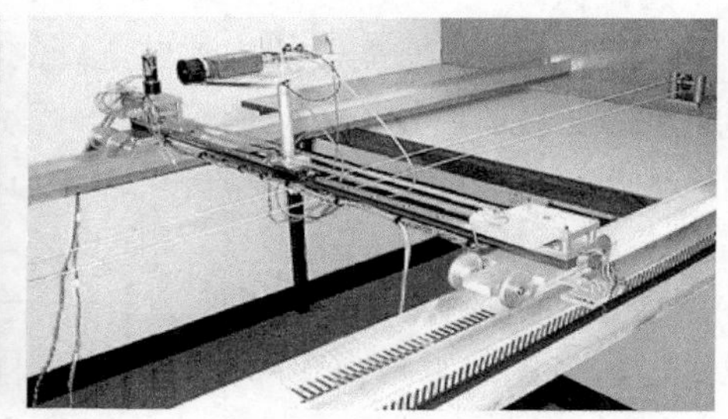

(b) 实验室中避障系统

图 1-16　英国威尔士大学等研制的输电线路智能巡检飞行机器人

西班牙马德里理工大学与西班牙红色电力公司于 2000 年合作利用无人直升机和视觉识别检测电力线。该直升机包括直升机在线子系统和地面控制子系统。直升机在线子系统用于计算直升机的位置和姿态，提供速度和加速度等信息。地面控制子系统利用视觉系统提供的信息进行目标跟踪，并生成参考飞行轨迹。

2. 国内研究现状

国内对旋翼无人机的研究起步较晚，与国外多旋翼无人机的研究水平相比还存在差距，但近几年也涌现出不少关于多旋翼无人机的研究成果，南京理工大学和南京航空航天大学基于华科尔 UF04 型遥控四旋翼直升机分别设计了能够自主飞行的智能化无人飞行器。此外，国防科技大学、天津理工大学、哈尔滨工程大学、西北工业大学和吉林大学等院校都进行了多旋翼无人机智能控制系统的研究。商业领域中，深圳大疆创新公司、北京零度智控等航模公司也针对多旋翼无人机智能化自主飞行控制进行研究。

北京理工大学为了实现小型无人机快速自主测距避障，在双目视差测距的基础上，提出了一种机载三目视差测距算法。利用各传感器成像间的相关性，提出了一种快速图像识别方法，通过缩小对图像中障碍物像元的搜索范围，有效地减小了目标搜索运算量，加快了搜索速度，为小型无人机快速自主避障系统的研制创造了条件。然而，视觉避障较难实现对小型障碍物的识别和避让。

清华大学于 2012 年底提出一种无人机的视觉定位与避障方法及系统，通过无人机机载相机获取无人机的视觉感知信息和通过无人机惯性测量单元获取惯性导航（惯导）数据，远程控制系统根据障碍物信息和无人机位置信息规划无人机的飞行路径，并根据惯导数据和飞行路径生成飞行控制指令。该系统采用视觉定位和惯性测量方法，测量粒度较大，对小型障碍物的识别效果较差。采用视觉感知单元和惯性测量单元，重量较大，中小型无人机难以搭载，实用化程度不高。

南京航空航天大学于 2013 年初提出一种多重避障控制方法，通过建立无人机作业的安全约束区域，并采用信息处理模块对信息检测模块提供的无人机位置信息进行融合，以检测无人机与架空输电线路之间的相对距离，实现无人机电力巡线的多重避障。该方法目前仍处于理论验证阶段，没有经过实际应用的测试和验证，但该方法的提出开拓了可针对不同现实的需求进行多避障技术融合的新思路。

国网辽宁省电力有限公司电力科学研究院与中国科学院沈阳自动化研究所合作，开展 120kg 级别的无人机巡检系统的研制，便于搭载大型的巡检设备，如图 1-17 所示。国网福建省电力有限公司和国网四川省电力公司采用 450kg 级无人直升机巡检系统，以增加续航时间和抗风能力，如图 1-18 所示。此外，中国南方电网有限责任公司也开展了四旋翼无人机巡检系统的研制与实验调试工作，如图 1-19 所示。

图 1-17 国网辽宁省电力有限公司电力科学研究院等研制的无人机巡检系统

图 1-18 国网福建省电力有限公司等研制的无人直升机巡检系统

图 1-19 中国南方电网有限责任公司研制与调试的四旋翼无人机巡检系统

1.3.4　输电线路精细化巡检发展现状

近年来，随着无人机技术的发展，国内外对于无人机在电力巡检中的应用研究趋于成熟。目前主要采用固定翼无人机进行线路勘查以及通道巡视，采用多旋翼无人机对线路杆塔进行精细化巡检。无人机输电线路巡检系统不仅可以大幅提高工作效率，还能减少野外工作，降低巡检成本。

1. 无人机巡检系统

无人机巡检系统通常由无人机、通信设备、机载设备和地面站 4 大子系统组成。无人机巡检的各部分功能分析如下：对于无人机系统来说，将照相机或摄像机挂载于机体，通过接收地面站的遥控信息指令来实现对电网输电线路重点部位的拍照取样，或对输电线路的全线拍摄。对于无人机机载设备来说，它是无人机获取输电线路图像信息的媒介。无人机输电线路巡检一般将小型摄像机、照相机或红外测温仪等装置固定于无人机机体上，通过接收地面站的遥控信息指令来实现对电网输电线路重点部位的拍照取样，或对输电线路的全线拍摄，同时将采集到的图像信息由通信设备传输到地面终端工作站，工作人员针对取得的图像结合专家知识分析输电线路运行状态，并对可能发生的故障查找原因和计划进一步的检修策略。无人机巡检技术可对输电线路断线、杆塔倾斜、绝缘子脱落及异物挂线等进行识别和分析，它所巡检的输电线路部位主要是杆塔、绝缘子、导线、线路走廊和金具等。

2. 无人机巡检过程

为保证无人机线路巡检的效率和安全正常作业，经过前期丰富的理论研究，结合输电线路现场测试效果，制定规范的无人机线路巡检流程如下。

（1）制订巡检计划并审批。在学习线路巡检方式方法的基础上，充分了解巡检任务，制订输电线路巡检计划并交给主管部门审批。若没能通过审批，则需要重新制订巡检计划。

（2）线路巡检前期准备。获取现场巡检输电线路的地形地貌、限飞和禁飞区域航线信息、气象条件及周边线路的情况，并收集线路的走向、运行参数、杆塔精确全球定位系统（global positioning system，GPS）信息、交叉跨越情况以及以往缺陷记录资料，将资料信息进行整理以备查找。

（3）现场线路巡检作业。这一部分主要包括无人机起飞前的准备和飞行巡检作业两个阶段：①无人机起飞前的准备。根据所获得的杆塔及地标物的精确 GPS

信息，确定无人机飞行具体巡检路线。检查无人机系统，确认无人机处于良好运行状态，若采用自主巡检模式，应对巡检路径进行航迹路径规划。②飞行巡检作业。使无人机以平稳控制方式按预定巡检方案飞行，当遇到特殊飞行状况时，地面操作人员可按要求及时更改飞行方案；无人机通过调整云台角度，以拍照或录像的方式获得所巡检线路工作状态。

3. 无人机巡检路径规划

当利用无人机自主飞行进行输电线路巡检时，需事先对线路巡检路径进行规划，并将所规划路径导入无人机机体导航系统中。现阶段，多采用的线路巡检路径规划方法是操作人员逐点计算飞行路径，然后将这些路径数据人工手动事先输入到机体导航系统中，这种飞行路径规划方法对于操作人员的计算技巧要求极为严格，且计算中不允许出现差错，否则会带来安全隐患。为了有效地规划无人机输电线路巡检路径，研发人员提出使用智能算法来进行其路径的规划方法。基于遗传算法来优化无人机输电线路巡检路径的方法，它采用极坐标编码方式来构造染色体，结合实际无人机巡检中的约束条件设计遗传算子，提高了全局搜索能力。输电线路巡检路径通常主要包括巡检作业起飞点、降落点以及线路巡检作业各目标点经纬度位置信息。在使用无人机进行输电线路巡检时，其路径规划会受到无人机性能参数和巡检任务等多种约束条件的限制，即最大航程、最大爬升/俯冲角、最小路径段长度、最小拐弯角以及自然地理障碍等约束条件的限制。线路巡检路径规划是在可设定路径空间中找到符合各约束条件的最优飞行路线，在实际应用中，可由在所设定路径空间中的一系列路径节点来计算出总飞行路径，且任意两个相邻路径节点用线段接连。该方法是将无人机线路巡检路径规划问题转化为路径适应度函数最小化的问题，可采用单目标优化方法直接优化得出最佳规划路径。当然，在无人机路径规划中，也可将路径与其他优化目标（如飞行路径终点与给定终点之间的距离）一起组成多目标优化模型，利用多目标优化算法得到优化结果。

4. 无人机线路巡检作业中故障诊断与预测

无人机线路巡检以拍摄输电线路图像为手段，但仅有极少部分图像包含故障信息，且传统模式中使用人眼从图像中检测可能存在的故障信息类型。这种处理方式易使操作人员眼睛疲劳，检测效率低，且不能处理复杂故障类型。为了快速有效地检测并发现输电线路的故障，输电线路巡检中智能化的故障检测方案开始成为一个研究热点。开展故障预测是减少输电线路突发故障、提高预知维修准确性的重要手段。使用遗传算法对输电线路故障进行预测，有效解决了电网输电线路复杂故障情况下的预测问题。

虽然无人机巡检技术有这些不足之处，但其具有非常广阔的应用前景。由于小型无人机的航空特性和大面积巡检的特点，在线路监测和评估方面特别具备优势。在实际线路巡检中，由于受巡检所用设备及输电线路所处地形的限制，人工巡检倾向于比较基础性的、接地的检查内容。无人机巡检与人工巡检进行结合可有效提高输电线路巡视与检修效率，可针对输电线路进行日常巡检及故障或隐患处理。

5. 输电线路精细化巡检方式

1）斜对角俯拍

对电杆及铁塔拍摄宜采用斜对角俯拍方式，尽可能将全部人工巡检无法看到、无法看清的部位单张或分张拍摄清楚。

斜对角俯拍方式是指无人机高度高于被拍摄物体，并且中轴线延长线与线路走向成 15°～60°角方向拍摄，然后将无人机旋转 180°飞至被拍摄物体对侧再次拍摄。使用此方法可以以较少的拍摄图片尽可能地多采集被拍摄物体信息。

2）近距离拍摄

拍摄设备近景图时，应提前确认线路设备周围情况，如附近有无高秆植物，有无其他高压线路、低压线路或通信线，有无拉线，有无其他可能对无人机造成危害的障碍物。无人机拍摄时，后侧至少保持 3m 安全距离。如无人机受电磁或气流干扰，应向后轻拨摇杆，将无人机水平向后移动。使用无人机失控自动返航功能时，禁止在高低压导线、通信线、拉线正下方飞行，以免无人机失控自动返航时，撞击正上方线路。对于有拉线的杆塔，严禁无人机环绕杆塔飞行。拍摄时无人机姿态调整应以低速、小舵量控制。

3）降低飞行高度

无人机在需要降低高度飞行时，应采用无人机摄像机垂直向下，遥控器显示屏可以清晰观察到下降路径情况时方可降低飞行高度。降低飞行高度前规划好无人机升高线路，避免无人机撞击上侧盲区物体。

4）转移作业地点

无人机转移作业地点前，应将无人机上升至高于线路及转移路径上全部障碍物高度沿直线向前飞行。

1.3.5 电缆隧道精细化巡检发展现状

电缆隧道巡检系统涉及机械、电子、控制、传感器、材料等多学科领域，整合了模式识别、无线信号传输、智能控制、数字视频、机电控制等功能，是多种高新技术的有机结合。

1. 电缆隧道巡检系统

电缆隧道横截面呈方形，两侧壁上装有电缆支架，采用架空的方式将电缆并排放置在支架上，为尽可能避免火灾事故的发生，两条相邻电缆的接头之间需要保持至少 2m 的距离。此外，隧道中的环境非常恶劣，如：电缆长期运行引起的隧道内温度过高，工作 10 年以上的电缆隧道内气温通常在 30℃以上；有害气体（一氧化碳、二氧化硫等）浓度和空气湿度偏高，甚至存在滴水现象；由施工存留下来的碎石块或自然灾害引起的塌方、水洼等。这些都给电缆隧道巡检带来了难度，同时，也是对机器人结构和性能的考验。

轨道式机器人巡检系统具有自主巡检、突发事件处理、远程监控功能，有长时间续航能力，配有高清可见光和红外摄像机、有害气体检测装置，可实现对隧道内电缆形变、温度及有害气体的监测，并将隧道内实时情况通过隧道综合监控系统传输至输电线路状态监测中心，以取代人工巡检，实现隧道内全路径自主巡检，能有效解决高压电缆隧道巡检难度大、人工巡检危险系数高等问题。线路巡检人员足不出户即可掌握电缆隧道内部设备运行情况，实现了综合智能监控与智能逻辑连锁的管控一体化。

2. 电缆隧道机器人巡检过程

电缆隧道机器人工作在可能存有障碍物（如碎石块、小土堆等）的地下电缆隧道中，这种复杂的环境决定了机器人的机械本体必须由行走机构和越障机构组成；同时，为了得到隧道中电缆运行情况及周围环境情况，机器人还需要配有可控云台以便搭载红外热成像装置。

移动机器人行走机构主要分为轮式和履带式两种。其中，轮式机器人的运行速度快、效率高，但是越障和地形适应能力较差，转弯半径较大，主要适用于地形不太复杂的野外或城市中；履带式机器人恰恰相反，其具有很强的越障和地形适应能力，并且能够原地转弯，但是运行速度和效率较低，能够工作在较复杂的环境中。轮式机器人较为适宜地形平坦、设施完善的大型地下电缆隧道，面对环境复杂的小型电缆隧道或管道一般选择适应能力更强的履带式机器人。

虽然履带式机器人具有一定的越障能力，但是，为适应复杂的隧道环境，还需要进一步设计合理的越障机构。目前，履带式机器人传统的越障方式主要分为两种：履带式行走机构直接越障和摆臂-履带式行走机构复合越障。直接越障机构利用机器人本体设计的倾角越过障碍物，结构简单，但是，机器人重心较高，翻越较高障碍物时，容易发生倾覆；采用复合越障机构设计的机器人重心较低，虽然结构复杂，但是，依靠摆臂的支撑，可有效翻越较高障碍物。

随着对巡检机器人研究的不断深入，对机器人的机构设计必然会提出更高的要求，主要表现在轻量化、操作简单化和越障高效化等方面。

（1）轻量化。影响机器人重量的主要因素有：机械结构、材料及电池等。因此，机器人的机构设计应尽量简单，采用性能好、密度小的材料及更加科学有效的能源供给。

（2）操作简单化、越障高效化。操作简单化不仅可以简化控制系统组成而且可以提高机器人的工作效率。因此，还需要进一步优化机构，选择最简单有效的机构形式，实现其灵活、高效率越障。

3. 电缆隧道机器人导航与定位技术

电缆隧道机器人自主导航是反映巡检机器人智能化的重要标志，也是其应具备的基本功能。导航就是规划巡检机器人的行走路径，包括全局路径规划和局部越障规划等。巡检机器人沿着环境相对复杂的电缆隧道行走，有可能要跨越碎石块、土堆、小洼坑等障碍物，因此，机器人需主要完成局部越障规划。局部越障规划就是利用环境传感器（如超声传感器、红外测距传感器、视觉传感器等）提供机器人周围的局部环境信息，产生下一时刻机器人位姿信息。利用视觉传感器获取环境信息进行导航具有很高的空间和灰度分辨力，探索范围广、精度高，能够获取场景中绝大部分信息[12]。

实时确定巡检机器人在隧道中的位置（即定位）对准确标识电缆故障点的位置至关重要。目前，移动机器人的定位方法主要有测程法定位、主动或被动标识定位、GPS 定位等，而测程法是广泛使用的相对定位方法。

4. 电缆隧道机器人线路检查与故障定位

巡检机器人以一定的速度沿着隧道行走，并能顺利可靠地跨越碎石块、土堆、小水洼等障碍，完成电缆巡检项目和任务（包括电缆老化程度、是否破损、是否断股、接头是否松动等）。

巡检机器人常用的故障和损伤探测方法有视觉检查和红外技术探测。其中，视觉检查应用最为广泛，采用高分辨率摄像机获取目标图像，实时传输到上位机，由操作人员根据电缆外观确定是否损坏。红外技术探测主要用于视觉检测难以实现的地方，如电缆是否出现断股、接头是否松动等。当电缆出现断股或接头松动等故障时，故障点附近会出现局部温升，改变热辐射分布，红外传感器可以摄取表面温度超过周围环境温度的异常温升点，发现线路上早期的故障点。为及时有效地维护隧道电缆，机器人巡检过程中的重要任务就是准确标识故障点的位置。

1.4 智能化巡检机器人在变电站中的应用

变电站智能巡检机器人涉及机械、电力电子、自动化、计算机、图像处理、无线通信等多学科领域，属于典型的特种服务机器人。根据工作现场环境铺设专用行走轨道，机器人根据预先定义的任务，自动沿轨道行走，通过精确定位实现和自动化控制策略，完成变电站室内设备的视频拍摄、图像状态分析、红外线测温、超声波局部放大检测等。

1. 变电站智能化巡检机器人结构特性

巡检机器人本体是整个变电站智能化巡检的核心，首先其应用导航定位技术实现在变电站内的移动巡检作业。通过搭载多种高性能检测装置，机器人可对变电站内所能观测到的大部分设备的外观、分合状态、发热情况、噪声情况等各种状态进行标准化、自动化巡检。主要采用非接触式检测技术采集所检测设备的可见光、红外图像等信息，通过自动识别技术对所采集信息进行自动认证，得出巡检结果。变电站巡检机器人具有较强的环境适应能力，能够在绝大多数气象条件下，包括雨雪、大风等恶劣天气，完成对变电站所覆盖设备的巡检。

控制后台用于运行系统软件程序，并可实现对所巡检设备状态的监视。巡检结束后，控制后台将巡检结果以报告形式提供给运维值班人员，包括巡检的时间、环境等基本信息，以及所巡检设备的异常或告警情况等。控制后台在变电站及运维站均有部署。站内控制后台为机器人控制和监视的直接系统，安装于所属变电站主控室内，机器人的所有功能均可在站内控制系统平台实现，同时，机器人所有操作后的数据均存储在站内服务器，供远程控制系统调用查看。远程控制后台一般安装于运维人员集中办公区域，实现对多个变电站巡检机器人的统一监控，便于远程查看和操作机器人，实现集中管理。

2. 变电站智能化巡检机器人巡检模式

变电站智能化巡检机器人的巡检模式也可以根据运维值班人员需要进行相应切换，既可以对所覆盖变电站设备进行全自动巡检，也可以由运维值班人员根据巡检需求设定对部分区域、部分设备进行巡检，甚至当需要对某个特定设备进行巡检时，可在变电站当地或者远程后台通过手动遥控的方式进行观测。

（1）设备外观巡视。变电站巡检机器人可在一定程度上代替人工进行正常巡检、特殊巡检等各类型巡检，进行设备外观状态的自动识别（包括外观异常、分合状态等）。

（2）红外测温。变电站巡检机器人可通过搭载的远程红外摄像机对主变压器、各类连接线接头、刀闸触头等需要测温的易发热设备进行自动测温。对温度异常的情况可以实现即时告警。

（3）表计读取。变电站内设备仪表众多，设备的诸多运行参数如温度、气体压力、动作次数、变压器油位等大多通过各种表计显示。巡检机器人可通过高清摄像机采集仪表图像，借助后台的自动识别程序对表计所指示的数据进行识别读取。

3. 变电站智能化巡检机器人控制技术

变电站机器人巡检系统主要包含后台管理软件、机器人机械本体、机器人控制系统和机器人巡检传感系统。控制系统是变电站巡检机器人的核心，对机器人的可靠运行起到关键作用，其主要负责机器人与后台软件的通信、机器人导航定位、机器人本体运动控制、机器人供电管理以及基本的安全防撞工作。

1）后台通信

机器人后台通信主要用于从后台管理软件获取控制指令，并向后台管理软件反馈机器人实时状态。其数据量不大，常见的串口通信、蓝牙通信、低速无线通信、手机网络无线通信、WiFi 通信、电力载波通信等各种网络均能满足带宽的需求。

2）导航定位

机器人系统的导航定位系统常见有里程计导航定位技术、条形码/二维码定位技术、GPS 导航定位技术、惯性导航定位技术、基于激光雷达或摄像机感知环境的复合导航定位技术等。基于里程计的导航定位技术，适应于简单的一维线性环境。其主要通过里程计确定和初始位置的相对距离，从而确定当前位置。这种导航定位方式仅适用于本书所述轨道式巡检机器人在轨道上的定位，具有技术简单、成本低廉的优势，同时也存在积累误差问题，所以往往会额外加入射频识别（radio frequency identification，RFID）等其他传感器进行位置校准，以消除积累误差。基于 RFID 的导航定位方式可以实现毫米级的定位精度。条形码/二维码定位技术也适应于简单的一维线性环境。摄像机通过读取行进路径上的条形码/二维码标签确定自身的位置。GPS 导航定位依赖于卫星，相对于里程计定位，其具有三维空间定位的能力。但也存在明显的缺陷，需要工作在室外空旷区域，定位精度较低，一般在米级，同时受天气和变电站环境的影响。惯性导航定位技术是一种自主式导航技术，导航过程中不依赖于额外的外部信息。它以牛顿力学定律为基础，通过测量移动物体在惯性参考系的线加速度和角加速度，然后将两个加速度对时间进行积分，变换到导航坐标系中，就能够得到在导航坐标系中的瞬时速度、加速度、姿态、位置等。惯导系统的精度主要取决于其加速度计。激光导航方式具有抗干扰能力强、可靠性高、适应性强等优点，不需要对变电站巡检路线进行改造，是室外移动机器人导航方式的发展方向。

3）运动控制

运动控制就是对机械运动部件的位置、速度等进行实时的控制管理，使其按照预期的运动轨迹和规定的运动参数进行运动。

4）供电管理

常见机器人主要供电采用滑触取电、电池供电等方式。滑触取电适用于运行轨迹固定的场景，具有技术简单、可靠性高、可实现24小时不间断供电等优势。电池供电是指机器人搭载电池，靠电池提供运行能量，然后定期充电或更换电池的方式，电池供电的方式主要优势在于不受运行轨迹约束，缺点在于电池管理复杂，且难实现24小时不间断工作。

5）安全防撞

机器人是一个可移动的装置，运行过程中存在碰撞风险。而安全防撞是指机器人上搭载红外线、超声波或其他环境障碍物探测传感器，在机器人运行时对其前进方向进行实时探测，一旦发现障碍立即停车保护的过程，可有效保障机器人本体及其他人员、财物的安全。

第 2 章　架空输电线路无人机巡检系统

架空输电线路分布于户外广阔地域，地理环境复杂，传统的人工巡检线路运行管理模式和常规作业方式，不仅劳动强度大、工作条件艰苦，而且作业安全系数低、劳动效率低，特别是在遇到电力线路紧急故障和恶劣气候条件时，运行维护人员要依靠地面交通工具或徒步方式，利用传统仪器设备或肉眼来巡视电力设施，记录设备缺陷。传统的人工巡检模式已经不能满足现代化电网建设与发展的需求，而无人机巡检作业技术作为先进且成熟的输电线路巡检方式，可以通过建立健全、成熟且高效的输电线路无人机智能巡检体系，为持续地提升输电巡检智能水平提供一种有效的技术保障。

2.1　无人机巡检系统概述

无人机巡检系统是一种用于对架空输电线路进行巡检作业的装备，由无人机（包括旋翼带尾桨、共轴反桨、多旋翼和固定翼等类型）分系统、任务载荷分系统和综合保障分系统组成。一般将无人机分系统为旋翼带尾桨或共轴反桨类型的称为中型无人直升机巡检系统，将多旋翼类型的称为小型无人直升机巡检系统，将固定翼类型的称为固定翼无人机巡检系统。

利用地面控制站以增稳或全自主模式控制无人机巡检系统飞行的人员称为程控手，利用通控器以手动或增稳模式控制无人机巡检系统飞行的人员称为操控手，操控任务载荷分系统对输电线路本体、附属设施和通道走廊环境等进行拍照、摄像的人员称为任务手。

利用无人机巡检系统对架空输电线路本体和附属设施的运行状态、通道走廊环境等进行检查和检测的工作称为无人机巡检作业，根据所用无人机巡检系统的不同，分为中型无人直升机巡检作业、小型无人直升机巡检作业和固定翼无人机巡检作业。

根据巡检作业类型可知，应用于电力系统巡检作业的无人机按照机体结构主要分为无人直升机和固定翼无人机，按空机质量分为大、中、小三个级别。空机质量指的是无人机制造厂交付时的无人机质量，包括无人机结构、动力装置、固定设备、油、滑油以及散热降温系统中的液体。

（1）小型无人直升机（见图 2-1）指空机质量小于等于 7kg 的无人直升机，一般指电动多旋翼无人机，适用于短距离（2～3 个基塔）、多方位精细化巡检和故障巡检。

（2）中型无人直升机（见图 2-2）指空机质量大于 7kg 且小于等于 116kg 的无人直升机，适用于中等距离、多任务精细化巡检，目前应用相对较少。

（3）大型无人直升机（见图 2-3）指空机质量大于 116kg 的无人直升机，目前应用相对较少。

（4）小型固定翼无人机指空机质量小于等于 7kg 的固定翼无人机，续航时间一般不小于 1h，适用于小范围通道巡检、应急巡检和灾情普查。

（5）中型固定翼无人机（见图 2-4）指空机质量大于 7kg 且小于等于 20kg 的固定翼无人机，续航时间一般不小于 2h，适用于大范围通道巡检、应急巡检和灾情普查。

（6）大型固定翼无人机指空机质量大于 20kg 的固定翼无人机，目前应用相对较少。

图 2-1　小型无人直升机

图 2-2　中型无人直升机

图 2-3　大型无人直升机

图 2-4　中型固定翼无人机

2.2　无人直升机巡检系统概述

无人直升机巡检系统包括无人直升机系统、任务载荷和综合保障系统，如图 2-5 所示。

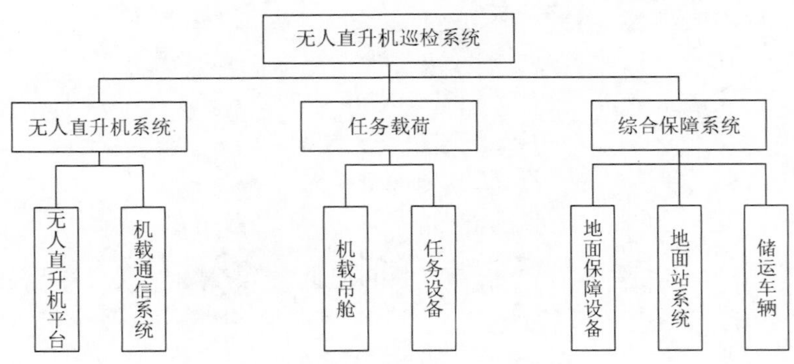

图 2-5　无人直升机巡检系统组成结构图

无人直升机系统包括无人直升机平台和机载通信系统。无人直升机平台由无人直升机本体和机载通信系统两部分构成。无人直升机本体包括旋翼、尾桨、机体、操纵系统、动力装置，并装有航行灯、位置追踪模块。机载通信系统包括无线数据传输系统和无线图像传输系统的机载部分。

任务载荷包括机载吊舱和任务设备。任务载荷是指那些为完成任务装备到无人机上的设备（信号发射机、传感器等），但不包括飞行控制设备、数据链路和燃油等。无人机任务载荷的快速发展极大地扩展了无人机的应用领域，无人机根据功能和类型的不同所装备的任务载荷也不同，常见的有可见光检测设备（可见光照相机和可见光摄像机）、红外检测设备、紫外检测设备和激光扫描雷达等。

综合保障系统包括地面保障设备、地面站系统及储运车辆。地面保障设备包括供电设备、燃料、调试用具、工器具。大中型无人直升机巡检系统的燃料为汽油或重油，小型无人直升机巡检系统采用电动。大中型无人直升机巡检系统的地面站系统包括飞行控制软件、检测系统软件、硬件设备、地面通信系统及地面测控车辆，小型无人直升机巡检系统的地面站系统包括飞行操控器、飞行控制软件、地面通信系统。大中型无人直升机巡检系统配备专用储运车辆，小型无人直升机巡检系统可根据具体需要配备储运车辆。

针对架空输电线路精细化巡检和故障巡检中使用较多的中小型无人直升机，根据《架空电力线路多旋翼无人机巡检系统》（DL/T 1578—2021）定义，对中型无人直升机巡检系统技术指标要求如表 2-1 所示，小型无人直升机巡检系统技术指标要求如表 2-2 所示。

表 2-1　中型无人直升机巡检系统技术指标要求

序号	指标类别	指标要求
1	环境适应性	存储温度范围：−20～+65℃
		工作温度范围：−20～+55℃
		相对湿度：≤95%（+25℃）
		抗风能力≥10m/s（距地面 2m 高，瞬时风速）
		抗雨能力：能在小雨（12h 内降水量小于 5mm 的降雨）环境条件下短时飞行
2	飞行性能	巡检实用升限（满载，一般地区）≥2000m（海拔）
		巡检实用升限（满载，高海拔地区）≥3500m（海拔）
		续航时间（满载，经济巡航速度）≥50min
		悬停时间≥30min
		最大爬升率≥3m/s
		最大下降率≥3m/s

续表

序号	指标类别	指标要求
3	重量指标	空机质量：7～116kg。正常任务载重（满油）一般大于 10kg
4	航迹控制精度	水平航迹与预设航线误差≤5m
		垂直航迹与预设航线误差≤5m
5	通信	数传延时≤80ms，误码率≤1×10^{-6}
		传输带宽≥2Mbit/s，图传延时≤300ms
		距地面高度 60m 时最小数传通信距离≥5km
		距地面高度 60m 时最小图传通信距离≥5km
6	任务载荷	可见光图像检测效果要求：在距离目标 50m 处获取的可见光图像中可清晰辨识 3mm 的销钉级目标
		高清可见光摄像机帧率不小于 24Hz；支持数字及模拟信号输出，支持高清及标清格式；连续可变视场
		红外热像仪分辨率不小于 640 像素×480 像素；热灵敏度不大于 100mK；输出信号制式 PAL；在距离目标 50m 处，可清晰分辨出发热点
		吊舱回转范围方位：n×360°。俯仰：–90°～＋20°
		吊舱回转方位和俯仰角速度：≥60°/s
		吊舱稳定精度≤100mrad（有效值）
		机载存储应采用插拔式存储设备，存储空间不小于 64GB
7	地面展开时间、撤收时间	地面展开时间≤30min
		撤收时间≤15min
8	平均无故障间隔时间	平均无故障间隔时间（mean time between failures，MTBF）≥50h
9	整机寿命	整机寿命≥500h
10	可编辑飞行航点	可编辑飞行航点≥200 个

注：PAL 表示逐行倒相（phase alteration line）。

表 2-2　小型无人直升机巡检系统技术指标要求

序号	指标类别	指标要求
1	环境适应性	存储温度范围：–20～＋65℃
		工作温度范围：–20～＋55℃
		相对湿度：≤95%（＋25℃）
		抗风能力≥10m/s（距地面 2m 高，瞬时风速）
		抗雨能力：能在小雨（12h 内降水量小于 5mm 的降雨）环境条件下短时飞行
2	飞行性能	巡检实用升限（满载，一般地区）≥3000m（海拔）
		巡检实用升限（满载，高海拔地区）≥4500m（海拔）

续表

序号	指标类别	指标要求
2	飞行性能	悬停时间≥20min（满载）
		最大爬升率≥3m/s
		最大下降率≥3m/s
3	重量指标	不含电池、任务设备、云台的空机质量≤7kg
4	飞行控制精度	地理坐标水平精度小于 1.5m
		地理坐标垂直精度小于 3m
		正常飞行状态下，小型无人直升机巡检系统飞行控制精度水平小于 3m
		正常飞行状态下，小型无人直升机巡检系统飞行控制精度垂直小于 5m
5	通信	数传延时≤20ms，误码率≤1×10^{-6}
		传输带宽≥2Mbit/s（标清），图传延时≤300ms
		距地面高度 40m 时数传距离不小于 2km
		距地面高度 40m 时图传距离不小于 2km
6	任务载荷	可见光传感器获得图像应满足在距离不小于 10m 处清晰分辨销钉级目标的要求。有效像素不少于 1200 万像素
		红外传感器获得图像应满足在距离 10m 处清晰分辨发热故障。分辨率不低于 640 像素×480 像素；热灵敏度不低于 50mK；测温精度不低于 2K；测温范围 −20～＋150℃
		可视范围应保证水平−180°～＋180°，同时俯仰角度范围−60°～＋30°
		机载存储应采用插拔式存储设备，存储空间不小于 32GB
7	地面展开时间、撤收时间	地面展开时间≤5min
		撤收时间≤5min
8	平均无故障间隔时间	平均无故障间隔时间≥50h
9	整机寿命	整机寿命≥500 飞行小时或 1000 个架次（以先到者为准）起降
10	可编辑飞行航点	可编辑飞行航点≥50 个

2.3　固定翼无人机巡检系统概述

固定翼无人机巡检系统包括固定翼无人机系统、任务载荷、发射回收系统和综合保障系统，如图 2-6 所示。

固定翼无人机系统包括固定翼无人机平台和机载通信系统。其中，固定翼无人机装有机载追踪器，由无人机本体和飞行控制系统两部分构成。机载通信系统包括无线数据传输系统和无线视频传输系统的机载部分。

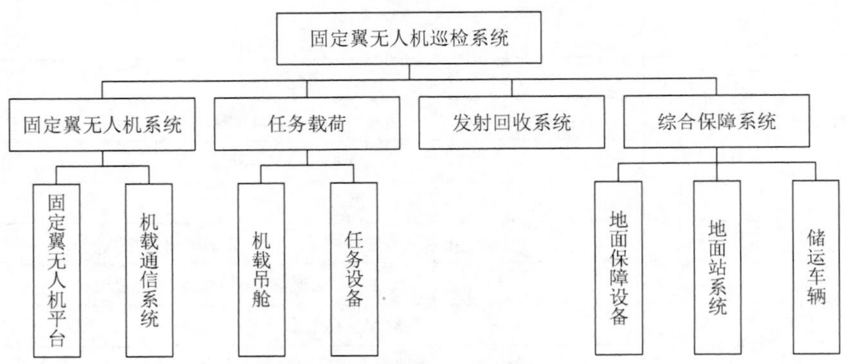

图 2-6　固定翼无人机巡检系统组成结构图

任务载荷包括机载吊舱和任务设备。其中，大型固定翼无人机巡检系统有机载吊舱，中小型固定翼无人机巡检系统没有专设机载吊舱；任务设备指可见光检测设备，包括可见光照相机和可见光摄像机。

发射回收系统类型主要根据固定翼无人机巡检系统的起降方式决定：滑跑起降方式无固定硬件装置但需要有起降场地；弹射起飞方式需要具备弹射架；伞降方式需要具备机载降落伞；撞网撞绳降落方式需要具备拦截网、绳。

综合保障系统包括地面保障设备、地面站系统、储运车辆。其中，地面保障设备包括供电设备、燃料、调试用具、工器具。大型固定翼无人机巡检系统的燃料为汽油或重油，中型固定翼无人机巡检系统的燃料为汽油、重油或电动，小型固定翼无人机巡检系统采用电动；大中型固定翼无人机巡检系统的地面站系统包括飞行控制软件、检测系统软件、硬件设备、地面通信系统及地面测控车辆，小型固定翼无人机巡检系统的地面站系统包括飞行操控器、飞行控制软件、地面通信系统；大中型固定翼无人机巡检系统配备专用储运车辆，小型固定翼无人机巡检系统可根据具体需要配备储运车辆。

针对架空输电线路通道巡检、应急巡检和灾情普查中使用较多的中小型固定翼无人机，《架空输电线路固定翼无人机巡检系统》（DL/T 2101—2020）中对技术指标要求如表 2-3 所示。

表 2-3　固定翼无人机巡检系统技术指标要求

序号	指标类别	指标要求
1	环境适应性	存储温度范围：−20～+65℃
		工作温度范围：−20～+55℃（电动）、−30～+55℃（油动）
		相对湿度：≤90%（+25℃）
		抗风能力：≥10m/s（距地面 2m 高，瞬时风速）
		抗雨能力：能在小雨（12h 内降水量小于 5mm 的降雨）环境条件下短时飞行

续表

序号	指标类别	指标要求
2	起降技术指标	采用滑跑方式起飞、降落或采用机腹擦地方式降落时，滑跑距离应小于 50m
		弹射架应可折叠，折叠后长度不宜超过 2m，重量不宜超过 30kg
		采用伞降降落方式时，开伞位置控制误差不宜大于 15m
3	飞行性能技术指标	巡航速度：60～100km/h
		最大起飞海拔≥4500m
		最大巡航海拔≥5500m
		最小作业真高≤150m
		续航时间要求：中型固定翼无人机续航时间≥2h，小型固定翼无人机续航时间≥1h
		最小转弯半径≤150m
		最大爬升率≥3m/s
		最大下降率≥3m/s
4	任务载重	中型固定翼无人机正常任务载重≥2kg
		小型固定翼无人机正常任务载重≥0.5kg
5	航迹控制精度	水平航迹与预设航线误差≤3m
		垂直航迹与预设航线误差≤5m
6	通信	传输带宽≥2Mbit/s（标清），图传延时≤300ms
		数传延时≤80ms
		通视条件下，最小数传距离≥20km
		通视条件下，最小图传距离≥10km
7	任务载荷	在作业真高 200m 时，采集的视频可清晰识别航线垂直方向上两侧各 100m 范围内的 3m×3m 静态目标
		在作业真高 200m 时，采集的图像可清晰识别航线垂直方向上两侧各 100m 范围内的 0.5m×0.5m 静态目标
		高清可见光摄像机帧率不小于 24Hz；支持数字及模拟信号输出，支持高清及标清格式
		机载存储应采用插拔式存储设备，存储空间不小于 64GB
8	可靠性	平均无故障间隔时间≥50h
		机械和电子部件定期检查保养周期不低于 20 个架次
9	操作性	展开时间≤20min
		撤收时间≤10min
10	整机使用寿命	整机使用寿命不低于 300 架次起降

2.4 无人机巡检系统关键技术

2.4.1 飞行控制技术

飞行控制系统主要由机载传感器、飞控系统机载控制模块、地面站控制模块组成，功能是根据无人机的实时飞行状态，将地面站发出的飞行任务解算成为控制指令，并驱动执行机构以控制无人机。飞行控制系统的组成结构如图 2-7 所示。

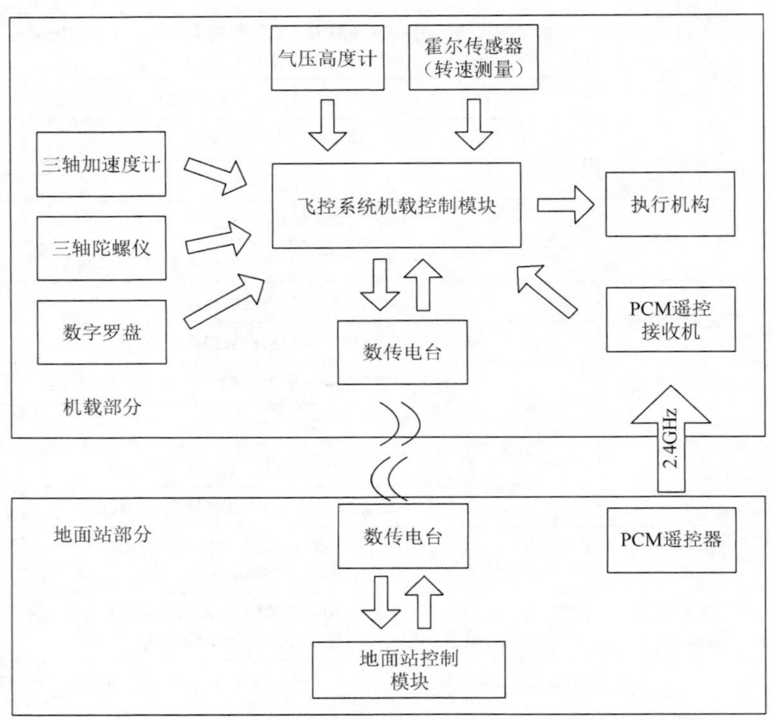

图 2-7　飞行控制系统组成结构示意图

PCM 表示脉冲编码调制（pulse code modulation）

飞行控制系统具有手动飞行、速度和自动三种控制模式。手动飞行模式是纯手动控制舵机，使得飞机能够平稳飞行。此种模式对操控技术要求较高，但无法长距离控制飞机，通常只在出现异常或紧急状况下使用。速度模式是指采用机载飞行控制模块来控制飞机，然后根据指令执行前飞、后退、侧飞、盘旋、悬停等飞行任务，其中后退、悬停应用于无人直升机，其他飞行任务也适用于固定翼无人机，此模式具有良好的操控性。自动模式是根据杆塔 GPS 位置，事先设置好航路点和悬停点，自动起飞、飞行、悬停、降落。此模式安全可靠，适合实际巡线需求。

目前应用于架空输电线路巡检的无人机巡检系统具备上述三种飞行模式，并且具备自主起降、航线规划、一键返航、失控返航、三维程控飞行等功能。

2.4.2　巡检通信技术

无人机巡检通信系统是无人机系统的重要组成部分，是飞行器与地面系统联系的纽带。随着无线通信、卫星通信和无线网络通信技术的发展，无人机通信系统的性能也得到了大幅度提高。从可靠性与经济性平衡的角度出发，目前无人机通信采用的调制模式包括二进制频移键控调制（2 frequency shift keying，2FSK）、二进制相移键控调制（binary phase shift keying，BPSK）、正交频分复用（orthogonal frequency division multiplexing，OFDM）技术、直接扩频技术等。增强抗干扰性能、及时准确地传输数据以及增强信息传输绕射能力仍然是无人机通信有待解决的难题。

针对架空输电线路精细化巡检和故障巡检中使用较多的中小型无人直升机，以及应用于通道巡检、应急巡检和灾情普查中的中小型固定翼无人机，按照《架空电力线路多旋翼无人机巡检系统》（DL/T 1578—2021）中的定义，针对无人机通信的技术指标要求如表 2-4 所示。

表 2-4　无人机巡检通信技术指标要求

序号	机型	通信技术指标要求
1	小型无人直升机	数传延时≤20ms，误码率≤1×10^{-6}
		传输带宽≥2Mbit/s（标清），图传延时≤300ms
		距地面高度 40m 时数传距离不小于 2km
		距地面高度 40m 时图传距离不小于 2km
2	中型无人直升机	数传延时≤80ms，误码率≤1×10^{-6}
		传输带宽≥2Mbit/s，图传延时≤300ms
		距地面高度 60m 时最小数传通信距离≥5km
		距地面高度 60m 时最小图传通信距离≥5km
3	固定翼无人机	传输带宽≥2Mbit/s（标清），图传延时≤300ms
		数传延时≤80ms
		通视条件下，最小数传距离≥20km
		通视条件下，最小图传距离≥10km

无人机通信系统包含无线数据传输系统和无线图像传输系统。通信系统需要实时性好，可靠性高，以便后台操控人员及时观察电力巡线的现场情况；要对高压线及高压设备产生的电磁干扰有很强的抗干扰能力；要能在城区、城郊、建筑物内等非通视和有阻挡的环境使用时仍然具有卓越的绕障和穿透能力；要能在高速移动的环境中，仍然可以提供稳定的数据和视频传输。

1. 无线数据传输系统

无线数据传输系统由发射机、接收机和天线组成，其原理是通过天线接收地面遥控发射机发射的调频信号，经过放大、鉴频、解调、译码后，以串行形式发送给飞行控制系统，实现远距离的遥控。目前普遍采用的编码正交频分复用（coded orthogonal frequency division multiplexing，COFDM）技术，使得数据传输系统性能即使是在电磁干扰严重、传输路径阻挡的条件下仍然表现优异。无线数据传输系统物理连接框图如图 2-8 所示。

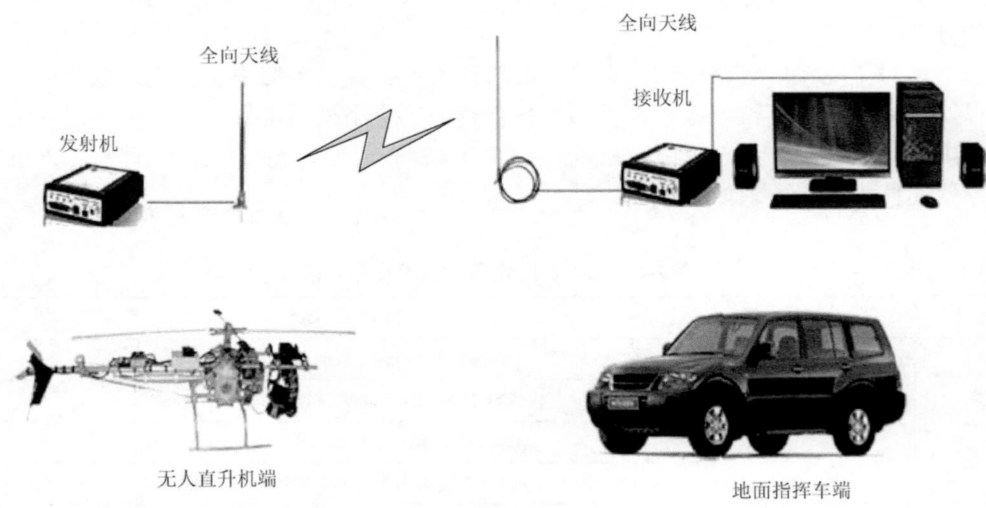

图 2-8　无线数据传输系统物理连接框图

2. 无线图像传输系统

无线图像传输系统由发射设备、接收设备和天线组成，主要功能是实时传输可见光视频、红外视频，供无人机任务操控人员实时操控云台转动到合适的角度拍摄输电线路、杆塔和线路走廊高清晰度的照片，同时辅助内控人员、外控人员实时观察无人机飞行状况。COFDM 无线图像传输系统物理连接框图如图 2-9 所示。

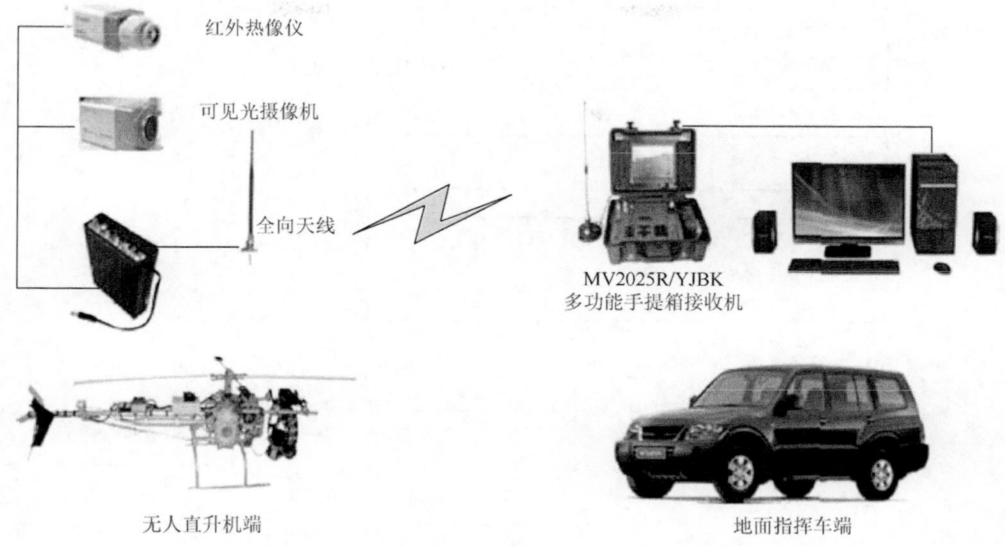

图 2-9 COFDM 无线图像传输系统物理连接框图

COFDM 技术的优点在于：采用 COFDM 技术的设备在城区、城郊、建筑物内等非通视和有阻挡的环境中，仍然具有卓越的绕射和穿透能力，对高压线及高压设备产生的电磁干扰有很强的抗干扰能力，能够满足无人机电力巡线的需要。

2.4.3 避障技术

采用无人机进行电力巡线时，由于无人机 GPS 导航存在误差，巡检飞行时可能会遇到阵风过大，以及无人机的飞行高度不够等情况，导致无人机在执行任务过程中可能会出现偏离预定航向的情况，存在无人机与输电线路或其他障碍物发生碰撞的危险。山、树木、铁塔等其他障碍物体积较大，通过无人机实时传回地面站的视频能够识别。但由于输电导线线径小，视频很难识别，为了保障无人机巡线系统及输电线路的安全，提升巡线作业的可靠性，有必要实现无人机对输电导线的避障。

无人机避障系统由机载的信号采集模块和机载飞控的紧急避障模块组成。机载的高精度电磁场检测传感器、高性能测距传感器与飞控紧急避让模块可让无人机具备主动避让功能，同时视觉传感器与后台的分析识别模块可辅助判断避障。其系统框架如图 2-10 所示。

目前电力行业中普遍采用的深圳市大疆创新科技有限公司生产的系列无人机避障系统中，机载的信号采集模块包括超声波传感器、红外传感器、双目视觉传

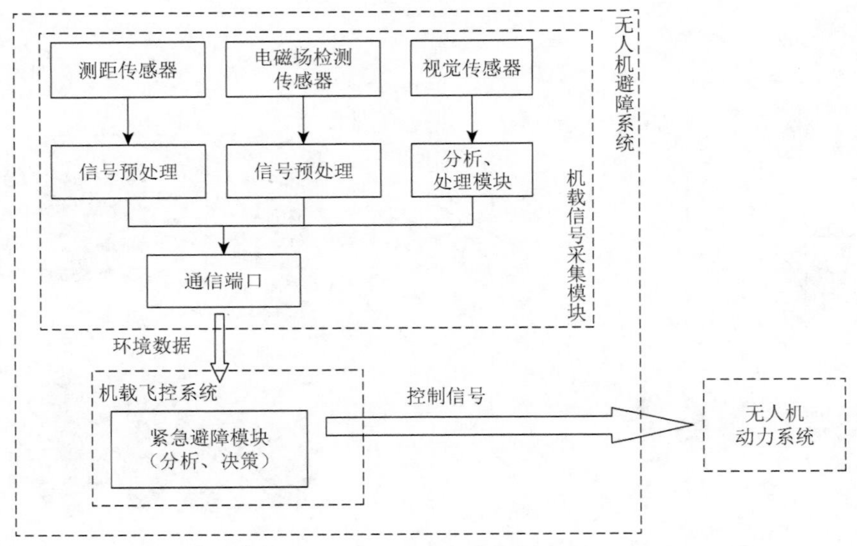

图 2-10　无人机避障系统框架图

感器和单目视觉传感器。传感器将模拟信号转换为数字信号，并将周围的环境信息经通信端口发送给机载避障分析模块，由机载分析模块发出相应的指令给飞控系统的控制模块，再由飞控系统的控制模块发送给无人机动力系统。

机载避障分析模块为通过内置的预设距离门限值，将周围的环境信息与预设的距离门限值进行对比得出障碍物方位，并通过内置的避障策略做出相应的避障动作。

2.5　架空输电线路巡检现状与巡检方式

2.5.1　巡检现状

架空输电线路长期暴露在自然环境中，不仅要承受正常的机械张力、材料老化和电力负荷等内部压力，还要经受污秽、雷击、强风、洪水、滑坡、沉陷、地震和鸟害等外界因素的侵害。上述因素会促使线路上各元件老化、疲劳，如不及时发现和消除隐患则可能发展成各种故障甚至事故，对电力系统的安全和稳定构成威胁。

线路巡检是有效保证输电线路及其设备安全的一项基础工作。通过巡视检查能掌握线路运行状况及周围环境的变化，发现设备缺陷和危及线路安全的隐患，在此基础上有针对性地提出具体检修意见，以便及时消除缺陷、预防事故发生或将事故限制在最小影响范围内，从而保证输电线路安全和电力系统稳定。

我国电网现行高压输电线路运维模式和巡检方式主要是通过维护人员依靠地面交通工具或徒步行走、借助手持仪器（如望远镜、数码相机、红外热像仪等）或肉眼来巡视和处理缺陷，不仅劳动强度大、工作条件艰苦，而且劳动效率低，已不能适应现代化电网的发展和安全运行需要，超高压、特高压电网急需高效、安全、先进、科学的电力线路巡检方式。

针对架空输电线路巡检当前面临的形式与问题，在传统人工巡检的基础上，涌现出了有人机巡检和无人机巡检的新型巡检模式，根据地理环境和杆塔的类型选择不同的巡检方式，或使用协同巡检模式来实现各种巡检模式间协同工作，可以配合完成架空输电线路的巡检任务。

2.5.2　巡检方式

1. 人工巡检

输电线路人工巡检工作主要靠巡视人员目测观察，该方法主要是依靠巡线员携带各种检测工具（如望远镜，红外和紫外检测仪等）沿着输电线路行走，用肉眼或望远镜对辖区内的输电线路进行观测，凭个人经验检视线故障和缺陷。这种传统的工作方式效率和安全系数低下，且劳动强度大，同时存在巡检效率低、检测精度不高、可靠性差等问题，特别是杆塔瓶口以上隐蔽性缺陷的发现率尤其低下。由于很多线路走廊所处的地理环境恶劣，部分杆塔甚至位于人迹罕至的高山峻岭之中，不仅增加了检修人员的劳动强度，而且山区蜂害、蛇害对员工的生命安全也构成了严重威胁。

2. 有人机巡检

有人机巡检技术已发展成熟，制度相对完善。有人机巡检作业范围大、效率高且不受地形的限制。可以方便地穿越崇山峻岭、沼泽湖泊和地面难以到达的无人区等，可迅速地跨越两个工作地点，巡视 100 基杆塔只需 3h 左右，效率是人工巡检的几十倍。

有人机巡检的不足之处在于：①有人机体积较大，无法在杆塔或者输电线路下方进行飞行巡视。同时，受地形地貌影响，部分塔基附近被植被或其他物体遮挡，造成巡视视线受阻，并且距离塔基较远，巡视效果较差；受飞行时间限制，不能在杆塔上方长时间悬停，杆塔上的小部件缺陷不能检查到位。②为了保证安全，大风、雨、雪、雾等天气均不能飞行，同时，有人机巡视对驾驶员技术要求高，飞机一旦遇险，易造成人身伤亡事故。③从经济方面来说，有人机通常造价较高，无法大量配备以满足日益增长的巡检需求。

3. 无人机巡检

将无人机应用到电力巡检中有极其重要的意义，可以解决传统人工巡检方式受巡检地形限制、人员安全无法保障、巡检结果判定受人为因素影响等方面的问题。通过引入无人机来进行巡检，既可以提高工作效率、保证人员安全，又可以制定一个统一的量化标准，实现标准化作业。

国家电网有限公司在“十二五”期间加大了直升机、无人机、机器人、特种作业车辆等高端、大型巡检装备配置力度，其中累计配置无人机 88 架，并推广直升机、无人机、人工协同巡检模式，组织跨区重要输电线路直升机巡视。应用小型旋翼无人机共巡检 4825 基杆塔，应用中型无人直升机共巡检 832 基杆塔，应用大型无人直升机共巡检 562 基杆塔，应用固定翼无人机共巡检 4221.9km，各试点单位累计发现缺陷 1288 项。2013 年以来，国家电网有限公司组织开展了“架空输电线路直升机、无人机和人工协同巡检”相关工作，后续相继印发了《架空输电线路无人机智能巡检作业体系建设三年工作计划》和《输电线路无人机自主巡检实用化提升工作方案》。通过建立无人机巡检管理和技术体系，输电线路的巡检效益得到了明显提升。

国网山东省电力公司电力科学研究院自 2009 年开展无人机输电线路智能巡检以来，逐步走向输电线路智能巡检常态化，可有效实行对特殊地形及环境下的巡检，并在基于视觉识别的设备缺陷自动诊断方面进行了研究。至 2016 年底，国家电网有限公司下属多数网省公司均已开展无人机智能巡检的研究与应用。

当前，基于深度学习的计算机视觉技术已经与医疗、安防、交通等多个垂直领域渗透融合，并实现了新业态、新模式和新产品的突破与应用，设备运维是人工智能技术应用的主要领域之一。在该领域中，基于输电线路无人机巡检是基于深度学习的计算机视觉技术融合应用的一个典型场景。该技术为改善输电线路无人机巡检过程中传统图像处理方法所面临的问题提供了极具吸引力的手段。深度学习的三大核心要素是——海量数据、算法模型、计算能力。在输电线路无人机巡检领域，截至 2018 年，无人机巡检年度数据总量已达到 903TB，35kV 及以上等级输电线路缺陷发现数量超过 80000 项。基于输电线路无人机巡检获取的海量巡检图像，凭借对强计算能力硬件和深度神经网络算法模型的合理运用，深度学习技术在输电线路无人机巡检领域中的融合应用越来越广泛。

用“机巡”辅助“人巡”，大疆创新系列无人机在输电线路巡检的深化应用，极大地降低了作业安全风险系数。它们除了能够灵活跨越复杂地形地貌，还能更为及时地发现人工难以发现的隐蔽性缺陷。巡线人员通过利用无人机独特的空中视角，获取多角度、高精度的巡检图像，从而更清楚地对巡检状况进行研判。相比传统电力巡检方式，正常情况下两名巡检人员一天只能结伴巡视 6～10 基杆塔，而无人机则一天可以检查 30～40 基杆塔，效率和质量提升显而易见。

无人机的深化应用已经遍布中国电力行业的每个角落。大疆创新官方数据显示，截至 2019 年 5 月，行业应用无人机在中国的电力巡线里程上已累计服务超过 40 万 km，相当于绕地球 10 圈，年巡检作业量超过 80 万 km。

2019 年，国家电网有限公司通过招标租赁和地市公司自采的方式为各地市巡检班组配置了大量的大疆创新系列无人机，目前已覆盖国家电网有限公司 27 个网省单位的一线班组。国家电网有限公司在无人机深化应用方面也提出了建设方向，主要聚焦于建立健全无人机标准规范、强化设备功能及质量要求、加强巡检人才队伍建设、关键技术攻关、巡检作业全面管控、数据深化应用、加强作业保障等方面。其中，大疆创新系列无人机中的精灵 4 RTK 型多旋翼高精度航测无人机（见图 2-11）目前在电力巡检中较多，具备厘米级导航定位系统和高性能成像系统，便携易用，适用于开展无人机自主巡检工作，能够全面提升巡检效率。

图 2-11　精灵 4 RTK 型无人机

第3章 架空输电线路无人机巡检作业技术

输电线路是电力系统的重要组成部分，它担负着输送和分配电能的任务。输电线路有架空线路和电缆线路之分。按电能性质分类有交流输电线路和直流输电线路。按电压等级有输电线路和配电线路之分。架空输电线路作为电力系统中的一种重要输电线路，与电缆线路相比，具有投资成本低、易于发现故障、便于维修等优点，所以远距离输电多采用架空输电线路。输电线路按电流性质，又可分为交流输电线路和直流输电线路。虽然直流输电具有线路造价低、节省线路走廊、线路损耗小、不存在系统不稳定问题、易于限制短路电流、调节快速、运行可靠等优点，但是考虑到电网整体运行维护和线路造价等因素，交流输电在世界范围内仍占绝大多数，本书主要以交流输电线路为例进行介绍。

3.1 架空输电线路的构成与分类

3.1.1 架空输电线路构成

架空输电线路主要由导线、架空地线、绝缘子、金具、杆塔、基础以及接地装置等部分组成。以上设备的作用与特性分述如下。

（1）导线其功能主要是输送电能，应具有良好的导电性能。导线架设在杆塔上，长期处于野外，承受各种气象条件和各种荷载，因此对导线除要求导电性能好外，还要求具有较高的机械强度、耐震性能，一定的耐化学腐蚀能力，且价格经济合理。任何导线故障，均能引起或发展为断线事故。

线路导线目前常采用钢芯铝绞线、铝包钢芯铝绞线、钢芯铝合金绞线、防腐钢芯铝绞线。

（2）架空地线又称架空避雷线，架空地线架设在导线的上空，其作用是减少雷害事故。由于架空地线对导线的屏蔽，以及导线、架空地线间的耦合作用，可以减少雷电直接击于导线的机会。当雷击杆塔时，雷电流可以通过架空地线分流一部分，从而降低塔顶电位，提高耐雷水平。避雷线根数视线路电压等级、杆塔类型和雷电活动程度而定，可采用双地线和单地线。

另外架空地线有绝缘、不绝缘和部分绝缘之分。架空地线常采用镀锌钢绞线，铝包钢绞线等良导体，可以降低不对称短路时的工频过电压，减少潜供电流，兼有通信功能的可采用 OPGW。

（3）绝缘子是输电线路绝缘的主体，其作用是悬挂导线并使导线与杆塔、大地保持绝缘。绝缘子不但要承受导线的垂直荷重，还要承受水平荷重和导线张力。因此，绝缘子必须有良好的绝缘性能和足够的机械强度。输电线路常用绝缘子有：盘形悬式瓷质绝缘子、盘形悬式玻璃绝缘子、棒形悬式复合绝缘子。

（4）金具在架空输电线路上，将杆塔、绝缘子、导线、地线及其他电气设备按照设计要求，连接组装成完整的送电体系所使用的零件，统称为金具。对金具的要求是强度高，防腐性能好，连接可靠，转动灵活，面接触，防止点接触。金具按其主要性能和用途一般分为五大类：悬垂线夹、耐张线夹、连接金具、接续金具、防护金具。

（5）杆塔是用来支承导线和避雷线及其附件的支持物，以保证导线与导线或避雷线、导线与地面或交叉跨越物、导线与杆塔等有足够的安全距离。杆塔按材料可分为钢筋混凝土杆和铁塔两大类。按作用受力杆塔可分为直线杆塔、承力杆塔（承力杆塔分为耐张、转角、终端、分歧杆塔、耐张换位杆塔、耐张跨越杆塔）和悬垂转角杆塔。

（6）基础指杆塔的地下部分，主要是稳定杆塔，能承受杆塔、导线、架空地线的各种荷载所产生的上拔力、下压力和倾覆力矩。按杆塔类型分，可分为直线杆塔基础、耐张杆塔基础、转角杆塔基础和特种杆塔基础；按基础受力方式分，可分为下压基础、上拔基础和倾覆基础。

（7）接地装置由接地体（极）和接地引下线所组成。接地体（极）是指埋入地中并直接与大地接触的金属导体，其作用是能迅速将雷电流在大地中扩散泄导，以保持线路有一定的耐雷水平，减少线路雷击事故。杆塔接地电阻值越小，其耐雷水平就越高。接地体分为水平接地体和垂直接地体。接地引下线指杆塔的接地螺栓与接地体连接用的在正常情况下不载流的金属导体。

3.1.2　架空输电线路分类

目前国内使用的架空输电线杆塔依据功能可分为直线杆塔和承力杆塔。直线杆塔依据其作用主要有 4 种类型，如表 3-1 所示。承力杆塔依据其作用主要有 6 种类型，如表 3-2 所示。

表 3-1　直线杆塔的类型与作用

杆塔类型	作用
普通直线杆塔	用于导线、地线的正常支撑
直线换位杆塔	用于导线换位
直线跨越杆塔	用于跨域河流、道路、电力线路等设施
直线转角杆塔	功能类似于普通直线杆塔，但用于线路小转角处

表 3-2　承力杆塔的类型与作用

类型	作用
耐张杆塔	用于线路分段控制，转角一般不超过 5°
转角杆塔	改变线路前进方向
终端杆塔	用于线路起止点，主要承受一侧张力
换位杆塔	用于导线换位
跨越杆塔	用于跨越河流、道路、电力线路等设施
分歧杆塔	用于线路分支线处

在实际应用中，根据杆塔的材质和形状将其分为单回直线铁塔、单回耐张铁塔、单回直线钢管、单回耐张钢管、双回直线铁塔、双回耐张铁塔、双回耐张钢管和双回直线钢管 8 类，其形状如图 3-1 所示。

(a) 单回直线铁塔

(b) 单回耐张铁塔

(c) 单回直线钢管

(d) 单回耐张钢管

(e) 双回直线铁塔

(f) 双回耐张铁塔

(g) 双回耐张钢管

(h) 双回直线钢管

图 3-1　架空输电线路杆塔分类

3.2　架空输电线路典型缺陷及特征

架空输电线路分布广泛，跨越各种地理气象区域，长期暴露在风霜雨雪、高山水滩之上，绵延千里，受自然环境影响严重，使其发生包括损坏、老化、劣化的情况，以及线路周围环境变化如污染源增加、树木生长、违建施工等，使得线路运行面对着层出不穷的挑战，极易发生故障跳闸。这种危害线路及设备安全运行或扩大线路损坏程度的异常现象即为输电线路缺陷。按照缺陷发生部位可分为本体缺陷、附属设施缺陷和外部隐患三大类。

3.2.1　架空输电线路本体缺陷

组成架空输电线路本体的全部构件、附件及零部件，包括基础、杆塔、导地线、绝缘子、金具、接地装置、拉线等发生的缺陷，使架空输电线路无法达到运行标准，这类缺陷被称为架空输电线路的本体缺陷。造成架空输电线路本体缺陷的主要原因有线路建设质量、运行自然环境、人为或动物破坏等。由于架空输电线路走廊的规划及其运行特性，人或动物造成的缺陷占线路总缺陷的比例较小，且此类缺陷可以通过加强管理措施减少或杜绝。而由自然原因，如风、雷、冰等造成的架空输电线路缺陷较为普遍，且影响较为严重。当前架空输电线路出现的缺陷主要是由自然原因造成，要做好线路的运行和维护需了解主要缺陷的发生机理和特征。

常见线路的本体缺陷有导线振动、雷击导线、导线和绝缘子覆冰、绝缘子污秽放电、电晕放电等。

1. 导线振动

导线振动根据导线受力的不同可分为微风振动、舞动和次挡距振动三种。

输电导线受到风速为0.5～10m/s的微风作用时，导线在漩涡气流的作用下受到上下交变的力，当漩涡气流的交变频率与导线的固有频率相等时，就会引起导线在垂直平面内的共振，称为微风振动。微风振动的特点是振幅小、频率高、持续时间长。振幅一般小于导线的直径，最大为直径的2～3倍。振动频率在100Hz以内，观察到的多为10～50Hz。振动的持续时间一般为数小时，在些开阔地带和风速十分均匀稳定的情况下，振动时间会更长，能达到全年时间30%～50%。微风振动的波形为驻波，波节不变，波幅上下交替变化，线夹出处总是波节点，因此，导线的微风振动使导线在线夹出口处反复拗折，使导线材疲劳，造成导线断股、断线、线夹等金具磨损、连接松动等缺陷。

架空输电线路采用分裂导线，为保持各子导线的间距，防止各子导线发生鞭击，每隔一定距离安装一个间隔棒，相邻间隔棒之间的水平距离称为次挡距。在风速为 5～15m/s 的风力作用下，由迎风导线产生的紊流，影响到背风导线而产生气流的扰动，破坏导线的平衡产生振动，称为次挡距振动。其振动表现为各子导线不同期的摆动以及周期性的分开和聚拢，一般频率为 1～5Hz，振幅为导线直径的 4～20 倍。次挡距振动会造成分裂导线各子导线相互撞击而损伤，在间隔棒线夹处产生疲劳断股，磨损线夹，使线夹与导线连接松动。

导线舞动表现为垂直上下而稍倾斜的椭圆形运动，并伴有左右扭摆，振幅较大，一般可达 10m 以上，频率较低，一般为 0.1～3Hz。舞动的起因一般认为是导线覆冰而改变导线的几何形状和重心，月牙形冰覆盖在导线迎风侧形成一个翼面，表现出一定的空气动力特性，强风吹过时，导线受到一个向上的升力作用。日升力和导线重力使导线产生垂直振动。同时，导线受水平力作用，产生扭转振动。两种振动的频率相耦合就造成了导线的舞动。导线舞动因振幅大、持续时间长，容易发生混线闪络烧伤导线、损坏金具、杆塔部件损坏、螺栓松脱等缺陷。

2. 雷击导线

架空输电线路的绝缘水平很高，接地通道良好，使得雷击避雷线或塔顶发生反击闪络的可能性降低，而绕击较易发生。雷击跳闸多引起绝缘子闪络放电，造成绝缘子表面存在闪络放电烧伤痕迹。绝缘子放电，易使铁件烧伤、熔化，绝缘子表面破裂、脱落。另外，雷击还会使导线或地线断股、断线，烧坏接地引下线及金具。

3. 导线和绝缘子覆冰

导线覆冰是受温度、湿度、冷暖空气对流、环流以及风等因素决定的综合物理现象。当云中或雾中的水滴在 0℃或更低温度下与输电线路导线表面碰撞并冻结时，导线就出现了覆冰现象。覆冰会造成架空输电线路过载而引起倒塔断线、促使导线舞动，还会引起绝缘子冰闪。

由于覆冰时杆塔两侧的张力不平衡，当线路上出现大密度的覆冰时，杆塔两侧的不平衡张力加剧，当张力不断加大，到达杆塔、导线所能承受的极限时，就出现了导线断落或杆塔倒塌的现象。

导线覆冰后，在风的激励下，会产生大振幅、低频率的自激振动。当舞动的时间过长时，会使导线、绝缘子、金具、杆塔受不平衡冲击疲劳损伤。

绝缘子串表面形成覆冰后，在绝缘子伞裙间形成冰桥，绝缘强度下降，泄漏距离缩短。当气温升高时，在融冰过程中冰体表面或冰晶体表面的水膜会很快溶解污秽物中的电解质，并提高融冰水或冰面水膜的导电率，引起绝缘子串电压分布的畸变，从而降低覆冰绝缘子串的闪络电压，导致局部首先起弧并沿冰桥发展呈贯穿性闪络。绝缘子冰闪不仅会损伤绝缘子，还会对均压环、线夹、导线造成损坏。

4. *绝缘子污秽放电*

在线运行的绝缘子，在自然环境中，受到二氧化硫、氮氧化物以及颗粒性尘埃等大气环境的影响，在其表面逐渐沉积了一层污秽物。当遇有雾、露、毛毛雨以及融冰、融雪等潮湿天气时，绝缘子表面污秽物吸收水分，使污层中的电解质溶解、电离，产生可在电场力作用下定向运动的正负离子，相当于在绝缘子表面形成了一层导电膜，该表面流过的泄漏电流会急剧增加，导致设备发生闪络现象，称为污闪。污闪是不稳定的，呈间歇性的脉冲状，放电形式有火花状放电、刷状放电、局部电弧等。

5. *电晕放电*

架空输电线路设备电极表面电场强度超过临界电晕电场强度时，设备腐围电场曲率半径较小的区域会产生电晕放电。电晕不仅会造成线路输送能量的操失，还会产生无线电干扰和可听噪声。对于高电压电气设备，发生电晕放电会逐渐破坏设备绝缘性能。另外电晕放电现象还会使空气中的气体发生电化学反应，产生一些腐蚀性的气体，造成线路的腐蚀。

3.2.2　架空输电线路附属设施缺陷

附属设施缺陷是指附加在线路本体上的线路标识、安全标志牌、各种技术监测及具有特殊用途的设备，例如，雷电测试、绝缘子在线监测设备、防鸟装置发生缺陷。线路标识、警示牌、安全标志牌会受到风雨等外力的破坏而损坏、锈蚀、松动位移，受到鸟类的啄食，鸟粪、鸟窝、大气污秽物等异物的覆盖而产生字迹不清的缺陷。各种监测设备因长期暴露在恶劣的户外环境中，也会出现机械或电气的故障，而使其不能正常工作。铁塔攀爬机、防坠落装置等机械系统，在户外环境中易受到破坏和锈蚀，并因输电线路的受力变化而产生损坏和变形，又因环境温度等的不断变化紧固件也会产生松动。

3.2.3　架空输电线路外部隐患

外部隐患是指外部环境变化对线路的安全运行已构成某种潜在性威胁的情况，如在保护区内违章建房、线路中的各类树木、堆物、取土以及各种施工。随着国民经济的快速发展，线路通道保护区内违章植树、非法采矿、建设施工等危害电力设施安全运行的问题日益突出。这些外部缺陷主要有：向线路设施射击、抛掷物体；攀登杆塔或在杆塔上架设电力线、通信线；在线路保护区内修建道路、油气管道、架空线路或房屋等设施；在线路保护区内进行农田水利基本建设及打桩、钻探、开挖、地下采掘等活动，在杆塔基础周围取土或倾倒酸、碱、盐及其他有害化学物品；在线路保护区内兴建建筑物、烧窑、烧荒或堆放谷物、草料、垃圾、矿渣、易爆物及其他给安全供电造成隐患的物品；在线路保护区内有进入或穿越保护区的超高机械；在线路保护区内有在导线风偏摆动时可能引起放电的树木或其他设施；线路边线外 300m 区域内施工爆破、开山采石、放风筝；线路附近河道变化及线路基础护坡、挡土墙、排水沟破损。

3.2.4 典型缺陷示例及分析

1. 导线灼伤

缺陷描述示例：66kV 实训线 1 号面向大号侧左线 A 相导线灼烧（见图 3-2）。

缺陷等级分类：铝、铝合金单股损伤深度小于股直径的 1/2，导线损伤截面不超过铝股或铝合金股总面积 5%，单金属绞线损伤截面积为 4%及以下为一般缺陷；导线损伤截面占铝股或铝合金股总面积 7%～25%为严重缺陷；导线钢芯断股、损伤截面超过铝股或铝合金股总面积为危急缺陷。

分析：导线灼伤多发生于雷击或冲击电流情况下，应根据雷区分布、道闸操作线路进行状态巡视。

图 3-2　导线灼伤

2. 导线断股

缺陷描述示例：66kV 实训线 1 号面向大号侧左线 A 相导线断股（见图 3-3）。

缺陷等级分类：导线损伤截面不超过铝股或铝合金股总面积 7%为一般缺陷；导线损伤截面占铝股或铝合金股总面积 7%～25%为严重缺陷；导线钢芯断股、损伤截面超过铝股或铝合金股总面积为危急缺陷。

分析：导线断股常见为导线老旧散股、雷击过热断股和与设备摩擦断股，巡视针对老旧线路状态巡视，加强金具、间隔棒等与导线连接处检查。

图 3-3　导线断股

3. 导地线飘浮物

缺陷描述示例：66kV 实训线 1 号面向大号侧左地线耐张线夹处异物（见图 3-4）。

缺陷等级分类：异物悬挂，但不影响安全运行为一般缺陷，影响安全运行为严重缺陷，危及安全运行为危急缺陷。

分析：导地线异物常见于大风天气，多为风筝线和塑料薄膜等飘浮物悬挂在导地线上，需结合线路周围环境针对性巡视。

4. 架空地线断股

缺陷描述示例：66kV 实训线 1 号面向大号侧左地线散股（见图 3-5）。

缺陷等级分类：铝包钢、钢芯铝绞线、铝合金绞线断股截面不超过铝或铝合金股总面积 7%，钢绞线 19 股断 1 股；铝包钢、钢芯铝绞线、铝合金绞线断股截面占铝或铝合金股总面积 7%～25%，钢绞线 7 股断 1 股、19 股断 2 股为严重

图 3-4　导地线飘浮物

缺陷；铝包钢、钢芯铝绞线、铝合金绞线钢芯断股或断股截面超过铝或铝合金股总面积 25%，钢绞线 7 股断 2 股及以上、19 股断 3 股及以上为危急缺陷分析与预防。导线断股多发生于雷击，应根据雷区分布进行状态巡视。

图 3-5　架空地线断股

5. 合成绝缘子伞裙破损

缺陷描述示例：66kV 实训线 1 号面向大号侧复合绝缘子老化破损（见图 3-6）。

缺陷等级分类：伞裙有部分破损、老化、变硬现象为一般缺陷；伞裙多处破损或伞裙材料表面出现粉化、龟裂、电蚀、树枝状痕迹等现象为危急缺陷。

分析：由于该地区处于苇塘区域，鸟类活动频繁，加上持续高温达 33～37℃，相对湿度达到 70%，造成复合绝缘子伞裙硅橡胶的电老化与伞裙破损。

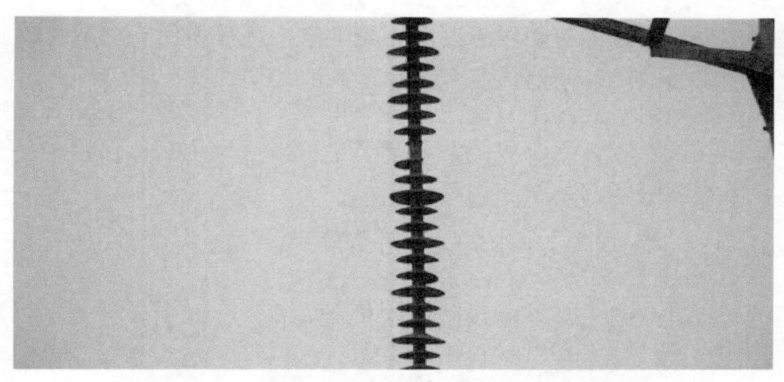

图 3-6　合成绝缘子伞裙破损

6. 玻璃绝缘子自爆

缺陷描述示例：66kV 实训线 1 号面向大号侧左边线大号方向玻璃绝缘子自爆（见图 3-7）。

缺陷等级分类：一串绝缘子中单片玻璃绝缘子自爆为一般缺陷；多片玻璃绝缘子自爆，但良好绝缘子片数大于或等于带电作业规定的最少片数为严重缺陷；多片玻璃绝缘子自爆，但良好绝缘子片数少于带电作业规定的最少片数为危急缺陷。

分析：玻璃绝缘子自爆影响线路运行水平，发现零值及时更换。

图 3-7　玻璃绝缘子自爆

7. 合成绝缘子灼伤

缺陷描述示例：66kV 某线某相绝缘子灼伤（见图 3-8）。

缺陷等级分类：表面有灼伤痕迹为一般缺陷；严重灼伤为严重缺陷。

分析：因雷击故障跳闸造成复合绝缘子表面灼伤。

图 3-8　合成绝缘子灼伤

8. 销钉缺失

缺陷描述示例：66kV 实训线 1 号面向大号侧左线 A 相铁塔侧 U 型挂环螺栓缺销钉（见图 3-9）。

缺陷等级分类：销钉锈蚀、变形为一般缺陷；销钉断裂、丢失、失效为危急缺陷。

图 3-9　销钉缺失

分析：销钉丢失、失效常见于已运行一段时间的线路或者由于施工工艺不达标导致销钉使用年限缩短导致，要根据缺陷部位，结合停电计划来有效判断缺陷的重要程度。

9. 悬垂线夹偏移

缺陷描述示例：66kV 实训线面向大号侧左地线悬垂线夹向大号侧偏移（见图 3-10）。

缺陷等级分类：悬垂绝缘子串顺线路方向的偏斜角（除设计要求的预偏外）7.5°～10°，且其最大偏移值 300～350mm，绝缘横担端部偏移 100～130mm 为一般缺陷；悬垂绝缘子串顺线路方向的偏斜角（除设计要求的预偏外）大于 10°，且其最大偏移值大于 350mm，绝缘横担端部偏移大于 130mm 为严重缺陷。

分析：线夹或绝缘子偏移常见于线路紧线施工时，未有人到场监护，属于施工遗留。

图 3-10　悬垂线夹偏移

10. 金具磨损

缺陷描述示例：66kV 实训线 1 号面向大号侧左 A 相铁塔侧米联板与 U 型挂环磨损（见图 3-11）。

缺陷等级分类：金具本体未出现变形、锈蚀、灼伤、裂纹，连接处应转动灵活，强度不低于原值的 80%为一般缺陷。

分析：金具长期承力易造成磨损断裂产生严重后果，应加强无人机巡视力度，缩短巡视周期，必要时进行检修更换。

图 3-11　金具磨损

11. 均压环脱落

缺陷描述示例：66kV 实训线 1 号面向大号侧左线 A 相导线侧均压环脱落（见图 3-12）。

缺陷等级分类：均压环脱落为一般缺陷。

分析：均压环连接处螺栓丢失导致均压环脱落，但需要特别注意风偏地区和大风天气，注意观察均压环的舞动情况，是否摩擦导线，导致导线断股。

图 3-12　均压环脱落

12. 防鸟设施故障

缺陷描述示例：500kV 某某线上横担右侧防鸟刺未打开（见图 3-13）。

缺陷等级分类：松动、损坏、缺失为一般缺陷。

分析与预防：因施工人员未按照施工工艺进行施工，造成防鸟刺安装不正确，降低了防鸟效果。应加强巡视与检修，及时发现及时处理。

图 3-13　防鸟设施故障

13. 违章施工

缺陷描述示例：66kV 实训线 1-2 号通道内，线下有违章施工作业（见图 3-14）。

缺陷等级分类：需到现场核实施工情况，结合运行经验判断缺陷级别。

分析：强化输电线路防外破管控的主动受理、主动对接、主动服务工作，落实对内监督和对外协调职责，确保输电线路本质安全。

图 3-14　违章施工

3.3 无人机巡检作业流程

3.3.1 空域的申报

目前，我国民用遥控驾驶航空器系统使用的空域分为融合空域和隔离空域。融合空域是指有其他载人航空器同时运行的空域。隔离空域是指专门分配给遥控驾驶航空器运行的空域，通过限制其他载人航空器的进入以规避碰撞风险。无人机巡检涉及空域的使用，要在飞行前进行空域使用的申报，申报内容主要包括飞行空域的申报和飞行计划的申报两个方面。

1. 申报飞行空域

申报飞行空域原则上与其他空域水平间隔不小于 20km，垂直间隔不小于 2km。一般需提前 7 日提交申请并提交下列文件：①国籍标志和登记标志；②驾驶员相应的资质证书；③飞行器性能数据和三视图；④可靠的通信保障方案；⑤特殊情况处置预案。

2. 申报飞行计划

无论在融合空域还是在隔离空域实施飞行都要预先申请，经过相应部门批准后方能执行。飞行计划申报应于北京时间前一日 15 时前向所使用空域的管制单位提交飞行计划申请，具体表格如表 3-3 所示。

表 3-3 飞行计划表

________公司__年__月__日飞行计划

类别	任务性质	识别标志	机型	起飞机场	起飞时间	降落机场	降落时间	航线及高度	架次	标准	备降
备注	公司联系电话： 手机： 本次计划已传报 航管处，并得到上述部门领导的受理，批准。 任务提报人签字：										

3.3.2 飞行巡检工作流程

飞行巡检工作必须严格按照流程进行，当然不同区域的空域申请和使用流程根据所属战区的要求会有不同。在输电线路无人机智能巡检系统工程化应用过程中，巡检作业人员逐步探索和形成了一套相对完备的巡检模式，包括任务规划、任务准备、任务执行、巡检报告生成等四个步骤。

1. 任务规划

任务规划指的是利用飞行控制地面站系统的飞行任务规划功能，对输电线路无人机智能巡检系统飞行的线路、返航线路和返航点等信息进行设计，包括定塔定线任务和线路临时普查两种任务的规划。

（1）定塔定线任务。定塔定线任务即对固定线路的固定杆塔进行周期性巡检。定塔定线任务需要进行一次性的精确任务规划，这要求工作人员在进行任务规划前能够到工作现场利用测距仪等设备准确测量杆塔GPS值、呼称高、挡距和悬停巡检点GPS值等数据，进而利用飞控地面站的任务规划功能进行任务规划。

（2）线路临时普查。无人机具有机动灵活的特点，适用于线路的临时普查工作，特别是灾后的受灾情况评估。这种工作方式没有足够的时间去规划精确的飞行线路，可以采用输电线路无人机智能巡检系统的速度飞行模式，操控人员利用地面站实时图像显示，全程控制无人机的飞行。

2. 任务准备

任务准备时，要严格按照无人机操作规范进行飞行的各项准备工作，必须在飞行前准备好各种飞行设备、巡检设备和工具。

（1）起飞前飞行器检查。由于无人机系统的特点，部分检查需要由机务或专业地检人员执行，此处不作专门介绍。以下检查根据系统不同不分先后：①飞行器外观及对称性检查；②飞行器称重及重心检查；③舵面结构及连接检查；④起飞（发射）、降落（回收）装置检查；⑤螺旋桨正反向及紧固检查。

（2）起飞前控制站检查包括：①控制站电源、天线等的连接检查；②控制站电源检查；③控制站软件检查；④卫星定位系统检查；⑤预规划航线及航点检查。

（3）起飞前通信链路检查包括：①链路拉距及场强检查；②飞行摇杆舵面及节风门反馈检查；③外部控制盒舵面及节风门反馈检查。

（4）动力装置检查与启动包括：①发动机油量检查；②发动机油料管路检查；③发动机外部松动检查；④发动机启动后怠速转速、振动、稳定性检查；⑤发动机大车转速、振动检查；⑥发动机节风门、大小油针、控制缆（杆）检查；⑦发动机节风门跟随性检查；⑧微型无人机进行不同姿态发动机稳定性检查；⑨电动机进行正反转检查；⑩动力装置启动后与其他系统的干扰检查。

3. 任务执行

任务执行是指执行飞行巡检任务时，外控手、内控手和任务操作人员严格按照《架空输电线路无人机巡检作业安全工作规程》（Q/GDW 11399—2015）及《架空输电线路无人机巡检作业技术导则》（DL/T 1482—2015）等来进行规范化操作。

4. 巡检报告生成

巡检报告是输电线路无人机智能巡检系统对线路巡检情况的汇总，可以为线路维护提供重要的参考信息。

3.4 无人直升机巡检作业技术

无人直升机因体积小便于运输、飞行距离较短的特点适合短距离间的架空输电线路巡检。无人直升机容易操控而且有较好的稳定性，适合于针对小型部件的巡检工作。

3.4.1 巡检内容

1. 常规巡检

常规巡检主要对输电线路导线、地线和杆塔上部的塔材、金具、绝缘子、附属设施、线路走廊等进行常规性检查，例如，发现导线断股、间隔棒变形、绝缘子串爆裂等。巡检时根据实际线路运行情况和检查要求，选择搭载相应的检测设备进行可见光巡检、红外巡检项目。巡检实施过程中，根据架空输电线路的情况和天气情况选择单独进行，或者红外巡检与可见光巡检组合进行。

可见光巡检主要检查内容包括导线、地线（光缆）、绝缘子、金具、杆塔、基础、附属设施、通道走廊等外部可见异常情况和缺陷。红外巡检主要检查内容包括导线接续管、耐张管、跳线线夹及绝缘子等相关发热异常情况。具体如表 3-4 所示。

表 3-4 无人直升机进行输电线路巡检的主要任务内容

设备	可见光巡检	红外光巡检
导线	断线、断股，异物悬挂	发热点
线夹	松脱	接触点发热
引流线	断线、断股，异物悬挂	发热点
绝缘子	闪络迹象、破损、污秽、异物悬挂等	击穿发热
铁塔	鸟窝、损坏、变形、紧固金具松脱、塔材缺失	—
耐张压接管、导线接续管等及其他连接点	—	发热
防振锤	移位、缺失、损坏	—

续表

设备	可见光巡检	红外光巡检
附属设备（在线监测、防鸟设施等）及其他	缺失	—
线路通道情况	植被生长情况、违章建筑、地质灾害等	—

2. 故障巡检

线路出现故障后，根据检测到的故障信息，确定架空输电线路的重点巡检区段和部位，查找故障点。通过获取具体部位的图像信息进一步分析查看线路是否存在其他异常情况。

根据故障测距情况，无人直升机故障巡检首先检测测距杆段内设备情况，如未发现故障点，再行扩大巡检范围。

3. 特殊巡检

（1）鸟害巡检。线路周围没有较高的树木，鸟类喜欢将巢穴设在杆塔上。根据鸟类筑巢习性，在筑巢期后进行针对鸟巢类特殊情况的巡检，获取可能存在鸟巢地段的杆塔安全运行状况。

（2）树竹巡检。每年 4～6 月份，在树木、毛竹生长旺盛季节，存在威胁到输电线路安全的可能性。这期间应加强线路树竹林区段巡检，及时发现超高树、竹，记录下具体的杆塔位置信息，反馈给相关部门进行后期的树木砍伐处理。

（3）防火烧山巡检。根据森林火险等级，加强特殊区段巡检，及时发现火烧山隐患。

（4）外破巡检。在山区、平原地区，经常存在开山炸石、挖方取土区的情况，可能出现损坏杆塔地基、破坏地线等情况，严重影响到输电线路的安全运行，对此要进行防外破特巡。

（5）红外巡检。过负荷或设备发热时，应对重载线路的连接点采用红外热像仪进行巡检，避免因温度过高导致的危险。

（6）灾后巡检。线路途经区段发生灾害后，在现场条件允许时，使用机载检测设备对受灾线路进行全程录像，搜集输电设备受损及环境变化信息。

3.4.2　巡检方式

1. 大中型无人直升机巡检

根据被巡检线路电压等级和线路架设结构，大中型无人直升机飞行巡检分单侧巡检和双侧巡检两种作业方式，具体如下。

（1）500kV 以下电压等级的单回路输电线路采取单侧巡检方式。

（2）500kV 以下多回同杆架设和 500kV 及以上电压等级输电线路采取双侧巡检方式。

某些杆段现场地形条件不满足双侧巡检时可只采用单侧巡检方式，条件不满足地段宜采用升高无人机在满足安全距离的情况下绕过障碍物。

在检查导线、地线时，如发现可疑问题，暂停程控飞行，转至增稳飞行模式悬停检查，确认缺陷情况后再继续程控按设定航线飞行巡检。为确保飞行作业安全，悬停检查期间，作业人员不宜手动调整飞机位置，可通过调整吊舱角度来进行更好的观察巡检。

在检查杆塔本体及连接金具时，应进行悬停检查。大中型无人直升机与杆塔水平距离在 50～60m 范围内，位置与地线横担水平或稍高于地线横担，悬停时间一般在 1～5min 为宜。

2. 小型无人直升机巡检

大中型无人直升机在对大型部件巡检时可以有效地完成任务，但是由于其自身体积及操控稳定性的原因，无法完成较近距离的、小部件的巡检任务。这就需要体积更小、灵活度更高的小型无人直升机来完成。在进行近距离单基杆塔巡检时（100m 范围内，操作人员可通过观察无人机姿态判断飞行情况）采用增稳飞行模式，由操作人员手动控制无人机靠近输电设备开展巡检工作，实现线路小部件的拍照。较远距离设备巡检时（大于 100m，在小型无人直升机测控范围及续航时间内）采用程控飞行模式，按照规划好的航线开展飞行巡检工作。

小型无人直升机在手动干预下可控制在 10～20m 范围内较近距离地检查杆塔设备，在程控飞行模式时，当无人直升机到达杆塔位置时可暂停程控飞行，转为增稳飞行模式悬停检查，为达到更好的巡检效果，可对无人直升机位置进行小范围调整。

3.4.3　巡检前准备

1. 航线查勘

设定航线时要查勘现场，熟悉飞行场地，明确限飞、禁飞区域航线信息，了解线路走向、特殊地形、地貌及气象情况等，确保飞行区域的安全。

（1）熟悉飞行场地，需了解以下内容：①飞行场区地形特征及需用空域。根据巡检区域内的地形情况确定空域的范围。②场地海拔。根据测量范围内的杆塔的海拔信息，确定无人机航线的相对高度，以保证巡检时无人机与输电线路的安全。③沙尘环境。测量飞行场区内的沙尘强度，确定飞行航线及飞行任务是否满足执行条件，以保证无人直升机及相关设备的安全。④飞行场区电磁环境。测量飞行场区内的电磁干扰强度，确保无人直升机与地面站的安全控制通信和数据链路的畅通。⑤场区保障。场区内可以给无人直升机提供基本的救援和维修条件，保证巡检工作的正常进行。

（2）了解气象情况需了解以下内容。①大气温度、压强和密度。大气温度、压强和密度的不同，都会对无人直升机性能产生影响，在执行任务前，根据相应条件确定适宜的机型。②风速和风向。由于小型旋翼机的机型较小，受风速的影响较大，在执行巡检任务时要根据当时的风速和风向确定是否满足巡检条件。③能见度。为了实现安全巡检工作，应尽量选在能见度较高的天气完成巡检任务。④云底高度。根据云底高度信息，推测可能会发生的天气变化，给巡检应急措施提供准备依据。⑤降水率。根据降水率信息，制定巡检时间段及巡检航线。⑥周围光线。根据光照方向调整航迹方向，避免因光照引起的图像采集模糊或者图像曝光过度的情况出现。

2. 航线规划

航线的规划由以下几个方面确定。

（1）根据现场地形条件选定无人直升机起飞点及降落点。起降点四周应空旷，无树木、山石等障碍物，航线范围内无超高物体（建筑物、高山等）。起降点大小要求如下：①大型无人直升机，5m×5m 左右大小平整的地面；②中型无人直升机，3m×3m 左右大小平整的地面；③小型无人直升机，1m×1m 左右大小平整的地面。

（2）一般情况下，根据杆塔坐标、高程、杆塔高度、飞行巡检时无人直升机与设备的安全距离（包括水平距离、垂直距离）及巡检模式（单侧、双侧）在输电线路斜上方绘制航线。

（3）当航路上有超高物体（建筑物、高山等）阻挡或与超高物体安全距离不足时，绘制航线时应根据实际情况绕开或拔高跳过。

（4）当某些地段不满足双侧飞行条件时，应调整为单侧飞行。

（5）规划的航线应避开包括空管规定的禁飞区、密集人口居住区等受限区域。

建立输电线路飞行巡检航线库，规划好的航线应在航线库中存档备份，并备注特殊区段信息（线路施工、工程建设及其他易引起飞行条件不满足的区段），作为历史航线为后期巡检时的航线设定提供参考信息。对航线的设定要遵循以下原则。

（1）不同时期执行相同的巡检任务，可调用历史航线。

（2）间隔时间较长的相同的巡检任务（间隔 6 个月以上），应重新核实历史航线中的起降点、特殊区段是否满足飞行条件，如不满足应进行航线修改。

（3）每次飞行巡检作业结束后应及时更新航线信息。

为了保证巡检的安全顺利进行，要建立如下风险预控及安全保障机制。

（1）无人直升机巡检作业应根据《架空输电线路无人机巡检作业安全工作规程》（Q/GDW 11399—2015）办理工作票手续。大中型机巡检作业应办理《无人直升机巡检作业第一种工作票》，小型机巡检作业应办理《无人直升机巡检作业第二种工作票》。

（2）每次巡检作业前，应根据《架空输电线路无人机巡检作业技术导则》（DL/T 1482—2015）对相应机型、巡检项目编制《无人直升机巡检作业指导书》，其内容主要包括适用范围、编制依据、工作准备、操作流程、操作步骤、安全措施、所需工器具。

（3）无人直升机巡检作业应有本单位相应的《无人直升机巡检作业应急处置预案》，预案内容应包含无人机巡检作业危险点、风险预控措施、发生应急事件后的处置流程等。

3. 作业申请

完成了航线规划及安全保证措施后，为了确保巡检任务的顺利完成，在巡检作业开始时要进行如下一系列的报批手续。

（1）巡检作业前 3 个工作日，工作负责人应向线路途经区域的空管部门履行航线报批手续。

（2）巡检作业前 3 个工作日，工作负责人应向调度、安监部门履行报备手续。

（3）巡检作业前 1 个工作日，工作负责人应提前了解作业现场当天的气象情况，决定是否能够进行飞行巡检作业，并再次向当地空管部门申请放飞许可。

4. 巡检设备准备

出库前根据《无人直升机巡检作业指导书》所列的有关项目，做好设备检查，以防遗漏设备、工器具及备品。

任务载荷是完成巡检任务的一个重要组成部分，维护人员应定期对其挂载的照相机、摄像机等电池进行充电，确保所有电池处于满电状态。大中型无人直升机应常备有 2 次正常任务飞行所需的油料，小型无人直升机应有 5 组及以上备用电池，并应定期充满电。

5. 人员准备

无人机操控作业人员是整个巡检任务顺利完成的重要保障，在执行巡检任务时对操控作业人员有明确的要求。

（1）作业人员应身体健康，无妨碍作业的生理和心理障碍。

（2）作业人员应进行无人直升机培训学习，参加该机型无人直升机理论及技能考试并合格。

（3）作业人员应具有 2 年及以上高压输电线路运行维护工作经验，熟悉航空、气象、地理等相关专业知识，掌握《架空输电线路运行规程》（DL/T 741—2019）有关专业知识，并经过专业培训，考试合格且持有上岗证。

3.4.4　巡检作业

1. 巡检作业安全要求

在开展无人直升机巡检工作时，要将工作过程中的安全问题放在首位，在巡检作业时要严格遵守巡检作业安全要求，确保巡检工作安全有效地进行。

作业应在良好天气下进行。遇到雷、雨、雪、大雾、霾及大风等恶劣天气时禁止飞行。在特殊或紧急条件下，若必须在恶劣气候下进行巡检作业，应针对现场气候和工作条件，制定安全措施，经本单位主管领导批准后方可进行。

针对无人直升机与地面测控系统的无线通信频道，每次巡检作业前应使用测频仪对起降区域内进行频谱测量，确保无相同频率无线通信相干扰。

巡检作业时，若需无人直升机转到线路另一侧，应在线路上方飞过，并保持足够的安全距离（大型无人直升机为 50m，中型无人直升机为 30m，小型无人直升机为 10m）。严禁无人直升机在变电站（所）、电厂上空穿越。相邻两回线路边线之间的距离小于 100m（山区为 150m）时，无人直升机严禁在两回线路之间上空飞行。

巡检作业时，无人直升机应远离爆破、射击、打靶、飞行物、烟雾、火焰、无线电干扰等活动区域。

巡检作业时，严禁无人直升机在线路正上方飞行。无人直升机飞行巡检时与杆塔及边导线的距离应不小于表 3-5 规定的最小安全距离；同时为保证巡检效果，无人直升机与最近一侧的线路、铁塔净空距离不宜大于 100m。

表 3-5　无人直升机飞行巡检时与杆塔及边导线的最小安全距离

类别	水平最小安全距离/m	垂直最小安全距离/m
大型无人直升机	50	50
中型无人直升机	50	50
小型无人直升机	20	20

2. 大中型无人直升机巡检作业

在无人直升机开始巡检工作时，要做好充足的准备工作。各操作人员按照职责分工对无人直升机各部件进行起飞前准备和检查工作，确保无人直升机处于适航状态。主要的检查和准备工作如下。

（1）燃油加注。确保所有机上电器开关处于关闭状态，根据航线规划注入足够的油量，加油后应目视检查所有的燃油管路、接头和部件，确保没有漏油迹象。如使用加油机加油，加油机应做好防静电接地。

（2）布置测控地面站。安置测控地面站发电机离测控车大于 10m 处（注意应选择在下风口），并打入接地桩接地；测控车也要进行接地操作，然后才能连接测控地面站。

（3）架设遥控、遥测天线，并检查确保设备的正常供电工作。

（4）检查发电机、车上电源系统、不间断电源（uninterruptible power supply，UPS）等无异常后按顺序打开测控设备，启动地面站。

（5）起飞前再次确认气象情况，确保大气温度、风速等环境条件不超过各类型旋翼无人机的飞行限制值。如果有下暴雨、下雪或闪电打雷等天气或风速有可能超过该机型抗风限值等情况，不得进行飞行作业。

（6）确认可见光设备、红外热像仪、紫外仪等具备充足的电源供应。

（7）无人直升机启动未升空前应在测控地面站对任务吊舱进行操控检查，确保各功能使用正常。

在无人直升机起飞时，要对无人直升机起飞环境和机体进行全面详细的检查。

（1）无人直升机启动过程应确保机体周围（大型机 15m，中型机 10m 范围内）无人员。

（2）内外操纵手确认机体无异常，遥控界面的上行、下行数据无异常后方可启动无人直升机，启动后无人直升机在地面预热 1～2min。

（3）无人直升机起飞可选择全自主起飞或增稳模式起飞。如在增稳模式下起飞，在无人直升机离地面 4～5m 的高度时应悬停 10～20s，观察发动机的转速、无人直升机的振动和整机的响声是否正常，确认正常后，方可继续升空至 20m 左右悬停，待转入程控飞行执行巡检任务。

完成了巡检相关的设备准备工作和无人直升机的准备工作后，进行飞行巡检，在巡检时要严格遵守以下操作规定。

（1）无人直升机飞行过程中需严格注意，不得使无人直升机进行任何超过其飞行限制的飞行。

（2）无人直升机起飞后地面站操作人员应密切关注无人直升机各项参数，如转速、高度、油量，同时密切关注监控画面，发现异常应立即汇报并进行相关处理。

（3）无人直升机进入设定的航线后，任务操作手通过任务窗口进行巡检作业时，还应根据所观察到的图像判断无人直升机所处环境、飞行姿态、航线飞行是否正常，存在非正常状态或突发状况时应立即报告内控操作人员以便进行飞行控制。

完成设定的架空输电线路巡检任务后，进行无人直升机的回收操作，在无人直升机返航降落时根据相关的安全操作规范进行回收，具体内容如下。

（1）巡检任务结束后无人直升机返航，返回至降落点上方并悬停。

（2）降低无人直升机高度至 25m 左右，确认降落地面平整后方可进行降落操作。

（3）无人直升机降落采取增稳模式手动降落。

（4）降落时应注意观察垂直下降率，确保无人直升机下降率不超过 1.5m/s。

（5）在无人直升机桨叶还未完全停止前，严禁任何人接近无人直升机。

巡检工作结束后，为了准备下一次飞行，需要对无人直升机进行检查，以确保所有部件的正常，并填写无人直升机运行日志，完成各种履历表记载。飞行后的检查项目同飞行前的检查项目一样。

设备检查完毕，做好相关记录后，进行设备撤收，定置安放各种设备。

3. 小型无人直升机巡检作业

小型无人直升机的巡检作业操作与大中型无人直升机类似，都要按操作规程进行相应的检查操作。

（1）操作人员应对小型无人直升机系统各部件进行起飞前检查，确保无人直升机处于适航状态。

（2）检查机载电池、相机电池电量是否满电，以满足整个航程及任务巡检的电量需要。

（3）任务操作手通过任务窗口进行巡检作业时，应根据所观察到的图像判断无人直升机所处环境、飞行姿态、航线飞行是否正常，存在非正常状态或突发状况时应立即报告内控操作人员以便进行飞行控制。

在巡检完成后，根据大中型无人直升机回收步骤进行飞行器的回收，安全回收后对无人直升机进行全面检查，完成飞行日志和各种履历表的下载，并对机体进行检查和维护，为下次使用做好准备。

4. 巡检资料的整理

巡检结束后，应及时将任务设备的巡检数据导出，巡检中发现的相关异常情况应及时整理，作业人员应及时将巡检记录单、巡航照片、录像递交巡检单位，分析判定以确立后续措施。整理后巡检数据需经工作负责人签字确认，经过确认的缺陷及外部隐患按照既定流程及时上报。

无人直升机巡检中如发现可疑缺陷但无法明确判定，应另委派人员进行人工巡视，现场判定。巡检结果判定要在规定时限内完成，以确保整个输电线路的安全有效运行。时限要求：常规巡检为 3 个工作日；特殊巡检为 1 个工作日；应用小型无人直升机巡检为 1 个工作日。

巡检数据要进行最后的备份、归档操作，而且档案至少保留 2 年，以备后期的检查监督。

3.4.5 巡检数据处理

巡检结束后，将任务设备的巡检数据及时导出，并对巡检中发现的异常情况进行整理，形成巡检记录。根据最终的巡检记录，作业人员通过人工判读的方式初步筛选出疑似缺陷，并递交设备运维单位分析判定。在发现重大或者不确定缺陷时，组织人员去现场进行查看并根据实际情况进行判定。最后，应将巡检中发现的缺陷及时移交属地管理单位检修处理，由检修人员负责进一步筛查后组织检修作业。

3.4.6 应急措施

1. 安全策略

为了保证巡检任务的安全顺利完成，在无人直升机巡检前应设置失控保护、半油返航、自动返航等必要的安全策略。当遇天气突变或无人直升机出现特殊情况时应进行紧急返航或迫降处理。当无人直升机发生故障或遇到紧急的意外情况时，除按照机体自身设定应急程序迅速处理外，需尽快操作无人直升机迅速避开高压输电线路、村镇和人群，确保人民群众生命和电网的安全。

2. 应急处置

无人直升机发生故障坠落时，工作负责人应立即组织机组人员追踪定位无人直升机的准确位置，及时找回无人直升机。因意外或失控无人机撞向杆塔、导线和地线等造成线路设备损坏时，工作负责人应立即将故障现场情况报告分管领导及调控中心，同时，为防止事态扩大，应加派应急处置人员开展故障巡视，确认设备受损情况，并进行紧急抢修工作。因意外或失控坠落引起次生灾害造成火灾，工作负责人应立即将飞机发生故障的原因及大致地点进行报告并联系森林火警，并且《输电线路走廊火烧山事件现场处置方案》中规定了根据火情报告的部门的级别。

发生故障后现场负责人应对现场情况进行拍照和记录，确认损失情况，初步分析事故原因，填写事故总结并上报有关部门。同时，运维单位应做好舆情监督和处理工作。

3.5　固定翼无人机巡检作业技术

固定翼无人机体积较大，巡航能力较无人直升机有了很大的提升，而且搭载负荷的能力也优于无人直升机。固定翼无人机可以搭载大型设备，完成在多个输电线路杆塔间执行长航时的巡检任务。

3.5.1　巡检内容

1. 常规巡检

主要对线路通道、周边环境、施工作业、沿线交叉跨越等情况进行巡检，及时发现和掌握线路通道环境的动态变化情况，重点监督线路通道内有无机械施工、新植树木，兼顾对线路本体、辅助设施进行宏观监督。第一时间发现通道内建筑物、构筑物、线下施工、新增树障等外部隐患以及铁塔基础、接地装置和线路设备的明显缺陷。根据线路运维现状合理安排巡检周期，巡检周期一般为 1 个月，重载线路建议每月开展 2 次巡检。外部隐患多发区宜增至每周 1 次，对于线下施工作业频繁的线路可适当增加巡检频次。主要巡检内容如表 3-6 所示。

表 3-6　固定翼无人机巡检内容表

序号	巡检对象	巡检项目
1	线路通道	线路通道内违章建筑物、构筑物、高大树木、线下施工、外力破坏等情况
2	线路设备	（1）导线、地线断裂 （2）防振锤、间隔棒位移或脱落等缺陷 （3）复合绝缘子伞裙撕裂、断裂等严重缺陷，玻璃绝缘子自爆等 （4）杆塔结构变形、倾斜、倾覆监测 （5）接地基础、护坡等设施状态监测 （6）其他明显的设备缺陷

2. 特殊巡检

在自然灾害、危急缺陷等紧急情况发生后，为避免事故发生或减轻事故后果对该区段的线路进行巡检，检查设备运行状态及通道环境变化情况。灾情发生后无人机应第一时间对设备开展巡检，及时了解交通不便、人力不易到达的地区人员和设备受损情况，为抢修提供依据。可视情况安排合理巡检频次。

3.5.2　巡检前准备

1. 人员准备

巡检人员应熟悉无人机巡检作业方法和技术手段，通过专业资格培训，考试合格后持证上岗。

无人机巡检需工作负责人 1 名，作业人员至少 2 名，其中程控手 1 人，负责无人机飞行姿态保持，数传信息监测，操控手 1 人，负责任务载荷操作、现场环境和图传信息监测等工作。

巡检前应进行现场勘查，确定作业内容和无人机起降点位置，核实 GPS 坐标，了解作业现场海拔、地形地貌、气象环境、植被分布、所需空域等。应提前向有关空管部门申请航线报批，并在巡检前一天和作业结束当天通报飞行情况。巡检前应填写无人机巡检作业工作票，经工作许可人的许可后，方可开始作业。

当天工作负责人应提前了解作业现场情况，决定是否能够进行巡检作业。作业前工作负责人应对全体巡检人员进行安全、技术交底，使所有人员明确工作内容、方法、流程及安全要求。

巡检人员应在作业前一个工作日准备好现场作业工器具以及备品备件等物资，完成无人机巡检系统检查，确保各部件工作正常。程控手应在巡检作业前一个工作日完成航线规划，编辑生成飞行航线和安全策略，并交工作负责人检查确认无误。

出发前，巡检人员应仔细核对无人机各零部件、工器具及保障设备携带齐全，填写出库单后方可前往作业现场。

2. 航线规划

巡检人员应详细收集线路坐标、杆塔高度、塔形、通道长度等技术参数，结合现场勘查所采集的资料，针对巡检内容合理制订飞行计划，确定巡检区域、起降位置及方式。

巡检前应下载、更新巡检区域地图，并对飞行作业中需规避的区域进行标注。无人机应在杆塔、导线正上方以盘旋、直飞的方式开展巡检作业。无人机航线与离线路包络线的垂直距离应不少于 100m。巡航速度应在 60～120km/h 范围内，不得急速升降。

无人机起降点应与输电线路和其他设施、设备保持足够的安全距离，应进场条件较好，场地平坦坚硬、视野开阔、风向有利。无人机作业区域应远离爆破、射击、烟雾、火焰、机场、人群密集、高大建筑、其他飞行物、无线电干扰、军事管辖区和其他可能影响无人机飞行的区域，严禁无人机从变电站（所）、电厂上空穿越。同时应注意观察云层，避免无人机起飞后进入积雨云。

起飞时，无人机应盘旋至足够高度后方可飞往被巡检线路上空。线路转角较小时，无人机可延线路方向飞行巡检；线路转角较大、地形陡峭或相邻铁塔高程相差较大时，应根据无人机飞行速度、转弯半径等技术参数正确规划巡检航线，宜由低入高逐渐爬升或盘旋爬升方式飞行；对于起伏较大的线路可采取多次盘旋的方式开展巡检。

为保证巡检作业尽可能覆盖全部线路，无人机实际飞行宜内切预设航线，即无人机到达拐点前预先转弯，以免过度偏离预设航线。

降落时，宜采用多次转向的方式确保无人机下降时飞行方向正对降落区域。

3. 设备准备

作业前，巡检人员应逐项开展设备、系统自检，确保无人机处于适航状态。检查无误工作负责人签字后方可开始作业。

4. 飞行控制系统准备

在无人机开始巡检工作前，根据杆塔的位置设定巡检航线并将航线上传到无人机控制系统中，然后进行航线的再次检查确认。同时还要根据杆塔的类型对无人机设置相应的安全策略，确保在飞行巡检时无人机与输电线路处于相对安全距离的状态。

地面站自检正常，各项回传数据如发动机/电机状态、GPS坐标、卫星数量、电池电压、无人机姿态等参数满足飞行要求。无人机各接头、零部件、油箱油量、螺旋桨运行正常。如果无人机中任一部件（模块）出现故障或报警的情况，则不得放飞。

5. 任务载荷准备

将机载的照相机、摄像机电源打开，摘下镜头盖，查看镜头是否清洁并进行相应的清洗处理。通过地面站观察传回的图像信息，依据图像显示情况对照相机或摄像机的焦距和镜头方向进行校准。同时也对地面站、遥控器与任务载荷通信链路进行检查，确保链路的正常通信和采集的数字图像的质量。

6. 能源动力系统准备

（1）检查无人机动力电池、飞控系统电池、任务荷载电池、遥控器电池、地面站电池等所有电池是否处于满电状态。

（2）每架次作业时间应根据无人机最大作业航时合理安排。油动固定翼无人机续航时间以燃油续航时间与飞控电池续航时间中较小者为准。

7. 通信系统准备（含地面站和任务载荷）

（1）作业现场电磁场无干扰。

（2）通信链路畅通。数传信息完整准确，图传清晰连贯，无明显抖动、波纹或“雪花”。

3.5.3 巡检作业

1. 作业条件

作业所用无人机巡检系统应通过本单位入网检测，各设备、系统应运行良好。巡检人员应确保身体健康，精神状态良好，作业前 8h 及作业过程中严禁饮用任何酒精类饮品。

作业宜在良好天气下进行。当遇雪、雾、霾、大雨、冰雹、大风等恶劣天气或出现强磁电干扰信号等不利于巡检作业的情况时，无人机不得放飞。山区作业地面风速不宜大于 7m/s，平原作业地面风速不宜大于 10m/s。巡检区域处于狭长地带或大挡距、大落差、微气象等特殊区域时，巡检人员应根据无人机的性能及气象情况判断是否继续飞行。特殊或紧急情况下，当需在恶劣气候或环境开展巡检作业时，应针对现场情况和工作条件制定安全措施，经批准后方可执行。

起飞前应核实所巡检线路名称和杆塔号无误，并再次确认现场天气、地形和无人机状态适合开展巡检作业。当遇现场环境、天气恶化或发生其他威胁到无人机飞行安全的情况时，工作负责人可停止本次巡检作业；若无人机已经放飞，应立即采取措施，控制无人机返航、就近降落或采取其他安全策略保证无人机安全。

2. 起飞

起飞质量达 5kg 以上的无人机不建议采用手抛起飞方式，20kg 以上的无人机不建议采用弹射起飞方式。高海拔地区作业时应适当增加弹射架长度或滑跑距离，以保证起飞初速度。

起飞时，应确认逆风，自检无误后工作负责人签署放飞单，下达放飞指令，根据无人机型号确定起飞方式。主要的起飞方式如下。

（1）采用滑跑起飞时，应确认跑道平坦无障碍物。程控手控制起飞，监控并及时通报无人机状态；操控手协助观察图传信息并做好紧急情况下手动接管无人机准备。

（2）采用手抛起飞时，应有防误触发装置。操控手负责抛掷无人机，抛掷后应立即离开起飞点，密切关注无人机飞行姿态，协助观察图传信息并做好紧急情况下手动接管无人机准备。程控手应监控并及时通报无人机状态。

（3）采用弹射起飞时，弹射架应置于水平地面上，并做好防滑措施。操控手负责操作弹射架，解锁防误触发装置，触发弹射器前应通知全体人员。弹射完成后应立即离开起飞点，密切关注无人机飞行姿态，协助观察图传信息并做好紧急情况下手动接管无人机准备。程控手应监控并及时通报无人机状态。

起飞时，若无人机姿态不稳或无法自主进入航线，程控手或操控手应马上进行修正，待其安全进入航线且飞行正常后方可切入自主飞行模式，并密切观察无人机飞行状况。

3. 巡检飞行

原则上巡检作业全程采用无人机自主飞行模式。如有异常，程控手和操控手应按照故障处理程序进行处置，时刻准备进行人工干预，保障无人机顺利完成飞行作业。

工作负责人应时刻观察现场环境和无人机作业情况，合理做出决策。程控手应始终注意监控地面站，观察无人机发动机或电机转速、电池电压、航向、飞行姿态等遥测参数。操控手应注意观察无人机实际飞行状态，及时进行手动干预，并协助观察图传信息、记录观测数据。

当无人机出现姿态不稳、航迹偏移大、链路不畅等故障时，应及时修正舵向，调节速度、高度，恢复通信链路，若长时间无法恢复正常，应视无人机状态由工作负责人决定是否终止巡检作业。

当无人机飞行轨迹偏离预设航线且无法恢复时，程控手应立即采取措施控制无人机返航降落，操控手应配合程控手完成降落，必要时可通过遥控手柄接管控制无人机。待查明原因，排除故障并确认安全后，方可重新放飞执行巡检作业，否则应终止本次巡检作业。

4. 返航降落

巡检人员应提前做好降落场地清障工作，确保其满足安全降落条件。采用机腹擦地和滑跑降落方式时，降落场地应满足其安全距离；采用伞降方式时，应根据无人机状态设定适宜的开伞时间并确保附近无安全隐患；采用撞网降落方式时，不得由巡检人员撑网。

降落期间，程控手应时刻监控回传数据，及时通报无人机飞行高度、速度和电压等技术参数；操控手应密切关注无人机飞行姿态，随时准备人工干预，发现问题应第一时间通知工作负责人和程控手，必要时切换手动降落。

如需再次开展巡检作业，应及时为无人机加油、更换电池，并做好起飞前检查工作。

5. 设备回收

设备回收时，应将油门熄火，设备断电，检查各部件状态，对无人机巡检系统进行清洁、紧固，确认无人机巡检系统完好。如有损坏，应及时维修无人机，地面站设备拆卸装箱、装车。电动无人机应将动力电池拆卸，并存放于专用电池箱中；油动无人机宜将油箱内剩余油量抽出，并单独存放。核对设备和工具清单，确认现场无遗漏。入库前应再次检查核对。

3.5.4 巡检数据处理

应设置专（兼）职巡检数据处理员对巡检数据进行分析、整理。巡检数据需经至少两名数据处理员汇总、整理形成《固定翼无人机巡检缺陷单》（见表 3-7），并签字确认上传。经过确认的缺陷及外部隐患按照既定流程及时上报。如有疑似但无法判定的缺陷，运维单位应及时组织人工核实。巡检数据应保留 2 年并做好保密措施。

表 3-7 固定翼无人机巡检缺陷单

序号	线路名称	杆塔号	缺陷位置	缺陷内容	缺陷分类	缺陷等级	发现人	备注
1								
2								
3								

3.5.5 作业注意事项

（1）巡检过程中，巡检人员之间应保持信息联络畅通，确保每项操作均通知全体人员，禁止擅自违规操作。作业现场应注意疏散周围人群，外来人员闯入作业区域时应耐心劝其离开，必要时终止巡检任务。

（2）作业现场应做好灭火等安全防护措施，严禁吸烟和出现明火。带至现场的油料，应单独存放。引发起火后，巡检人员应马上采取措施灭火；火势无法控制时，应优先保障人员安全，迅速撤离现场并及时上报。

（3）在确保安全有效的前提下，在设定巡检航线时尽量沿用已经实际飞行过的航线。如果要对历史航线进行修正，不得进行任何超过无人机安全限制的飞行路线，确保机体的安全。

（4）巡检前，无人机应预先设置紧急情况下盘旋、返航、失速保护、紧急开伞等安全策略。当无人机姿态不稳、航线严重偏移时，应立即采取措施进行干预，必要时选择合适位置降落。

无人机在空中飞行时出现失去动力等机械故障时，应尽可能控制其在安全区域紧急降落。降落地点应远离周边军事禁区、军事管理区、人员活动密集区、重要建筑和设施、森林防火区等。

无人机起飞和降落时，巡检人员应与其始终保持足够的安全距离，不要站在其起飞和降落的方向前，同时要远离无人机巡检航线的正下方。在遇到紧急情况要转为手动操作时，操控手手动接管无人机应事先征得程控手和工作负责人同意。

无人机飞行时，若通信链路长时间中断，且在预计时间内仍未返航，应及时上报并根据掌握的无人机最后地理坐标位置或机载追踪器发送的报文等信息组织寻找。

发生事故后，应在保证安全的前提下切断无人机所有电源并拆卸油箱。应妥善处理次生灾害并立即上报，及时进行民事协调，做好舆情监控。工作负责人应对现场情况进行拍照记录，确认损失情况，初步分析事故原因，撰写事故总结并上报有关部门。

巡检人员应将新发现的军事管理区、空中危险区、空中限制区、人员活动密集区、重要建筑和设施、无线电干扰区、通信阻隔区、不利气象多发区、森林防火区和无人区等信息进行记录更新。

3.6　无人机巡检作业技术典型应用

3.6.1　小型无人直升机的巡检作业

小型无人直升机机体较小且有较好的悬停能力，可以有效地完成精细化巡检的作业要求。巡检内容可以涵盖常规巡检、故障巡检、缺陷复核、检修查勘、辅助验收、测温巡视、特高压直流线路满功率运行保障、防山火防病患排查、通道巡视等任务。

国网浙江省电力有限公司应用小型无人直升机开展特高压、超高压“六线合一”嘉湖重要通道巡检，有效弥补了直升机巡检遗留下来的“真空地带”，保障重要通道安全运行（见图 3-15）。

图 3-15　应用无人机巡检发现杆塔绝缘子均压环倾斜

国网重庆市电力公司通过“双 U 型 16 点观测法”和“Z 型巡检作业方法”规范无人机操作。利用无人直升机对同塔双回耐张杆塔进行巡视工作时，如图 3-16 所示，采用“双 U 型 16 点观测法”设计了 16 个观测点，每一个观测点为悬停拍

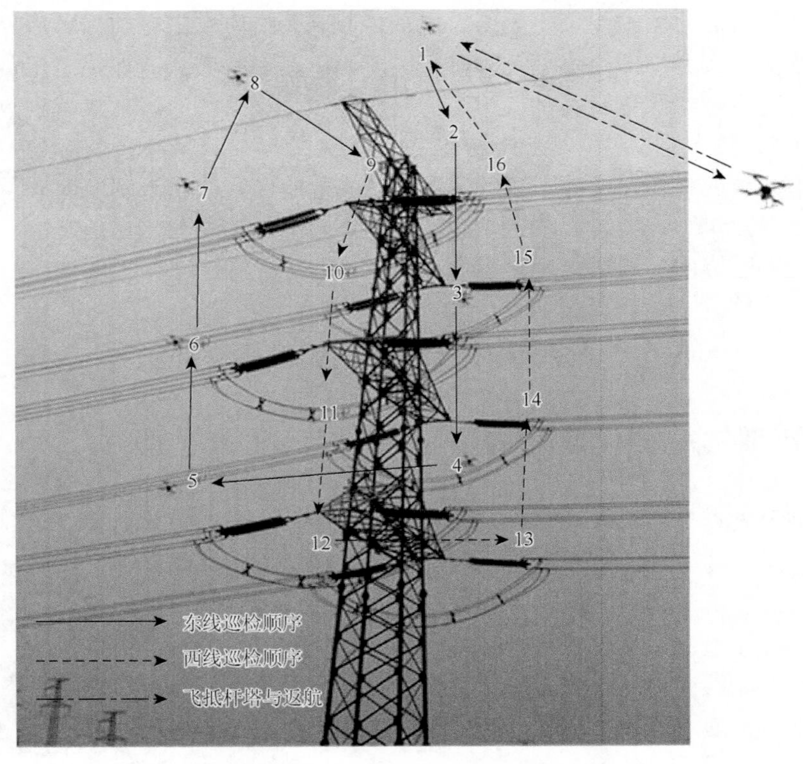

图 3-16　“双 U 型 16 点观测法”巡检作业示意图

摄点，拍摄内容为离观测点最近的挂点，每一回线路的巡检作业飞行轨迹形似“U”字，此方法可确保拍摄内容能覆盖杆塔全部设备。

3.6.2　固定翼无人机的巡检作业

固定翼无人机巡检主要定位于三大基本功能：基建线路选址，可替代人工实地查看，提高线路选址效率；输电线路走廊的整体普查，可及时发现线路走廊内违章建筑和高大树木；灾后应急评估，可为救灾抢险提供第一手的现场资料，为决策部署提供事实依据。

1. 线路通道巡检的应用情况

2014 年，国网四川省电力公司固定翼无人机共巡检 1409km，巡检线路通道时，固定翼无人机巡检具有明显的优势。如在平原通道环境下，固定翼无人机稍占优势，总体效益比人工方式高出 33.2%，比小型无人直升机高出 11.8%，比中型无人直升机高出 22.3%，比大型无人直升机高出 22.1%。

2. 灾后情况下对输电线路走廊的巡检

发生自然灾害时，在人无法到达输电线路的情况下，可以通过固定翼无人机实现对输电线路状况的普查（见图 3-17）。

图 3-17　110kV 某线路倒塔

第 4 章　输电线路无人机巡检技能培训

随着无人机巡检技术越来越成熟，应用越来越广泛，无人机协同巡检对无人机操控作业人员需求越来越大。但无人机不同于其他巡检设备，无人机操控作业人员必须经过专业的培训，并且取得民用无人机驾驶员合格证，才能执行无人机巡检作业任务。准确鉴定无人机操控人员是否真正进行专业培训并取得民用无人机驾驶员合格证，是无人机协同巡检发展的关键因素。

4.1　无人机驾驶员资质管理与培训

4.1.1　无人机驾驶员资质管理

随着我国民用无人机的快速发展，自 2009 年以来，中国民用航空局（简称中国民航局）出台了一系列文件来保障民用无人机的安全运行并实现有效监督。2013 年 11 月 18 日，中国民航局发布咨询通告《民用无人驾驶航空器系统驾驶员管理暂行规定》，迈出了无人机管理的第一步。《民用无人驾驶航空器系统驾驶员管理暂行规定》对无人机按重量进行分类，并对无人机的运行、驾驶等术语进行了定义，将无人机操控人员称为无人机驾驶员，并将无人机驾驶员分为 11 种情况，其中中国民航局方实施管理的只有 3 种情况，另外 5 种情况由行业协会实施管理，3 种情况无须证照管理。《民用无人驾驶航空器系统驾驶员管理暂行规定》对我国目前无人机及其系统驾驶员实施指导性管理，目的是按照国际民航组织的标准完善我国民用无人机驾驶员的管理。

2015 年 4 月 23 日，中国民航局发布的《关于民用无人驾驶航空器系统驾驶员资质管理有关问题的通知》（民航发〔2015〕34 号）授权中国航空器拥有者及驾驶员协会（Aircraft Owners and Pilots Association of China，AOPA-China，简称中国 AOPA）负责在视距内运行的空机重量大于 7kg 以及在隔离空域超视距运行的无人机驾驶员的资质管理。中国 AOPA 于 2004 年 8 月 17 日成立，是以全国航空器拥有者、驾驶员为主体与航空业相关企业、事业单位、社会团体及个人自愿结成的全国性、行业性社会团体，是非营利性社会组织。

根据《民用无人驾驶航空器系统驾驶员管理暂行规定》和《关于民用无人驾驶航空器系统驾驶员资质管理有关问题的通知》，中国 AOPA 负责民用无人机驾驶员资质管理的范围包括：①在视距内运行的除微型以外的无人机；②在隔离空域内超视距运行的无人机；③在融合空域运行的微型无人机；④在融合空域运行的轻型无人机；⑤充气体积在 $4600m^3$ 以下的遥控飞艇。

颁发民用无人机驾驶员合格证是无人机航空安全管理的一项重要手段，该通知规范了无人机驾驶员资质管理的有关责任单位为中国 AOPA。这标志着中国 AOPA 将对无人机驾驶员进行考核，并为通过考核的驾驶员颁发合格证，预示着今后想要从事无人机作业就必须通过无人机驾驶员考核，取得民用无人机驾驶员合格证。无人机也将正式进入持证飞行的时代。

4.1.2　培训流程及内容

为了能够更合理、更规范地开展无人机驾驶员培训，以国网山东省电力公司电力科学研究院无人机操控培训中心的培训为例，无人机驾驶员培训流程如图 4-1 所示。

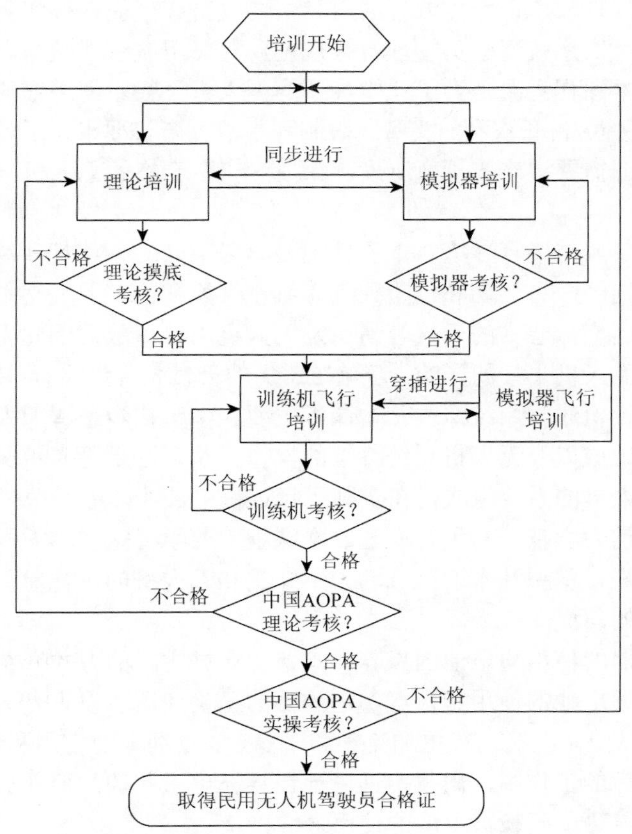

图 4-1　无人机驾驶员培训流程

1. 理论培训

飞行是一门科学，飞行人员必须掌握丰富的航空理论知识并在飞行训练中正确运用，才能有助于自己提高飞行驾驶技术，保证飞行安全。如果航空理论知识贫乏，不但影响飞行技术的提高，而且会危及飞行安全。随着航空事业的发展，先进的现代科学技术被广泛应用于飞行当中，更需要飞行人员具有丰富的航空理论知识，因此加强航空理论知识教育显得越来越重要。这就要求飞行教员在教学中紧密联系飞行实际，有计划、有步骤地进行航空理论教育，提高学员的航空理论知识水平，夯实理论基础。

理论培训应主要围绕中国 AOPA 提供的《无人机驾驶员航空知识手册》和相关的规则如《一般运行和飞行规则》《民用航空器驾驶员和地面教员合格审定规则》等，结合训练机构申请时所提交的《训练大纲》内容进行授课。

授课内容主要包括如下几部分。

（1）民航规则与术语。本课程的内容主要取自《一般运行和飞行规则》《民用无人驾驶航空器系统驾驶员管理暂行规定》《民用航空驾驶员和地面教员合格审定规则》。本课程主要是为了让学员了解无人机飞行中需遵守的规则，清楚规则中无人机驾驶员/机长权利、义务、限制和事故报告等要求，了解持有民用无人机驾驶员合格证需要遵守的规章制度，为成为一名合格的无人机驾驶员打下坚实的基础。

（2）航空气象与飞行环境。本课程主要学习不同的气象条件对无人机飞行的影响，如何辨别锋面、气团和危险天气等航空气象知识。天气是影响无人机飞行和起降的重要因素，恶劣的天气容易引发无人机飞行事故，因此无人机驾驶员必须掌握天气对无人机飞行的影响，避免在恶劣的天气条件下飞行，确保飞行安全。

（3）无人机概述与系统组成。本课程主要让学员初步了解无人机现状，掌握无人机的基本组成以及无人机系统终端的操作方法。这是无人机操控的基础，只有充分了解无人机的系统组成，在实际飞行过程中，才能更好地操控无人机。

（4）空气动力学基础与飞行原理。本课程主要学习空气动力学基础知识和无人机的飞行原理，掌握基本的空气动力学知识和无人机的飞行原理是无人机驾驶员操控无人机的前提。

（5）遥控器的使用与电池的保养。本课程通过实践的方式介绍遥控器的使用及设置，以及锂电池的使用和保养。遥控器的正确使用和设置是无人机操控的重要部分，它可以使无人机飞行更加流畅和平稳。通过锂电池使用和保养的培训后，可以避免在以后的工作中，出现由锂电池错误充电引起的故障、火灾等，同时锂电池的正确保养可以延长锂电池的使用寿命。

（6）无人飞行器拆装、维修和保养。本课程将现场讲解无人飞行器的拆装、维修和保养等内容。通过正确的维修与保养，可以延长无人机的使用寿命，减少无人机巡检作业成本。在巡检作业任务中，无人机的拆装和维修是很重要的一部分，是理论培训中必不可少的内容。

理论培训过程中，一般会穿插进行理论摸底考试，以检验学员对理论知识的掌握水平，起到督促学员学习的作用，并根据学员的进度安排下一阶段的学习计划。

2. 模拟器培训

在整个无人机操控培训过程中，模拟器扮演着非常重要的角色。目前，模拟器主要包括两类：一类是面向各种机型应用比较广泛的通用类模拟器，另一类是面向某种产品的专用类模拟器。

模拟器培训可以让学员直观地感受到对无人机的控制，模拟器培训具有以下特点。

（1）模拟器内无人机种类繁多，其中包括固定翼、直升机、多旋翼，现在市面的主要机型，模拟器软件中基本都已涵盖。

（2）模拟器内飞行场地较多，其中有野外环境、机场、室内篮球场等，不仅模拟了真实的现场环境，还提高了趣味性。

（3）让学员更快建立起飞行信心。

模拟器飞行时间不得超过总飞行时间的 1/3，只有学员通过模拟器考核后，才能进行训练机飞行训练。模拟器和训练机培训主要包括以下几部分内容。

（1）对尾姿态悬停。即无人机的尾翼正对驾驶员，机头方向和无人机驾驶员同向。这时无人机驾驶员的感官最直接，无人机的运动方向与遥控器操纵方向相同，对尾姿态悬停也是无人机最容易掌握的飞行姿态。

（2）侧面姿态悬停。即无人机的侧面正对驾驶员，这时候操纵遥控器舵面，无人机会以机头方向为基准执行相应动作，并改变其飞行姿态。这时无人机运动方向与遥控器操纵方向有一定偏差，无人机操控也有一定的难度。

（3）对头姿态悬停。即无人机的机头朝向驾驶员，无人机执行的方向与遥控器操纵方向完全相反。对头姿态的悬停练习也是四面悬停练习中难度最大的一个。

（4）360°自旋悬停。360°自旋悬停就是以自身为圆心旋转一周，在旋转过程中左右的偏差和上下的偏差不应太大。在开始 360°自旋悬停之前，应先进行四面悬停的转换练习，四面悬停中由于每一个悬停姿态的操纵方向都不一样，初学者每次进行姿态转换需要时间比较长。四面悬停练习过程中，需要学员操控无人机的单个姿态面，缩短悬停时间，每次悬停稳定后立即转换到下一个姿态，逐渐缩短姿态转换过程中的反应时间。等学员可以比较流畅完成四面悬停之间转换时，基本就可以进行 360°自旋悬停训练了。

（5）顺时针/逆时针四边航线飞行。在熟悉四面悬停转换之后，就可以进入四边航线练习科目，即机头始终朝前，飞一个四边形航线。四边航线和 360°自旋悬停可以穿插进行训练，这样既增加了飞行的趣味性，也提高了飞行效率。

（6）顺时针/逆时针圆周航线飞行。在熟悉四边航线之后，基本就可以进行圆周航线练习了，即机头始终朝前，飞一个圆形航线。

（7）"8"字航线飞行。当能熟练飞出圆周航线以后，基本就可以飞"8"字航线了，"8"字航线相当于一个顺时针圆周航线衔接一个逆时针圆周航线。

（8）应急飞行的练习。当无人机处于失控状态时，通过修正无人机的各个舵面，使无人机逐渐恢复可控状态，应急飞行练习的主要目的是为了学员在进行训练机单飞时，避免出现无人机失控坠机造成不必要的损失。

模拟器培训完成后，教员会对学员进行考核，只有考试合格的学员，才能进行下一阶段的实操培训。模拟器考核主要检查学员对飞行动作的熟练程度和对无人机舵量的把握等内容，这些都是无人机飞行的基础。

3. 实操培训（训练机培训）

对于资质培训来讲，实操培训主要以学员报考的机型为主，训练机飞行训练主要包括示范、带飞和单飞三个阶段。

（1）示范。训练机飞行训练的初始阶段由教员演示训练机的飞行动作，让学员直观感受训练机的飞行。

（2）带飞。由教员进行带飞，让学员感受训练机飞行与模拟器飞行的不同，掌握训练机飞行的要点。当学员能达到训练机四面悬停水平或更高水平时，可以由教员签字授权其进行训练机单飞。

（3）单飞。学员脱离教练把控，自己完成各项飞行动作。

实操培训的训练内容和模拟器飞行训练内容基本相同，两者的区别在于，模拟器飞行训练是在计算机上模拟无人机飞行，而实操培训是完全真实的无人机飞行控制，后者更直观。

训练机飞行训练如图 4-2 所示。

4. 资质培训考核

训练机构会提前在中国 AOPA 无人机管理平台上进行学员考试申请，训练机考核合格的驾驶员可参加中国 AOPA 的考试，考试包括理论考核和实操考核。考试顺序为先进行理论考核，后进行实操考核，只有通过理论考核的学员才能进行实操考核。

理论考核是在电脑上完成，从无人机理论考核的题库中随机抽取 100 道题，在规定的时间内完成作答。无人机视距内驾驶员理论考核成绩需达到 70 分合格，而无人机超视距驾驶员理论考核则需达到 80 分才能合格。

图 4-2　实操飞行训练

实操考核分为三部分（以旋翼无人机为例）：第一部分是 360°自旋悬停考核；第二部分是“8”字航线；第三部分是现场口试考核。

360°自旋悬停考核要求将旋翼无人机升高到一定高度，然后原地旋转 360°，在旋转的过程中，无人机的上下偏差和左右偏差不能超过 1m，主要考察学员方向舵和副翼舵间的配合。

“8”字航线（见图 4-3）考核是在自旋悬停完成后直接进行的，“8”字航线主要考察学员方向舵、升降舵、副翼舵和油门之间的配合，“8”字航线可以检验学员的真实飞行水平。

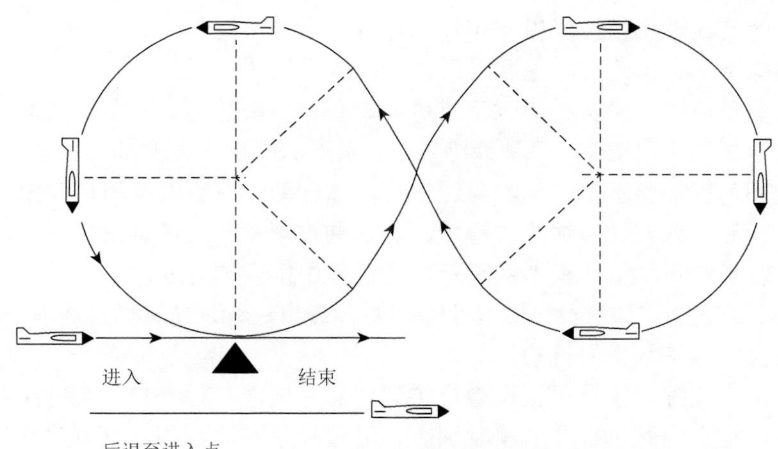

图 4-3　“8”字航线考核

在 360°自旋悬停和“8”字航线考核完成后，考试员会在现场对学员进行最后的口试考核，考察学员对遥控器、飞机原理、飞机系统组成和动力电池等知识的掌握情况。

学员通过上述所有的考核后，可取得由中国 AOPA 颁发的民用无人机驾驶员合格证。

4.1.3 培训方法

无人机驾驶员的培训方法因培训练机构不同而略有不同，但根据无人机自身的特点，其飞行训练方法又基本相同，大体是理论知识培训与模拟器飞行训练同步进行，模拟器飞行训练和训练机飞行训练穿插进行。

1. 理论知识培训

培训开始，培训机构先要对无人机的相关规则及系统概述等理论知识进行授课。讲课一般会采用启发式、导学式和讨论式，引导学员理解教学内容，启发学员自己思考和研究问题，提高分析问题和解决问题的能力，使学员尽快掌握理论基础知识，为下一阶段的飞行训练打下坚实的基础。

2. 模拟器飞行训练

在理论知识培训的同时，教员应教授模拟器的安装，并对模拟器的使用进行讲解，学员通过模拟器进行模拟飞行训练，提高飞行水平。

模拟器飞行训练是飞行准备的重要环节。通过模拟器对每个动作较形象的模拟练习，起到促进飞行技能提升和技术熟练的重要作用。

在模拟器飞行训练时，主要采取以下训练方法。

（1）示范演练。学员初学飞行或进入新科目、新练习、准备新内容时，教员通常要给学员做示范演练。每种训练方法，重点练习什么内容都要给学员讲清楚，每一个飞行动作都要示范一遍，要让学员对飞行动作有更清楚和直观的认识。

（2）辅导训练。学员演练过程中，教员通过观察学员的训练情况，不断地给予辅导，及时纠正学员在模拟器飞行训练过程中出现的问题。

（3）小组训练。把学员分成几个小组后，分组进行训练，通过相互交流经验，达到提高自身训练水平的目的。

（4）个人训练。学员可根据教员讲课内容和要求，根据自己飞行中存在的错误和重点、难点问题进行个人单独训练，通过反复练习，纠正训练中出现的错误和克服训练中遇到的困难。

（5）考核。教员根据学员训练的实际情况，通过对每一个学员进行考核，了解学员的模拟器飞行水平，安排下一阶段的培训计划，并及时纠正学员模拟器飞行中出现的问题，从而达到提高学员模拟器飞行水平的目的。

3. 训练机飞行训练

在模拟器飞行训练到达一定水平后就应穿插进行训练机飞行训练，训练机飞行训练应持续到培训结束，训练机飞行训练阶段分示范、带飞、放手和单飞四个阶段。

训练机飞行训练的教学流程如下。

1）示范

由教员规范做出飞行动作，让学员观察飞行状态、运动轨迹的变化，体会操纵要领，并建立准确的飞行印象。学员经过理论知识学习和模拟器飞行训练，对某一飞行动作虽然已经有了初步印象，但是这种印象是孤立的、静止的、不完善的，不能完全反映出空中的实际情况。模拟器虽然可以比较形象地演示出空中飞行状态的各种变化，也能使学员体会到一些操纵动作与飞行状态之间的关系，缩短了地面与空中之间的差距，但不能完全代替空中飞行训练。所以，带飞之前仍须通过教员的示范，把飞行状态、运动轨迹的变化，舵量、油门的正确操纵方法，真实地给学员展示出来，使学员建立起对某一动作的正确印象，这样才能使学员掌握该飞行动作。示范通常分为全面示范、重点示范、对比示范等几种方式。

（1）全面示范，是指教员对某一飞行练习的全部飞行动作或某一飞行动作的全部过程进行示范。全面示范可以让学员更加直观、准确地了解整个飞行动作，对学员接下来的飞行训练有很大的帮助。

（2）重点示范，是指教员对某一飞行练习的部分飞行动作或某一飞行动作的部分内容进行示范。重点示范通常是学员在某一个飞行动作上遇到了困难，教员通过反复示范，帮助学员渡过难关。

（3）对比示范，是既按正确的操纵方法做示范，又在不危及飞行安全的前提下有意识地做偏差动作，并示范修正方法。对比示范主要是为了纠正学员的错误动作，通过对比的方式，使学员更加深刻地认识到问题所在，从而改正错误动作，提高自己的飞行信心。

2）带飞

带飞是教员直接向学员传授飞行技术的一种手段。带飞是为了使学员尽快掌握飞行技术，学会单独驾驶无人机，并为单飞后飞行技术的巩固和提高奠定扎实的基础。带飞有利于增强学员的信心，迅速提高飞行水平，并且可以减少训练中的损失。

3）放手

放手是教员在带飞中根据需要让学员单独操纵飞机的一种方法。其目的在于给学员亲自实践的机会，使学员在自己操纵的过程中积累经验、摸索规律、体会要领、掌握技术。同时，也能使教员通过放手检查判断学员对飞行技术的掌握情况，发现学员飞行中的问题，以便进一步帮助解决。放手通常分为限量放手、局部放手和全面放手。

（1）限量放手，就是教员放手让学员做一些飞行动作，限制在一定范围内。限量放手主要是为了让学员体验飞行，逐渐找到飞行的感觉，是学员实际操控无人机的开始。

（2）局部放手，是对某一飞行练习的部分飞行动作或只对某一飞行动作的部分内容放手让学员去做。局部放手是为了让学员体会每个动作的要领，增加学员的实际飞行时间，逐步掌握每一个飞行动作。

（3）全面放手，是对某一飞行练习的全部动作进行放手。全面放手说明学员已经掌握基本飞行要领，飞行水平达到了一定的程度，基本上具备了单飞的能力。全面放手是带飞到单飞的过渡阶段，也是单飞前的最后一个阶段。

4）单飞

在学员达到教员认可的飞行水平时，可以由教员签字授权其进行训练机单飞。

4.2　输电线路无人机巡检能力培训

为了提升作业人员操作水平，培养一批能独立使用无人机进行巡检作业的作业人员，必须对已取得民用无人机驾驶员合格证的巡检作业人员进行巡检能力培训，使其熟悉巡检用无人机的系统特性、无人机巡检作业任务流程等，以便更好地完成巡检作业任务，并提高无人机巡检作业质量。巡检能力培训内容主要包括：无人机系统特性培训、实际应用培训及应急飞行培训等。

4.2.1　输电线路无人机巡检能力培训现状

随着中国民用无人机的快速发展，各行业对无人机驾驶员的需求激增。中国AOPA 出台了《民用无人机驾驶员训练机构合格审定规则》，对驾驶员考试的课程、培训、飞行训练进行了详细说明，并对训练机构的申请条件、场地限制、课程设置、训练质量等相关内容进行了说明。

为了保证无人机驾驶员的培训质量，中国 AOPA 会对无人机驾驶员训练机构进行合格审定，同时要求训练机构必须编写一份完整的《训练手册》和《训练大纲》。《训练手册》主要包括训练机构资质建设、无人机培训运行基地、教员资质及空域使用等方面的内容。《训练大纲》主要针对多旋翼、直升机和固定翼进行分类，每个类别中分别规定理论学习和实践学习的内容，并规定各部分内容学习的最低时间、最低地面训练时间和飞行训练时间。无人机驾驶员训练机构需要严格按照所提交的《训练手册》和《训练大纲》的内容进行授课。确保学员在理论和实践方面均达到中国 AOPA 所规定的学习时间要求。

为了支撑电网无人机巡检技术的发展，国网山东省电力公司电力科学研究院和国网辽宁省电力有限公司电力科学研究院分别于 2013 和 2016 年开始了无人机巡检能力培训工作。此两家培训中心经过多年的运营，培训考核各项指标均达到中国 AOPA 要求，均正式取得了中国 AOPA 颁发的民用无人机驾驶员训练机构合格证。

4.2.2　无人机系统特性培训

无人机系统特性培训主要是让学员了解实际用于巡检的无人机系统的特性，包括无人机飞行特性、无人机地面站特性以及云台特性。

1. 无人机飞行特性

无人机飞行特性培训主要包括无人机结构组成、无人机起飞和着陆要求、无人机性能和监视功能几个方面，此处着重介绍无人机性能和监视功能两部分内容。

1）无人机性能

无人机性能包括：①飞行速度；②典型和最大爬升率；③典型和最大下降率；④典型和最大转弯率；⑤其他有关性能数据（如风、结冰、降水限制）；⑥无人机最大续航能力。

2）监视功能

（1）航空安全通信频率和设备，包括：①空中交通管制通信，包括所有备用的通信手段；②指令与控制数据链路，包括性能参数和指定的工作覆盖范围；

（2）无人机驾驶员和无人机地面站操作员之间的通信，包括：①导航设备；②监视设备，包括二次监视雷达（secondary surveillance radar，SSR）应答和广播式自动相关监视（automatic dependent surveillance-broadcast，ADS-B）发出；③发现与避让能力；④通信紧急程序，包括空中交通管制人员（air traffic controller，ATC）通信故障、指令与控制数据链路故障、无人机驾驶员/无人机地面站操作员通信故障。

（3）遥控站的数量和位置以及遥控站之间的交接程序。

2. 无人机地面站特性

指挥与任务规划是无人机地面站的主要功能。无人机地面站也称控制站、遥控站或任务规划与控制站。在规模较大的无人机系统中，可以有若干个控制站，这些不同功能的控制站通过通信设备连接起来，构成无人机地面站系统。

无人机地面站系统的功能通常包括指挥调度、任务规划、操作控制、显示记录等。指挥调度功能主要包括上级指令接收、系统之间联络、系统内部调度。任务规划功能主要包括飞行航线规划与重规划、任务载荷工作规划与重规划。操作控制功能主要包括起降操纵、飞行控制操作、任务载荷操作、数据链控制。显示记录功能主要包括飞行状态参数显示与记录、航迹显示与记录、任务载荷信息显示与记录等。

无人机地面站如图 4-4 所示。

图 4-4 无人机地面站

3. 云台特性

云台特性是指云台的图像采集和视频传输的特性，包括图像采集的时间间隔、采集图像的分辨率、传输视频的分辨率等。

无人机特性培训方式主要是理论与实践相结合，先通过理论教学的方式让学员初步了解所使用无人机的特性，然后在通过实践的方式加深学员对所使用无人机的认识。

4.2.3 实际应用培训

实际应用培训分两个阶段：第一阶段是基础知识培训，主要包括杆塔的类型、图像的诊断和分析等；第二阶段则是实践操作，由教员指出其中的不足，多次重复强化训练。

1. 基础知识培训

基础知识培训主要是通过授课的方式，以教员讲解为主，师生互动为辅，让学员了解巡检作业的一些基础知识，为以后的巡检作业打下坚实的基础。

在进行巡检作业之前，首先要对巡检对象有深刻的了解，必须要清楚巡检对象是谁，要达到怎样的巡检效果。其次必须能对采集的图像进行诊断和分析，找出故障并形成分析报告。

（1）巡检对象。通过教员对巡检对象的讲解，让学员了解巡检对象的有哪些，不同的巡检对象应该采用什么样的巡检方式，需要采集什么样的图像等。

（2）图像的诊断与分析。图像的诊断与分析是巡检作业最后一环，也是最重要的一环，它直接关系到巡检作业的质量。因此，图像的诊断与分析也是教员授课的重点。通过对比分析正常图像和有缺陷的图像之间的差别，提高图像诊断的准确率，从而提高巡检作业的质量。

2. 实践操作

实践操作是完全模拟无人机巡检作业流程，在教员的指导下，通过多次强化练习，巡检人员能够熟练地完成无人机巡检作业。实践操作的目的是让学员能够在以后的巡检作业中更好的完成任务，提高无人机巡检作业水平。

在巡检作业流程中，巡检人员首先要编制这次巡检任务的航线，设定本次飞行的应急返航点、装备机的飞行参数、云台的拍照方式等内容，然后手动控制装备机起飞，并按照设定的航线进行飞行。在飞行过程中，时刻观察装备机的飞行状态，并通过云台显控单元观察云台采集的图像信息，在装备机云台采集完需要的图像和视频信息后，巡检人员控制装备机按照设定的航线返航，并控制装备机降落。这是一次最基本的巡检作业流程。

实践操作按照巡检作业流程可以分为装备机正常飞行培训、装备机地面站的培训、装备机云台的操控培训以及模拟巡检作业四部分。

1）装备机正常飞行培训

装备机正常飞行培训主要包括手动起降、地面站设定航点、自主航点飞行、云台控制训练，可提高学员对无人机的控制、巡检作业认识及团队合作能力。装备机正常飞行培训是巡检作业的一部分，也是最重要的一部分，通过装备机正常飞行培训，巡检人员可基本掌握装备机的飞行，为巡检作业打下坚实的基础。

2）装备机地面站的培训

装备机地面站的培训主要包括飞行状态参数查看、飞行参数设置、飞行航点规划以及通过地面站控制装备机飞行，即将无人机系统特性培训中所学到的无人机地面站知识应用到实践中去，使学员在通过装备机地面站培训后能够更好地完成无人机巡检作业。

3）装备机云台的操控培训

装备机云台的操控培训是让学员熟悉云台的控制和使用，主要包括云台显控单元设置和云台采集图像参数设置，通过培训使学员能够采集到清晰的杆塔和线路图像，以便于分析并找出杆塔和线路的故障点。

4）模拟巡检作业

当学员完成上面三项培训后，可在教员的指导下进行模拟巡检作业训练，模拟巡检作业以机组为单位，每个机组按照教员的要求轮流进行模拟巡检作业。在这个过程中，通过反复的优化练习，使学员熟练掌握整个模拟巡检作业流程。

3. 典型巡检作业流程

下面介绍几种典型杆塔的小型旋翼机巡检作业流程。

（1）500kV 双回转角塔（见图 4-5）小型无人直升机巡检作业流程如下。

①在地面站设定本次飞行的应急返航点、装备机的飞行参数、云台的拍照方式等内容。

②装备机在合适位置起飞（2m×2m），对杆塔的塔号牌和基础设施各拍照 2 张。

③缓慢上升至右侧下相横担水平位置，缓慢侧移，依照小号到大号的顺序对绝缘子挂点金具各拍照 2 张。

④上升高度对右侧中相绝缘子挂点金具各拍照 2 张。

⑤上升高度对右侧上相绝缘子挂点金具拍照，同时对右侧地线挂点金具各拍照 2 张。

⑥升高装备机高出塔顶约 10m 翻越杆塔，至左侧上相横担，略降高度，对左侧地线挂点金具及上相绝缘子及其跳线挂点金具各拍照 2 张。

⑦下降高度对左侧中相绝缘子挂点金具各拍照 2 张。

⑧下降高度对下相绝缘子挂点金具各拍照 2 张。

⑨最后升高高度（比塔至少高 10m）一键返航。

注：对目标点拍照距离约为 10m，选择顺光、角度较好的位置；地线挂点金具、每个绝缘子挂点金具 2 张，共形成 48 张照片。

图 4-5　500kV 双回转角塔巡检示意图

（2）500kV 耐张转角塔（见图 4-6）小型无人直升机巡检作业流程如下。

①在地面站设定本次飞行的应急返航点、装备机的飞行参数、云台的拍照方式等内容。

②在合适位置装备机起飞（2m×2m），对杆塔的塔号牌和基础设施各拍照 2 张。

③缓慢上升到右相横担位置，对跳线绝缘子上、下挂点金具各拍 2 张；对铁塔侧绝缘子挂点金具拍照；平移装备机，对小号绝缘子与导线挂点金具拍照，再对大号绝缘子与导线挂点金具各拍照 2 张。

④上升至右侧地线支架，对地线挂点金具各拍照 2 张。

⑤翻越杆塔至另一侧，缓慢下降至地线挂点金具齐平位置，对右侧地线挂点金具各拍照 2 张。

⑥缓慢下降至中相位置，按步骤③中所介绍的，对中相绝缘子及其跳线绝缘子的各挂点金具各拍照 2 张。

⑦按步骤③中所介绍的，对左相绝缘子金具挂点各拍照 2 张。

⑧最后升高高度（比塔至少高 10m）一键返航。

注：对目标点拍照距离约为 10m，选择顺光、角度较好的位置；地线挂点金具、每个绝缘子挂点金具 2 张，共形成 34 张照片。

图 4-6　500kV 耐张转角塔巡检示意图

4.2.4　应急飞行培训

应急飞行培训主要是针对装备机发生故障时的非正常飞行程序操作的培训，其中包括遇见障碍物、发动机故障、链路丢失等情况。应急飞行培训的目的是通过培训，增强学员的应急飞行能力，在实际巡检作业任务过程中，遇到装备机出现故障的情况，学员可以通过应急飞行操作程序来操控装备机以减少损失，避免出现人员伤亡。

当装备机遇见障碍物时，一般会需要重新规划航线或者切到手动模式控制装备机越过障碍物继续执行巡检作业任务。模拟装备机遇见障碍物，能够锻炼学员重新规划航线的能力以及手动飞行能力。在装备机进行自主飞行时，一般都是直线前进，通过云台搭载的视频采集设备回传视频信息来观测线路状况，当航线中出现障碍物时，通过重新规划航线或切换到手动模式避开障碍物。

当出现发动机故障时（一般为发动机出现熄火现象），不能提供无人机飞行所需要的升力，如果这时不进行任何操作，无人机就会直线下降至坠地，造成严重的损失。在模拟发动机故障时，通过遥控器把无人机的油门降到最低，通过遥控器控制无人机的舵面使旋翼机缓慢下降或者使固定翼无人机进行滑行迫降，避免无人机直接失速降落，减小无人机的损失和避免人员伤亡。

链路丢失是指无人机地面站同无人机之间的通信上行链路和下行链路双双丢失或丢失了其中一种，无人机地面站无法对无人机的飞行进行控制和监视。当无人机系统出现链路丢失情况时，如果在视距内，无人机驾驶员应及时把无人机飞行模式切换到手动模式，通过遥控器把无人机安全降落到指定位置。如果不在视距内，无人机飞控检测到链路丢失以后，飞控程序就会执行自动返航功能，无人机以设定好的高度和速度返回应急返航点上方，这时无人机驾驶员在看到无人机以后应及时将无人机的飞行模式切换到手动模式，然后通过遥控器将无人机安全降落到指定位置。模拟无人机链路丢失情况，主要练习无人机驾驶员的手动模式的飞行能力以及应变能力，保证无人机的安全。

第 5 章　架空输电线路无人机自主巡检作业技术

架空输电线路分布于户外广阔地域，地理环境复杂，传统的人工巡视模式效率较低。针对输电专业人员数量与设备规模持续增长日益突出的矛盾，2013 年以来，行业内大力推广无人机巡检应用，建立了相对成熟的无人机巡检管理和技术支撑体系，输电线路巡检效益明显提升。

未来几年是传统输电管理向智慧输电跨越提升的重要建设机遇期，有必要作进一步的科学规划，融入物联网、人工智能等先进技术，全面推进无人机智能巡检技术应用，实现线路巡检模式由人工巡检向无人机为主的协同自主巡检模式转变，持续提升输电智能巡检水平。

面对当前形势，输电巡检工作还存在以下问题。

（1）人员规模难以满足设备持续增长需求。输电网规模持续稳定增长，输电线路巡检队伍持续存在总量缺员和结构性缺员并存的严峻局面。目前输电线路巡检人员缺员率和 45 岁以上人员占比都较高，人员“断档”问题突出，难以保证输电巡检工作正常开展。巡检人员不足与设备规模持续增长之间的矛盾日益突出。

（2）传统巡视模式难以适应输电精细化管理要求。输电线路传统的巡视方式为人工巡视，受地形条件、环境因素、人员素质等多方面因素制约，存在巡视质量不高、巡视范围不全面、巡视效率低等问题，且特殊地形和气象条件下巡视困难，存在人身伤害风险。传统人工巡视模式已难以适应设备精细化管理和电网高质量发展需求。

（3）无人机应用水平难以支撑输电智能巡检发展要求。现阶段无人机作业管理、人员培训、质量监督和维护保养等保障体系尚不健全，行业内应用水平不均衡。无人机作业智能化程度低，应用方式未充分挖掘；巡检数据处理智能化程度低，与业务数据融合度不高，未形成统一应用和闭环管理。无人机作业优势未得到充分发挥，无法支撑输电智能巡检发展要求。

行业内应以推动无人机为主的协同自主巡检模式转变为主线，以提升无人机巡检作业自主化、数据分析智能化为抓手，以建立健全无人机智能巡检作业管理体系和技术支撑体系为依托，以建设复合型巡检队伍为支撑，树立示范引领，推进无人机自主巡检规模化应用，实现输电巡检模式变革，开创输电巡检新局面。

5.1　基于巡检分离的架空输电线路无人机全自主巡检作业

按照向无人机为主的协同自主巡检模式转变为主线的总体思路，近些年，国网辽宁省电力有限公司在自主巡检实用化关键技术方面取得了突破性进展，自主研发了基于巡检分离的无人机全自主精细化巡检作业技术。截至 2020 年 9 月 30 日，该公司系统内 220kV 架空输电线路适航区段实现“无人机自主巡检覆盖率 100%”，合计 32677 基杆塔，率先在 220kV 架空输电线路上完成了传统人工巡检模式向以无人机为主的协同自主巡检模式的转变。

1. 研发背景

2018 年，国网辽宁本溪供电公司首先研发成功了初代的基于 Visual Basic 语言的无人机自主巡检作业技术，并于 2018 年 12 月实现了 220kV 输电线路适航区段自主巡检全覆盖。

2019 年，国网辽宁省电力有限公司电力科学研究院、国网辽宁本溪供电公司牵头攻关参数化建模、杆塔特征自动提取、航线智能规划、动态精准定位、环境自适应拍摄、巡检图像智能管理等关键技术，深度开发具有自主知识产权的无人机自主精细化巡检作业技术，并于 2019 年 9 月研发成功（见图 5-1）。

图 5-1　自主巡检作业系统界面

2. 系统功能介绍

自主巡检作业系统包括自主巡检航线规划、自主巡检飞行控制和图像智能管理三个主要模块（见图 5-2）。

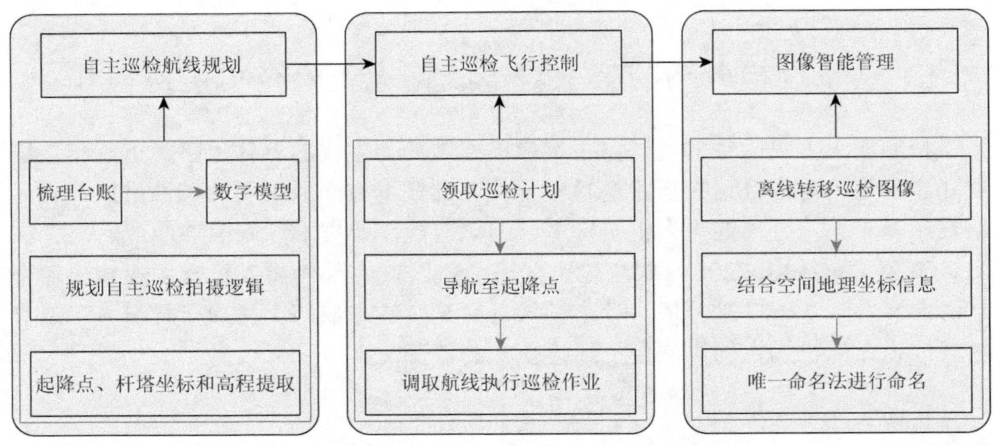

图 5-2　系统运行逻辑示意图

1）制定拍摄原则，建立杆塔数据库

梳理线路杆塔台账数据，结合输电线路无人机巡检拍摄要求，分析手操式无人机精细化巡检拍摄位置、角度、距离等信息，制定不同电压等级、不同塔型的自主精细化巡检拍摄原则，固化自主巡检拍摄逻辑。制作不同电压等级、不同塔型的数字化模型并生成杆塔数据库，系统根据数据库为各杆塔调取已经固化的自主巡检拍摄逻辑（见图 5-3）。

图 5-3　基于杆塔数据库形成的杆塔自主精细化巡检拍摄模型

2）提取起降点和线路杆塔坐标空间位置信息

需要利用实时动态定位（real-time kinematic positioning，RTK）型无人机按照要求现场采集图像，利用作业系统批量提取起降点、线路杆塔的绝对位置坐标和高程。

3）航点任务设计和自主巡检航线规划

将已提取的起降点、杆塔坐标和高程等信息融合处理，生成机场数据库、杆塔坐标数据库（见图 5-4）。通过起降点、杆塔坐标、杆塔数据库和系统固化的自主巡检拍摄逻辑规划航线轨迹，完成航点任务设计和自主巡检航线规划（见图 5-5）。

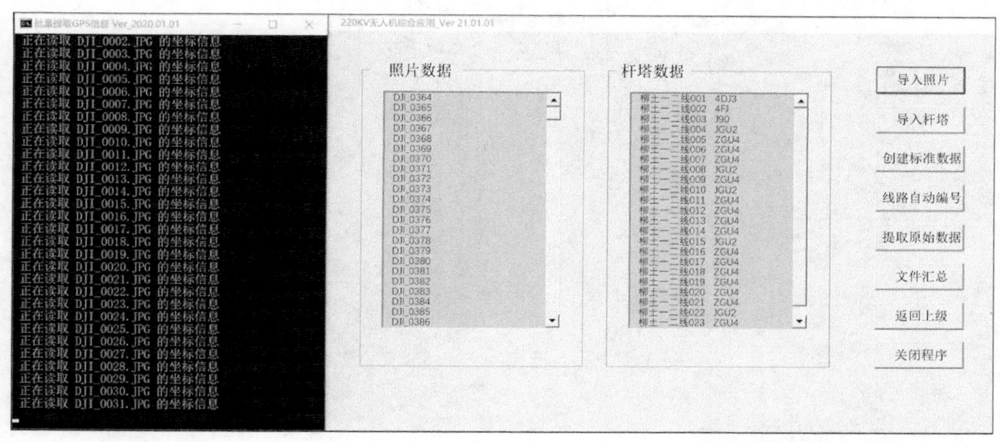

图 5-4　坐标信息提取界面

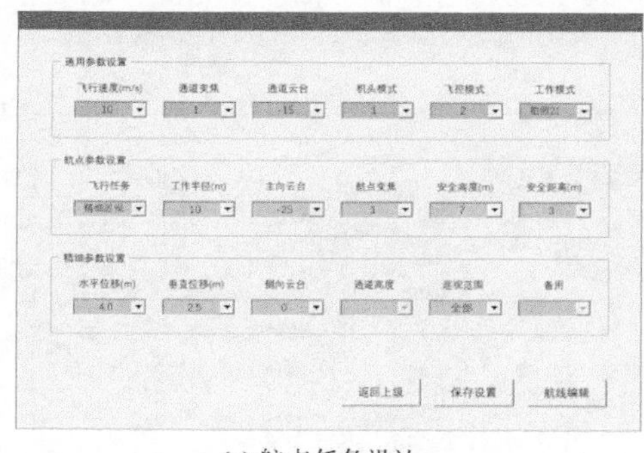

(a) 航点任务设计

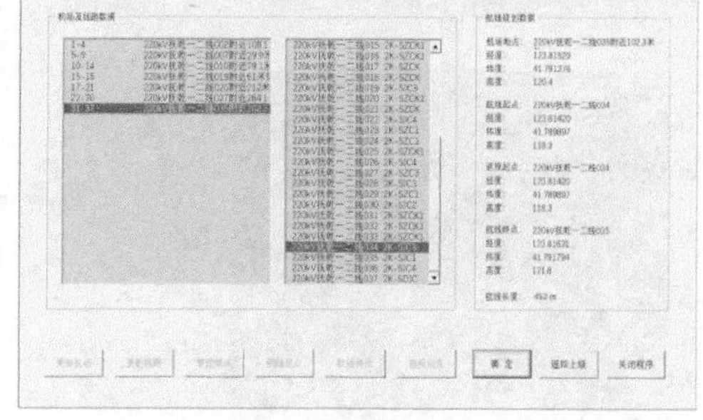

(b) 航线规划

图 5-5　自主巡检航线批量规划

4）自主飞行巡检控制

根据巡检作业计划依次导航至待巡检线路的各个起降点，向系统导入该巡检区段自主巡检航线，一键放飞进行自主巡检，如图 5-6 所示。

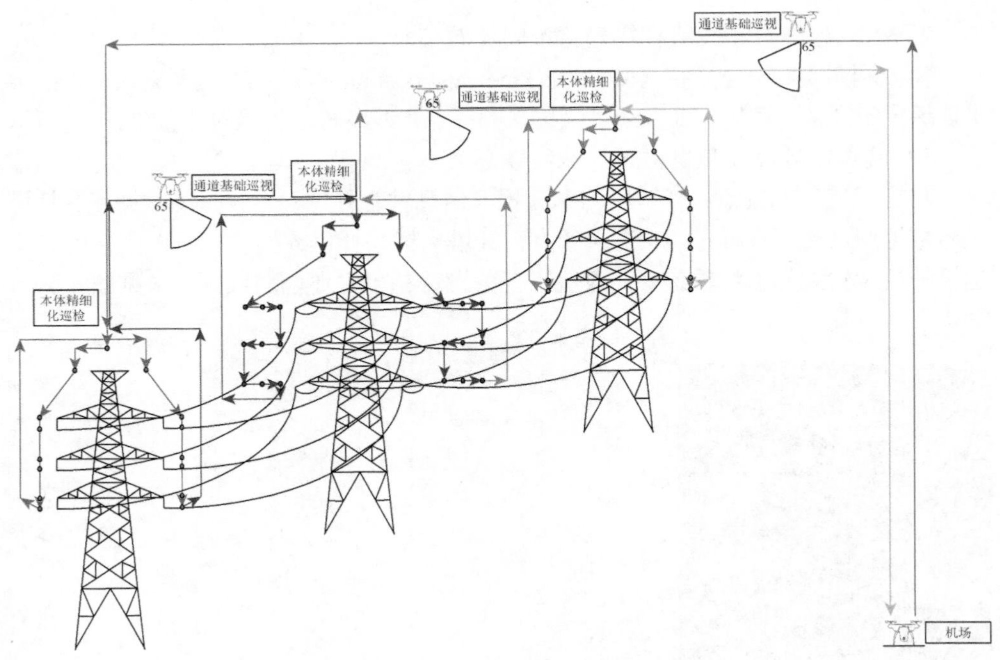

图 5-6　无人机自主巡检轨迹示意图

5）图像智能管理

巡检作业完毕，只需将拍摄的无人机巡检图像导入照片智能管理系统，结合图像的空间地理坐标信息（见图 5-7），即可批量对其进行“唯一命名法”的智能重命名（见图 5-8）。

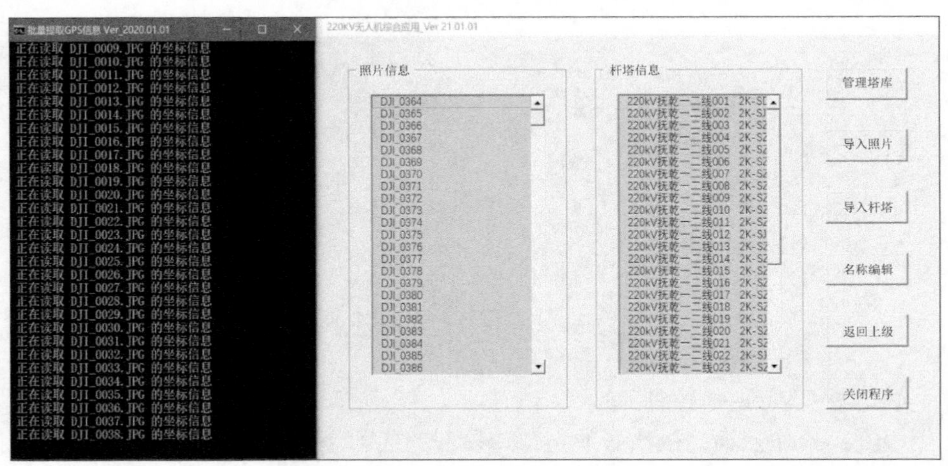

图 5-7　提取巡检图像的空间地理坐标信息

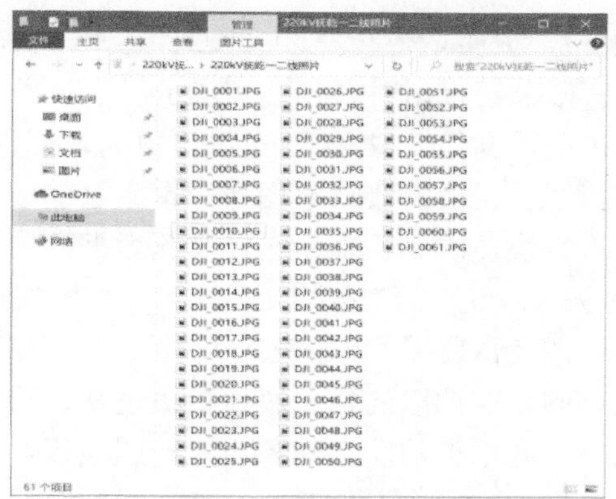

(a) 离线转移后的巡检图像名

(b) 使用唯一命名法命名后的巡检图像名

图 5-8　巡检图像智能重命名成果

3. 技术特点

1）突破技术垄断，自主研发巡检作业系统

全面突破动态精准定位、环境自适应拍摄、航线智能规划等关键技术，自主开发具有完全自主知识产权的无人机自主巡检作业技术，目前已在国网辽宁省电力有限公司 66kV 及以上电压等级线路上全面示范应用。

2）提升作业自动化、数据管理智能化水平

开展航线智能规划技术研究，梳理杆塔台账数据，采集杆塔坐标信息，制作不同电压等级、不同塔型的数字化模型，开发可批量智能规划航点任务、快速生成航线的作业系统。固化自主巡检拍摄逻辑，结合空间地理信息，对巡检图像进行快速准确的智能重命名，使得飞行巡检和缺陷识别任务分离开来。

3）规模化自主巡检，提质增效转变巡检模式

国网辽宁省电力有限公司仅用时半年便实现了辽宁全省220kV架空输电线路适航区段自主巡检全覆盖，制作完成2597条塔型数据，巡检获得384019张精细化巡检图像，有力支撑了公司百万级缺陷图像样本库的建设工作。图像智能管理模块可以对海量图像进行快速准确的重命名，实测数据显示巡检图像数据的批量智能重命名速度为50张/s。节约低效投资1200余万，发现隐蔽性缺陷1475处，发现率同比提升57%，避免故障跳闸18次。

同时，系统嵌入已固化供调取的自主巡检拍摄逻辑，通过建立杆塔数据库，可完成不同电压等级、不同塔型的航点任务设计和航线规划，巡视质量不受限于作业人员的专业技能水平，降低了操作门槛，提高了航线规划效率和航点准确率；系统集成云台相机曝光控制，能够根据无人机所处地理位置、太阳位置、云台俯仰角等，实时调节相机曝光参数，逆光也能获取清晰的巡检图像；系统在采集功能基础上新增了测量导线、地线驰度的功能，相较于传统的测量方法，操作更便捷，测量精度更高，为输电线路日常运维工作提供了便利条件。

4. 巡检成效

1）提升输电巡检工作效率

相较于人工巡检和手操式无人机巡检模式，自主巡检采用航线程控飞行模式，能够保证巡检精度、降低操作门槛，提升巡检作业安全性。数据显示，巡检效率较人工巡检能够提高3倍，降低了无人机巡检操作门槛，并且视角不受限制。

2）实现巡检数据管理智能化

传统模式是“谁巡检，谁负责缺陷查找”，需要作业人员能够在大量的流水号图像数据中准确分辨拍摄杆塔的具体位置。自主巡检作业技术通过在系统中嵌入已经固化的自主巡检拍摄逻辑，结合每张图像的空间地理坐标信息，利用图像智能管理模块可以对海量图像进行快速准确的重命名，显著提升了数据分析的智能化水平。

3）推广普及快捷高效

自2020年4月起，国网辽宁省电力有限公司仅用时半年便实现了220kV架空输电线路适航区段“无人机全自主精细化巡检作业技术”全覆盖，制作完成2597条塔型数据，同时完成了32677基杆塔的精细化巡检，巡检采集384019张精细化巡检图像，有力支撑了公司百万级缺陷图像样本库的建设工作。所有地市的杆塔数据库、自主巡检航线、无人机巡检图像、缺陷图像全部离线上交，电力科学研究院负责进行审核佐证。

4）提高隐蔽性缺陷发现率

传统的电力巡检人员使用的工具主要为望远镜和照相机，受到地面环境，视

角和光线影响，难以发现瓶口以上的隐蔽性缺陷。无人机巡检空中视角优势明显，不受地面环境影响，能够显著提升瓶口以上细小金具销钉缺失、螺帽丢失等人工难以发现的缺陷的发现率。通过自主巡检，杆塔瓶口以上位置的隐蔽性缺陷 1475 处，隐蔽性缺陷发现率同比提升 57%，发现销钉级缺陷 32 处，防止掉线发生，避免线路跳闸 18 次，设备健康水平得到了进一步提升。

5.2　架空输电线路无人机自主巡检作业技术瓶颈

作为电网的重要组成部分，输电线路的安全和稳定运行非常重要。线路巡检方式和巡检方案对于提高电网供电可靠性，减少供电损耗，提高社会效益和经济效益都有着重大意义。

近年来，随着遥感科学及无人机飞行控制技术的不断发展，利用无人机搭载各类高分辨传感器、激光扫描仪等设备进行输电线路巡检逐渐成为应用研究的热点，辅以计算机识别和智能诊断技术，可以有效提高输电线路巡检的工作效率，减少人工巡检工作量。基于遥感的输电线路巡检可以获得丰富的输电线路设备数据，对该数据进行系统分析和管理能为电网管理和维护提供更多数据支持。

无人机输电线路巡检作为一种高效、智能的现代化巡检方式，能够有效弥补人工巡检的局限性，是人工巡检的有益补充。当前国内相关技术仍不完善，需要开展大量研究工作，具有广阔的应用前景。

目前，以小型无人直升机和固定翼无人机为飞行平台的输电线路无人机巡检技术已取得了显著的成效，基本建立起了涵盖巡视检测、技能培训、作业方法的完整流程和标准化规章制度，具备了规模化应用推广的条件。随着多样化无人机飞行平台、任务载荷、数据传输链路及巡检数据智能化分析技术的发展，输电线路无人机巡检技术必将得到更加广泛应用，取得更加明显成效。

从无人机飞行平台来看，小型无人直升机和固定翼无人机巡检系统由于技术成熟度高，操控较为简单安全，应是未来一段时间的主要巡检平台。中型无人直升机巡检系统在安全控制策略、精准化避障、通信和无线电抗干扰等方面完善后，同样具备规模应用前景。大型无人直升机巡检系统，由于国内民用大型无人直升机飞行平台尚不成熟，存在可靠性低、任务设备与飞行平台不完全匹配、维修保养复杂等问题，尚待进一步研究解决。

从任务载荷来看，受制于飞行平台带载能力和现有任务载荷的性能参数，目前一般采用可见光照相机或摄像机。输电线路巡检的小型化、多样化的可见光、紫外线、红外线、激光雷达等任务载荷的产品水平和飞行平台能力的提升，将会更显著地提高输电线路巡检系统对线路故障的采集能力。

从数传和操控数据链路来看，受地球曲率影响的数传链路可靠通信距离是影响无人机巡检系统巡检范围的重要约束，但随着可自组网的中继链路等技术的发展和无人机自动充电技术的发展，必将显著提升输电线路无人机巡检的范围。

从巡检数据的智能化分析来看，目前对输电线路无人机巡检数据一般采用人工甄别的方式进行缺陷的发现，部分典型缺陷已经采用人工智能技术进行智能化分析，随着任务载荷采集信息质量、数传链路和智能化分析技术的提升，输电线路无人机巡检系统可实现输电线路故障的在线自动化甄别和共享，及时将信息传送到电力调控中心和巡检中心，提升输电线路故障的甄别能力和巡检响应能力。输电线路无人机巡检技术是一种新兴巡检模式，需要随着应用的推进同步加强管理的创新。

第 6 章　电缆隧道机器人巡检系统

电缆隧道机器人巡检系统涉及机械、电子、控制、传感、材料等多个技术领域，整合了模式识别、无线信号传输、智能控制、数字视频、机电控制等多种高新技术和功能。为清晰描述电缆隧道机器人巡检系统的组成，本章以轨道式机器人巡检系统为例先从宏观上讲述机器人巡检系统的总体架构，然后对软件系统、系统通信和机器人终端分别进行介绍。

6.1　轨道式机器人巡检系统

轨道式机器人巡检系统，是针对隧道、室内一类设备及其所处环境进行巡检、监控的一体化固定式的巡检系统。系统以巡检机器人为核心，搭载各种光学、声学、化学等传感器，对隧道、室内设备进行全方位、全自主监测和智能诊断，实现隧道、室内设备及环境隐患的前期预警和后期状态评估，保障隧道内、室内设备（主要是电缆）的安全稳定运行。

6.1.1　系统架构

轨道式机器人巡检系统采用网络分布式架构（见图 6-1），整体分为终端层、基站层和远程监控层三层。

1. 终端层

终端层包括智能巡检机器人本体、巡检轨道、充电装置、无线通信装置和辅助设施等，主要负责监控和采集电缆隧道内信息，并将机器人运行状态及其他各类传感器数据上传至基站层，由基站层进行分析和处理。

2. 基站层

基站层包括机器人后台系统、数字录像机、路由器、智能控制和分析软件系统（集控端交换机），负责接收、分析终端层采集上传的各类数据，是整个系统的核心。其中，机器人后台系统是整个巡检系统的就地指挥、控制和监视中心，

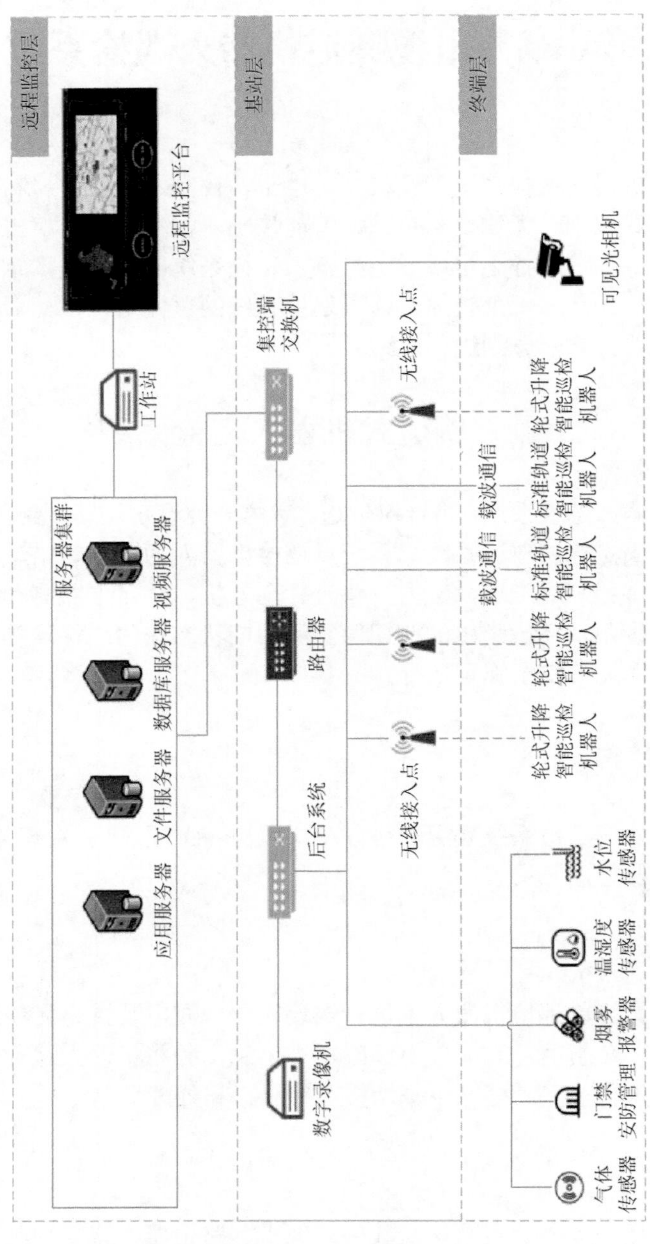
远程监控层
远程监控平台
工作站
服务器集群
应用服务器
文件服务器
数据库服务器
视频服务器
基站层
集控端交换机
路由器
后台系统
数字录像机
终端层
无线接入点
无线接入点
载波通信
载波通信
轮式升降智能巡检机器人
轮式升降智能巡检机器人
标准轨道智能巡检机器人
标准轨道智能巡检机器人
轮式升降智能巡检机器人
可见光相机
气体传感器
门禁安防管理
烟雾报警器
温湿度传感器
水位传感器

图 6-1　系统架构原理图

对机器人运行状态及搭载的各种传感器采集数据进行实时监视。后台系统通过无线通信装置与机器人、其他辅助设施建立网络连接，可接收、分析数据，并存储至数据库；通过任务配置和遥控操作等方式，可实现机器人的管理和控制。

3. 远程监控层

远程监控层包括服务器集群、工作站和远程监控平台，通过应用低流量实时监控和主辅切换等技术，实现对多个分布在不同地域智能巡检机器人的统一监视、控制和远程指挥。远程监控层可根据实际需求布置。

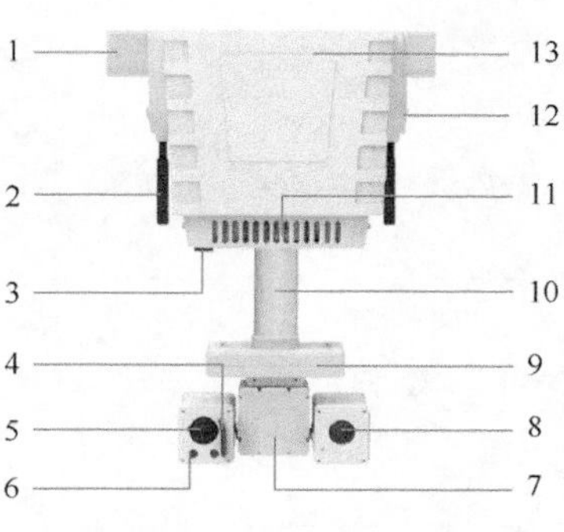

图 6-2　机器人整体结构

6.1.2　机器人系统

1. 机器人整体结构

轨道式巡检机器人整体结构如图 6-2 所示，构成部分说明如表 6-1 所示。

表 6-1　机器人整体构成说明

序号	名称	功能
1	轨道	机器人行走轨道
2	天线	无线通信，5.8GHz
3	急停按钮	控制机器人运动停止
4	雨刷	清理可见光玻璃罩外壳灰尘、水滴
5	可见光摄像机	获取巡视设备的可见光图像
6	补光灯	红外线感应自动开启，补充光源
7	云台	360°水平旋转，保障摄像机时刻处在最佳拍摄视角
8	红外热像仪	获取巡视设备的红外线图谱及温度图像
9	通信转接盒	伸缩杆两侧的设备通信链路
10	伸缩杆	实现云台的升降
11	传感器	集成隧道环境气体、环境温湿度、烟雾等检测传感器
12	超声传感器	检测机器人两侧的物体
13	外壳	轻量化玻璃钢外壳，保护机器人内部设备

2. 机器人功能及传感器布置

轨道式巡检机器人本体按键及传感器布置如图 6-3 所示，功能设计说明如表 6-2 所示，技术参数如表 6-3 所示。

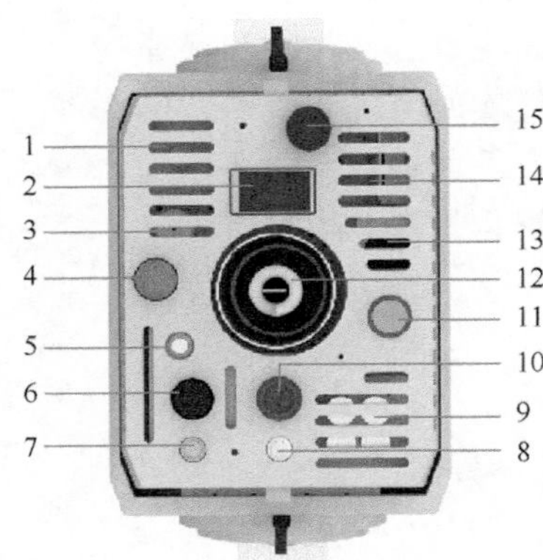

图 6-3　机器人本体按键及传感器布置

表 6-2　机器人本体按键及传感器功能设计

序号	名称	功能
1	烟雾传感器	检测环境内的烟雾浓度
2	激光传感器	精准控制云台的升降距离
3	拾音器	拾取环境内的声音信息
4	状态指示灯	指示机器人的运行状态
5	松抱闸按钮	松升降电机的抱闸，调整云台的零位；机器人停机时，调整云台位置
6	调试网口	机器人运行状态信息反馈接口
7	充电口	机器人充电接口
8	启动按钮	机器人运行启动控制
9	气体传感器	检测隧道环境中的氧气、二氧化硫、一氧化碳等气体含量
10	电源按钮	接通或断开电池与机器人系统的供电线路
11	声光报警器	以声音和闪光的方式发出警告
12	弹簧网线	提供机器人控制系统与云台系统的通信链路
13	扬声器	播放声音信息
14	温湿度传感器	检测环境内的温湿度数据
15	急停按钮	停止机器人运行，保障安全

表6-3　机器人技术参数

参数	内容	参数	内容
整体尺寸（参考值）	340mm×820mm×240mm（长×宽×高）	转弯半径	0.6m
总体重量	≤35kg	控制方式	自动、手动
巡检速度	0.1～1m/s	通信方式	无线通信
定位精度	行走±10mm 升降±2mm	供电方式	锂电池，24V
升降行程	0～1.5m	充电方式	固定点，接触式

3. 机器人控制箱

机器人控制箱内置充电电池、交换机等设备。控制箱通过光纤与后台建立通信网络，接有一体化天线，与机器人建立无线通信网络，接入水位检测数据，为机器人充电提供电源；220V交流电源通过交流接触器和浪涌保护器接入机器人控制箱。

4. 通信链路

机器人后台总控系统通过有线网络和无线网络两种形式与机器人、控制箱、工作人员保持通信，下放巡检指令和接收各类信息，通信链路如图6-4所示。

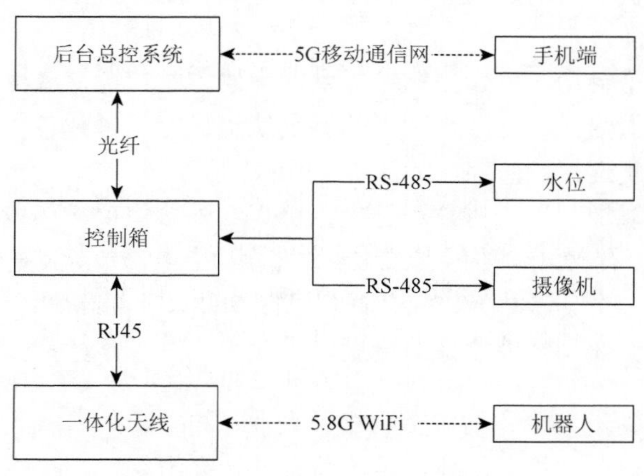

图6-4　机器人通信链路

6.1.3 软件控制系统

1. 系统管理平台

软件系统主要面向智能机器人的巡检业务逻辑进行设计，采用了面向业务的体系结构，分为展示层、业务层、数据层和接入层四层。展示层，主要展示可见光、红外实时检测图像，温湿度、气体传感器的实时检测数据，以及各类告警信息。业务层，完成机器人各类检测数据的分析、统计，以及机器人状态监控。数据层，主要是机器人的可见光、红外视频数据，各类传感器的数据，其他接入的数据，控制平台的各类数据在数据层进行转换。接入层，主要是机器人系统的数据入口，包含各类协议交互，其他系统或设备的接入。

2. 故障定位分析

机器人检测到故障（测温光纤覆盖、电缆温度高、气体浓度异常或超标等），机器人本体和后台同时告警。机器人告警通过灯光、声音、信息弹窗、历史记录等多种方式展示和记录告警、缺陷信息。检测故障经后台综合分析，确认故障并判定故障点位置，以便运维人员准确修复。

6.1.4 运动平台

机器人行走单元使用高性能电机 + 可调变速设计，保证机器人运动性能的同时，显著提高了机器人的通过性，轨道使用定制化航空铝型材，整体设计保证机器人行走的稳定性。

机器人运动平台由电机、摩擦轮提供动力的方式行进，摩擦轮与“工”字形轨道接触。机器人沿架设在隧道顶部的铝制轨道运行，搭载各类声光像及气体传感器，沿轨道往复巡视、监控，如图 6-5 所示。

运动平台沿轨道行走，搭载可见光相机、红外热像仪、环境检测组件（分体式温湿度传感器、有害气体传感器或多合一模组）、电源单元（充电装置和电池）、语音交互单元等多个功能单元，同时具备升降功能，升降高度可达 2m，保证对各层电缆的可见光图像和红外热像的检测。

6.1.5 系统运行模式

巡检机器人具有多种运行模式，包括例行巡检、定点巡检、特殊巡检、遥控巡检和远程指挥等。对比传统的人工巡检，机器人巡检不受电力室内阴暗、潮湿、

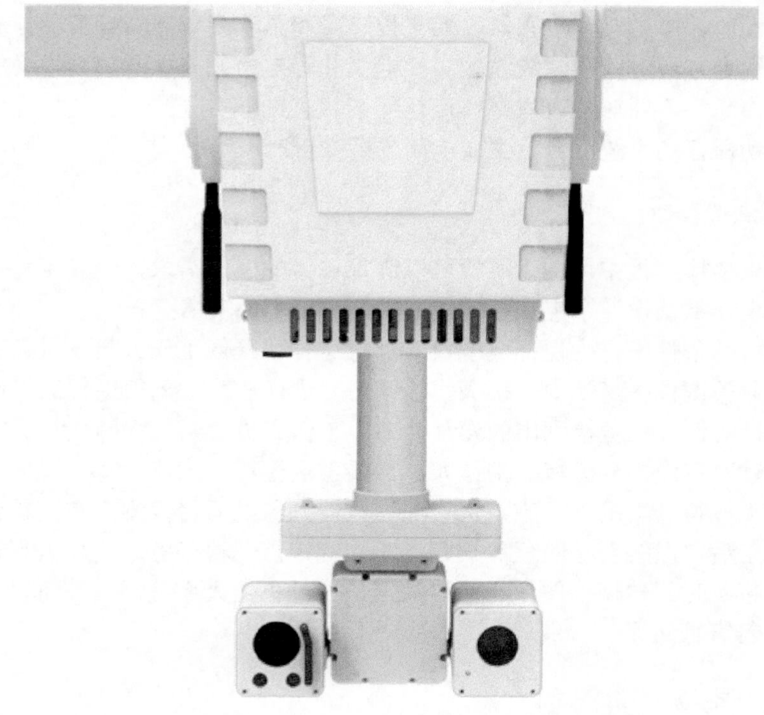

图 6-5　运动平台效果图

积水和封闭等特殊条件影响，具有巡检频次高、巡检内容全面、工作量小和安全可靠性高等优势。

通常情况下，固定点摄像机对远距离目标检测时，存在拍摄角度偏斜较大，拍摄范围受限的状况，在拍摄方向上形成设备交叠遮挡，进而影响检测分析结果；固定点气体浓度检测传感器，对周围环境的检测具有区域局限性，检测结果受气体扩散程度影响较大，不能有效检测室内整体的环境情况。

与固定点监控摄像机检测及固定点气体浓度传感器检测相比，室内机器人巡检具有拍摄视角最佳，能够实现动态检测、实时检测的优点。机器人具有的行走和升降功能，保障可见光摄像机和红外热像仪具有良好的空间位置，以最佳视角拍摄各层线缆情况。温湿度传感器、各类气体传感器可实时监测室内空间的气体浓度，实现一种“主动检测模式”，在气体扩散之前即可准确检测并进行判断。

1. 例行巡检

例行巡检是室内检测中最基本的应用模式。机器人搭载高清摄像机、红外热像仪、拾音器、可燃气体传感器、烟雾传感器和温湿度传感器等多种检测单元，通过轨道行走方式对线缆、线缆接头和电缆井等电力设施以及辅助设备的外观进行检查、诊断等，并对隧道内整体运行环境状态进行实时监测。巡检完成后，巡检数据自动保存到系统后台，生成检测分析报告。

2. 定点巡检

机器人巡检过程中，例行巡检可以满足日常的巡检需求，为满足特殊或临时性巡检需求，系统设计了定点巡检模式，主要用于如下情况。

（1）特殊条件下，为保证电缆设备稳定运行和降低工作人员安全风险，只需要选择部分关键设备（如中间接头、接地箱）进行巡检，无须进行例行巡检。

（2）针对例行任务检测出的异常设备，工作人员需要二次确认。

（3）针对室内部分区域，工作人员需要再次检查。

针对类似特殊工况，运维人员可通过机器人监控后台设立定点巡检任务。被检设备选定后，系统会按照任务规划自动执行定点巡检任务。机器人行进至指定位置后，将实时回传现场图像和检测数据，通过机器人系统后台还可以与现场进行实时双向信息交互[13]。

3. 特殊巡检

针对隧道内需要进行特定监测的设备类群，除了需在例行巡检外，还需要特殊巡检。系统针对常见的室内设施，提供预设的特殊巡检类型，例如，模块箱特巡、接头特巡、辅助设施特巡、积水特巡等；支持用户自定义特巡方式和巡检对象，实现对室内各类设备的全面巡检、监测和数据呈现。

4. 遥控巡检

机器人巡检系统支持手动操控模式，可在后台手动遥控，遥控巡检操作优先级最高，也可用移动终端遥控机器人，适用于运维人员及单位对某类设备的状态进行锁定与监测。在运维人员自行设定观测位置、检测异常设备等状况时，机器人可快速切换状态，进入手动操控模式。

系统进入遥控巡检模式后，机器人将中止自动巡检，按人工遥控指令实现机器人在可调速度下的前进、后退、上升、下降，云台的全方位旋转以及高清摄像机的镜头变倍调节等功能。

5. 远程指挥

智能机器人巡检系统可通过视频远传、远程控制等功能，实现机器人隧道内巡检全过程的远程可视化。现场作业时，指挥中心可操控机器人，通过视频和语音交互功能，监控和指挥现场作业。

6.2 功 能 设 计

轨道式巡检机器人集成多种高新技术，将动态监测手段与现场处置手段有机结合起来，使隧道内的状态检测和智能化管理水平提升到一个新的高度。如图 6-6 所示，机器人采用模块化设计，主要功能包括：基础功能、检测功能、数据处理功能、缺陷跟踪功能等。

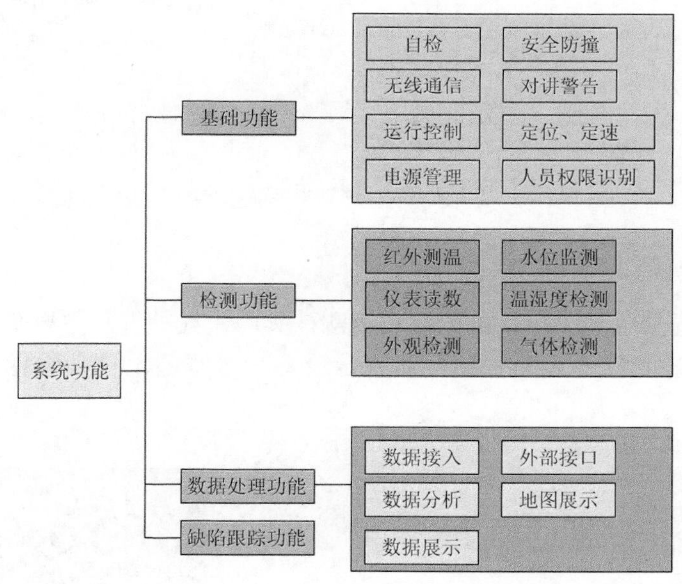

图 6-6　机器人功能

6.2.1　检测功能

机器人视频检测机制：常规例行巡检时，采用视频检测模式，即不停车检测；特殊巡检和精准检测时，采用图像检测模式，机器人拍摄图片至后台，进行比对分析。

视觉检测装置至少包括红外热像仪、可见光摄像机和云台。其中，红外热像仪采集设备温度，生成热成像图谱；可见光摄像机远程实时监控，采集设备外观图片；云台支撑红外和可见光模块，实现水平及垂直方向的旋转。

机器人通过云台的“预置位”功能，实现可见光摄像机、红外热像仪对准待检设备。云台结构包含直流伺服电机、角度传感器、硬件限位和云台控制板，分别负责云台水平方向和垂直方向运动时的驱动、位置反馈、行程保护和系统控制，如图 6-7 所示。

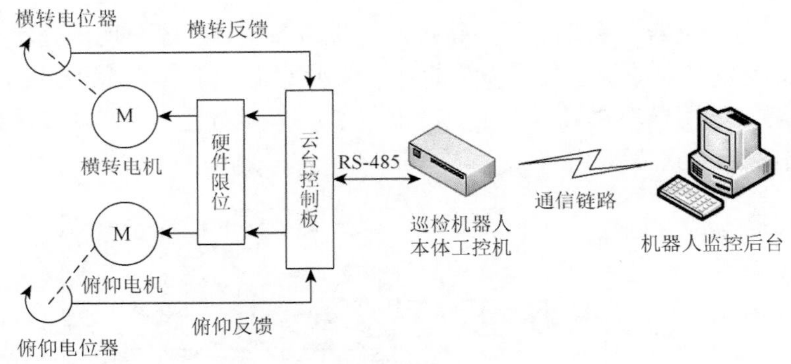

图 6-7　云台控制系统结构图

1. 红外热像检测

红外测温分为两种模式：普测和精测。其中，红外普测主要负责高效地完成整体性判断，红外精测主要是对特定设备和普测超温设备进行更准确的诊断，如图 6-8 所示。

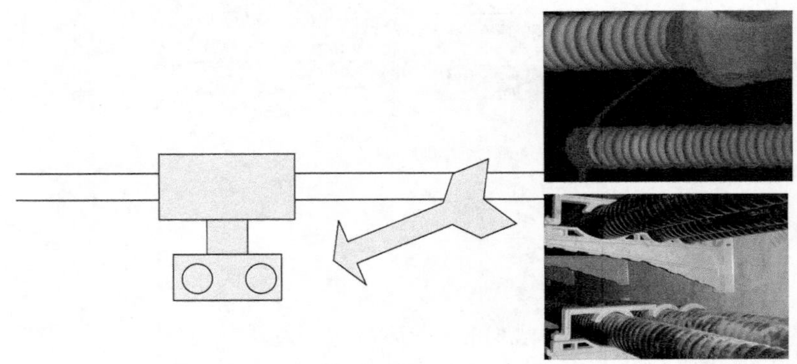

图 6-8　特殊设备的红外精测示意图

红外普测的应用：正常巡检模式下，机器人采用红外视频方式进行巡检，即不停车检测，可快速定性室内超出温度阈值的设备区域，抓拍红外热成像图，并自动生成区域设备报警信息。

红外精测主要应用于以下情况与设备。

（1）机器人在红外普测过程中检测到异常发热点时，将自动启动对该异常发热设备的精确测温，实施进一步的故障排查。

（2）电缆设备检修投运后、新设备试运行期间，对设备进行精确测温监控。

（3）电缆线路过负荷等情况下，尤其需要对相应设备进行精确测温。

（4）精确测温时，机器人会从多个方位对电缆设备的多个关键部分进行全面监控。以电缆交叉互联接地箱为例，可以对多个接线处进行精确测温。

系统可自动保存每次测温数据，并结合设备台账形成历史测温曲线，便于运维人员对缺陷设备进行诊断分析。

红外热像仪内置于云台，对隧道内线缆、接头、模块箱等设备进行热监控，生成设备热成像图，提前预判设备状态，指导工作人员完成对设备的预知性维护，其技术参数如表 6-4 所示。

基于红外热诊断技术，可准确判断各类设备温度是否异常，发现各类电流致热性故障，实时监控包括线缆、模块箱、温感光纤等各类设备的外表温度。

表 6-4　红外热像仪主要参数

成像和光学数据	视场	25°×18.8°
	空间分辨率	1.36mrad
	镜头识别	自动
	热灵敏度	＜0.05℃（30℃时）
	图像帧频	60Hz，30Hz，9Hz
	调焦方式	自动或手动
探测器参数	探测器类型	焦平面阵列（focal plane array，FPA），非制冷微热量型
	波长范围	7.5～13μm
	人体辨认距离	＞20m
	红外图像分辨率	640 像素×480 像素
测量	测温范围	−20～+300℃
	精度	±2℃或读数的±2%
电源	外部电源	12/24V DC，24W 最大额定值
	电压容许范围	10～30V DC
	连接器类型	2 针螺丝端子

注：DC 表示直流（direct current）。

2. 可见光图像检测

巡检过程中，可见光摄像机拍摄设备外观照片，并传输到后台，使用数字图像处理技术对采集的设备外观图像进行分析和特征处理，并使用模式识别技术得出设备外观疑似缺陷。

可见光摄像机将隧道内环境的视频和照片传送至后台，进行外观的识别分析。采用图像处理和模式识别技术，对开关的闭合状态监测和指定仪表示数的自动读取，对线缆的表皮外观，以及测温光纤是否被遮盖进行识别判定，其技术参数如表 6-5 所示。

表 6-5　可见光摄像机技术参数

摄像机	传感器类型	1/2.8″逐行扫描互补金属氧化物半导体
	信号系统	逐行倒相制式或美国国家电视标准委员会制式
	日夜转换模式	双滤光片切换器式
	信噪比	大于 52dB
	电子快门	1/1s～1/30000s
	数字变倍	12 倍
	分辨率	50Hz：25 帧/s（1920 像素×1080 像素）；60Hz：30 帧/s（1920 像素×1080 像素）
镜头	焦距	4.5～135mm，30 倍光学变倍
	光圈	F1.6～F4.4
	水平视角	65.1°～2.34°（广角～望远）
	近摄距	10～1500mm（广角～望远）
	变倍速度	大约 3s（光学）
图像	最大图像尺寸	最大分辨率可达 1920 像素×1080 像素
压缩标准	视频压缩标准	H.264/MJPEG
	压缩输出码率	32kbit/s～12Mbit/s
	音频压缩标准	G.722.1、G.711-A law、G.711-μ law、MP2L2、G.726
网络功能	智能报警	移动侦测、遮挡报警
	支持协议	TCP/IP、HTTP、DHCP、DNS、DDNS、RTP、RTSP、PPPoE、SMTP、NTP、UPnP、SNMP、FTP、802.1x、QoS、HTTPS、IPv6（SIP、SRTP 可选）
电源	电源供应	12V DC，±10%
	功耗	静态 2.5W，动态 4.5W

设备外观异常识别是利用图像预处理、模式识别及纹理分析等相关技术，通过对设备图像进行检测，从而判断设备的外观是否异常，是否被遮盖。

外观异常检测用于：甄别隧道内指定区域是否有外来异物，是否有电缆护层破损、接地箱损坏等缺陷；把有异物区域和正常区域智能分类，并获取识别结果。

3. 环境气体检测

隧道内环境封闭，空气流动性差、温度较高、湿度较大、易积水，易出现氧气含量低，硫化氢、一氧化碳等气体含量高，火情产生烟雾等，对人身安全和设备安全产生危害。

移动智能巡检机器人搭载了多种气体传感器，可对环境气体含量进行实时准确测量，其技术参数如表 6-6 所示。

表 6-6　气体传感器技术参数

环境 O_2 含量检测	检测范围（体积分数）：0～30%
	分辨能力（体积分数）：1%
	响应时间：小于 30s
	工作寿命：不短于 2 年
环境 H_2S 含量检测	检测范围：0～100μL/L
	分辨能力：1μL/L
	响应时间：小于 30s
	工作寿命：不小于 2 年
环境 CO 含量检测	检测范围：0～2000μL/L
	分辨能力：1μL/L
	响应时间：小于 30s
	工作寿命：不短于 2 年
环境 CH_4 含量检测	检测范围：0～100%爆炸下限或 0～5.0%甲烷浓度
	分辨能力：1%爆炸下限
	响应时间：小于 20s
	工作寿命：不短于 2 年

有害气体含量、氧气含量、烟雾含量监测具有自动归零校准功能，可以实时监测周围环境各种气体和烟雾浓度，当浓度超出安全区间时在本地和远程中心管理平台进行声光报警，各气体传感器检测结果用于后续分析判断。巡检机器人搭载多种气体传感器，采用现行模拟电压输出，通过 RS-485 总线接入机器人系统。

4. 环境温湿度检测

电缆隧道巡检机器人搭载温湿度一体化传感器，可实时对隧道环境进行温湿度信息采集，通过 RS-485 总线与系统通信，将信息实时传递回控制中心，上传至控制后台，再由数据处理中心完成综合分析与诊断，提供分析决策依据，其技术参数如表 6-7 所示。

表 6-7　温湿度传感器技术参数

环境温度检测	测量范围：–40～＋125℃
	测量精度：±0.1℃（25℃典型值）
	重复测量精度：±0.2℃
	长期漂移：＜0.1℃/年
	响应时间：小于 5s（典型值）
环境湿度检测	测量范围：0～100%相对湿度
	分辨能力：1%相对湿度
	测量精度：±2%相对湿度（典型值）
	重复测量精度：1%相对湿度
	长期漂移：＜1%相对湿度/年
	响应时间：小于 5s

6.2.2　其他基础功能

机器人基础功能包括自检、电源管理、对讲警告和无线通信等。这些功能具体描述如表 6-8 所示。

表 6-8　轨道机器人基础功能

功能	功能简述
自检	巡检机器人具备自检功能，发生设备故障，自动生成故障代码上传至后台；后台系统接收、解析故障代码，将故障设备“剔除”通信网络，防止故障设备“拉死”通信总线
无线通信	采用多接入点（access point，AP）的无线漫游技术来连接后台与前端机器人本体，无线设备采用支持 802.11ac 标准的高性能、高带宽无线设备，支持 802.11n 的多进多出（multiple input multiple output，MIMO）技术。机器人本体以及后台具有心跳报文报警机制，当无线通信出现断路时，后台记录故障时间，并将上一时刻数据存储到存储设备
运行控制	巡检机器人准确及时接收本地、远程监控后台的控制指令，响应云台转动、车体运动、自动充电和设备检测等功能，及时反馈状态信息；如长时间接收不到后台控制命令，机器人将自主降速停车，以保证安全

续表

功能	功能简述
电源管理	巡检机器人采用锂电池供电方式，结合室内布置的分布式充电站，可为机器人提供安全可靠的电力保障。充电站可根据室内现场工况灵活布置。机器人任务执行间隔或低电量时自动回到就近充电站充电，单次充电可连续运行不低于 2km，且预留应急电量，在低电量时启动应急电量后还可以再运行不低于 0.5km。在隧道入口处设置充电站，以方便机器人的检修
对讲警告	巡检机器人自身携带语音设备，配合高清摄像机，可实现监控后台与室内现场人员的音视频信息交互；音视频对讲系统可在不同层级监控后台使用，实现指挥中心的快速组建
定位、定速	巡检机器人可根据室内环境及任务计划，智能判断最佳行进速度。包括匀速巡检、准确到位、紧急事件高速行进、遇障自动减速停车，及时告警等功能 巡检机器人对后台开放速度控制接口，后台可设定巡视任务，自主规划机器人运行速度。机器人本体具有超声波探测、触边防撞等安全装置，运行遇到人员、设备等障碍物时，自主减速、停车，并将故障信息上报
安全防撞	巡检机器人具备防碰撞功能，在行走过程中如遇到障碍物应及时停止，在自主模式下障碍物移除后应能恢复行走

1. 电源管理

电源管理系统是智能巡检机器人的重要组成部分，为各部件供电，并监控系统电能，对机器人的正常运行至关重要，如图 6-9 所示。机器人采用锂电池供电，分布式布置充电站，为机器人提供安全可靠的电能补给。

1）电压监测

机器人内部具有高精度电压监测组件，监测电压精度≤0.01V，能够精确估算锂电池剩余电量，为系统运行提供准确电量评估。

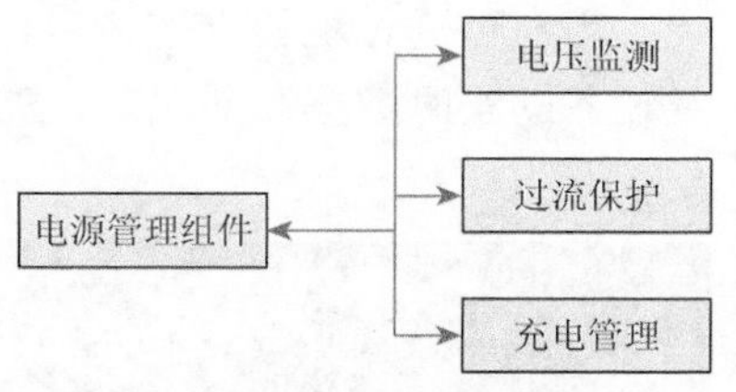

图 6-9　电源管理系统结构

2）过流保护

机器人电源管理组件具有过流保护以及熔断机制。当机器人驱动电机“卡死”时，电源管理系统将启动过流熔断机制，限制异常功率组件对电池系统造成损害，这样可以有效保护锂电池，延长电池系统使用寿命。

3）充电管理

锂电池电量低于安全阈值，电源管理系统在后台显示电池电量状态，如无紧急状况，机器人自主前往就近充电站充电。机器人充电时，依然处于“待命”状态，若室内出现紧急情况需要巡视，机器人将随时结束充电，执行巡视任务。

充电站可根据隧道内现场工况灵活布置。

轨道机器人采用防水接插头实现接触式充电。基本充电策略为：充电机构充分接触后，发送控制信号，接通电源充电；在非充电状态时，充电插座不带电，充电插口关闭，避免带电接触引起电火花，以及充电插座长期暴露引起的腐蚀、击穿放电等危险和损坏状况。

2. 位置检测

机器人定位，采用 RFID 定位的方法，即采用预置传感器，对设定的工作位置进行精确定位。

当智能巡检机器人接近任务点时，提前减速、停止，调整云台转向，对任务点设备进行信息采集。

智能巡检机器人在运动过程中通过伺服电机编码器、定位检测传感器和定位 RFID 标签结合的方式进行定位。

6.3　系统软件设计

用户一方面需要能够了解机器人当前的状态信息、设备检测结果及任务运行情况，另一方面需要据此来选择做出什么样的操作。

6.3.1　实时监控主界面

用户可通过机器人巡检后台主界面查看机器人巡检系统的视频、任务计划以及设备的实时数据和曲线等，如图 6-10 所示。

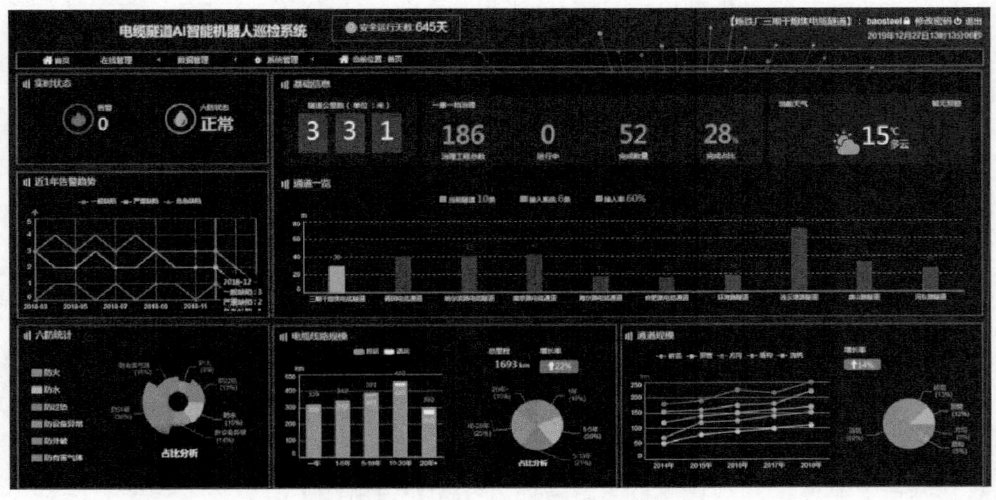

图 6-10　系统主界面展示

巡检任务运行时，任务管理栏可实时展示本次任务运行的进度以及当前正在检测的设备名称，视频窗口配合展示可见光摄像机和红外热像仪实时的图像，采集到设备的信息后，综合微气象信息，通过模式识别给出设备的巡检结果和报警数据。报警在后台以报警语音提示和报警文字闪烁的方式提醒用户及时确认并处理异常信息。同时，用户可根据设备巡检结果或者经验选取关注的设备，被选取的设备在界面上展示最近一段时间的历史曲线，并实时更新最新的检测结果，用户可直观地看到设备最近一段时间的运行状况。界面具备任务定制、控制平台、查询统计、特巡任务等功能切换。

系统主界面主要展示：安全运行天数、菜单、用户名、修改密码、退出、实时状态、告警趋势、六防统计、基础信息、通道一览，以及电缆线路规模和通道规模等。

实时监控页面主要负责监控整条隧道或线路的实时状态，如图 6-11 和图 6-12 所示。主要包括隧道/线路中任务执行状况、设备检测结果、六防检测结果、告警总数等。

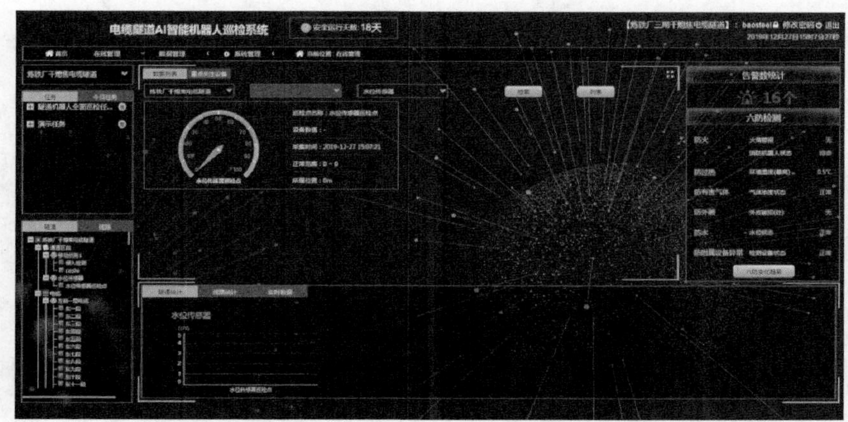

图 6-11　实时监控展示页面

6.3.2　机器人设备控制

机器人运行情况下，可通过查看机器人网络、电量、超声、充电、电源是否上电等状态及实时视频来实现其功能，所显示项目可根据运维需求自主配置。当用户需要了解任务运行情况时，可查看当前机器人运行的巡检任务、任务进度、检测的设备，如图 6-13 所示。对应地可以播放机器人可见光及红外视频，同时辅助设备控制界面可以显示机器人辅助设备相关信息，如图 6-14 所示。

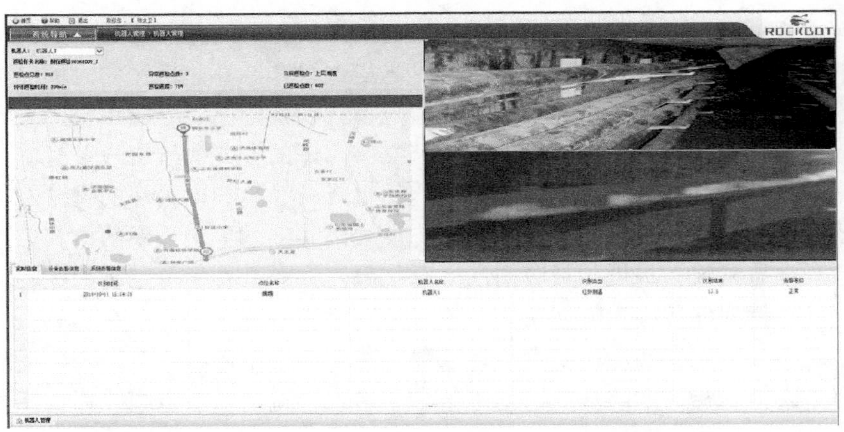

图 6-12　实时监控界面

图 6-13　任务运行状态

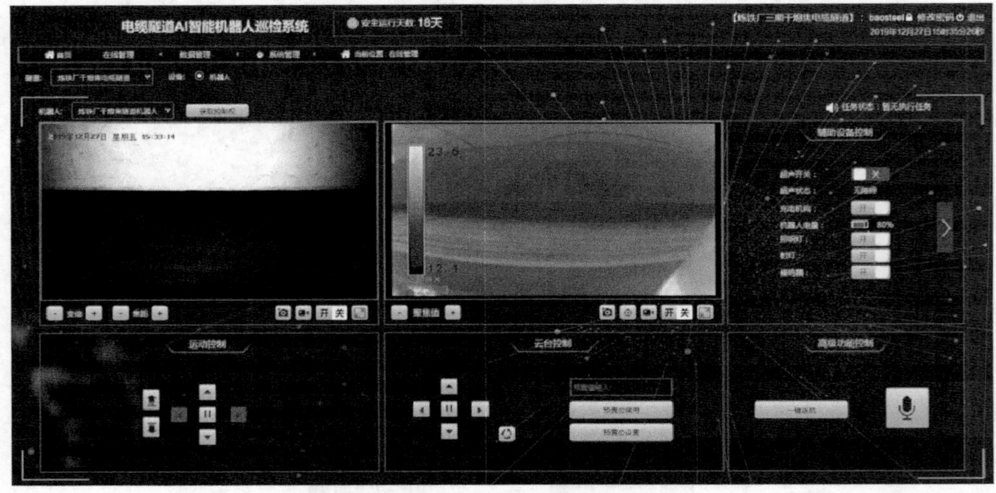

图 6-14　设备控制界面

设备控制操作步骤包括如下。

（1）点击获取控制权，提示获取机器人控制权成功。

（2）在获取到机器人控制权后，点击辅助设备控制界面上的按钮，可对机器人的辅助设备进行操作。

（3）在运动控制界面，点击箭头按钮，可对机器人运动方向进行控制，在输入框中输入速度数值，可控制机器人行进速度。

（4）在云台控制界面，点击箭头按钮，可对机器人的云台进行控制；输入预置位，点击云台控制中的按钮，可对云台上预置位进行控制。

（5）在高级功能控制界面，点击一键返航按钮，可对机器人运动进行控制；点击语音按钮，可显示语音界面，实现机器人语音播放音量调节、开启/关闭语音对讲、对讲信息录音等功能。

6.3.3　巡检任务管理

巡检任务管理可实现巡检任务信息展示、巡检任务执行、巡检任务分配和各类功能按键控制功能，如图 6-15 所示。

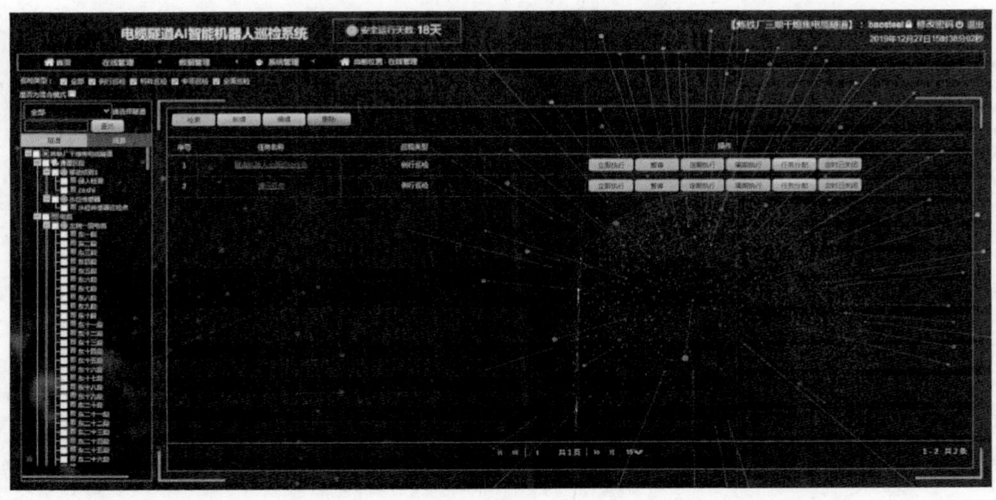

图 6-15　巡检任务管理界面

在一览列表中，点击数据的“任务名称”一栏，会弹出该条任务的相信信息，如图 6-16 所示。

点击“周期执行”会跳转到周期执行界面，如图 6-17 所示。选择周期之后，选择月、周、开始日期之后，每年这个时候都会执行任务。选择并设置间隔时间之后，会每隔这个时间执行任务，如图 6-17 所示。

巡视任务详细界面

任务名称：　隧道机器人全面巡检任务

巡检类型：　例行巡检

检测模式：　未定义

序号	通道or线路	设备名称	检测点
1	炼铁厂干熄焦电缆隧道	左侧一层电缆	东一段
2	炼铁厂干熄焦电缆隧道	左侧二层电缆	东一段
3	炼铁厂干熄焦电缆隧道	左侧三层电缆	东一段
4	炼铁厂干熄焦电缆隧道	左侧四层电缆	东一段
5	炼铁厂干熄焦电缆隧道	右侧一层电缆	东一段
6	炼铁厂干熄焦电缆隧道	右侧二层电缆	东一段

返回

图 6-16　任务详细界面

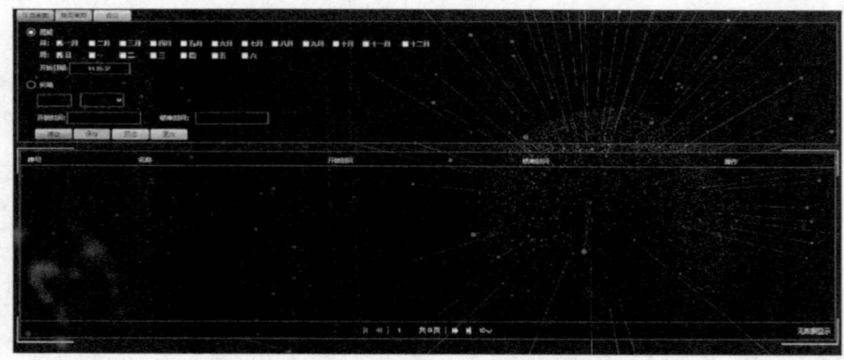

图 6-17　周期执行界面

1. 今日任务信息

点击“今日任务”中的信息，在下方会展示与该条任务相关的机器人信息，点击机器人信息会显示机器人的详细信息，如图 6-18 所示。

2. 任务详细信息

点击“今日任务”中的“详细”按钮，会弹出执行完的任务的详细信息，如图 6-19 所示。

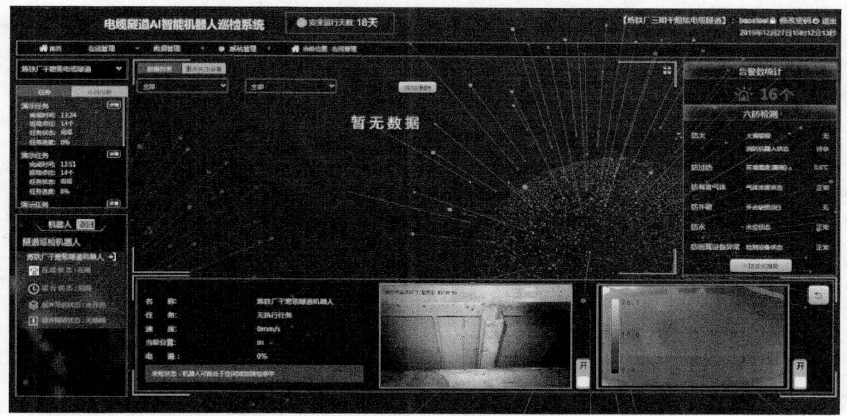

图 6-18　机器人详细信息

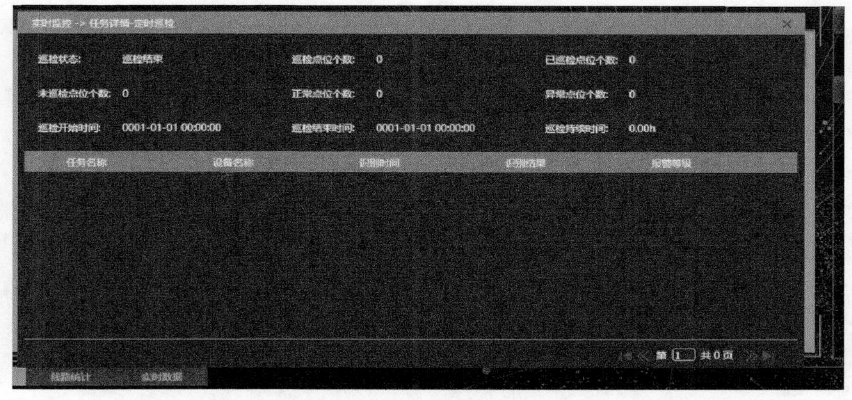

图 6-19　任务的详细信息

6.3.4　数据处理功能

1. 数据接入

室内智能巡检机器人后台系统支持多线程并发，可同时接入视频数据、环境数据、机器人数据等。

（1）视频数据：同时接入并展示多种视频数据，包括可见光视频、红外视频等，支持多机器人视频接入，采用网络录像机（network video recorder，NVR）转发，以最大限度地保证视频资源的清晰度及流畅性。

（2）环境数据：同时接入各环境监测数据，通过一体化传感器、串口服务器、网络并发服务等方式支持多传感器并发读取，保证环境数据采集的准确性、实时性。

（3）机器人数据：同时支持多种、多台巡检机器人接入，支持多机器人同时运行同时检测，保证数据的同步性及准确性。

2. 数据分析

隧道内的各种数据接入后，机器人巡检系统可支持实时报警分析、历史缺陷跟踪。系统能够实时监测室内的情况，并生成设备温度等巡检报表和缺陷报警异常报表，提供设备缺陷或故障原因分析及处理方案，并自动将巡检数据和缺陷报警信息发送到信息管理系统，协助运维人员及时确认并处理报警信息，提高设备缺陷的应急处理能力，如图 6-20 所示。

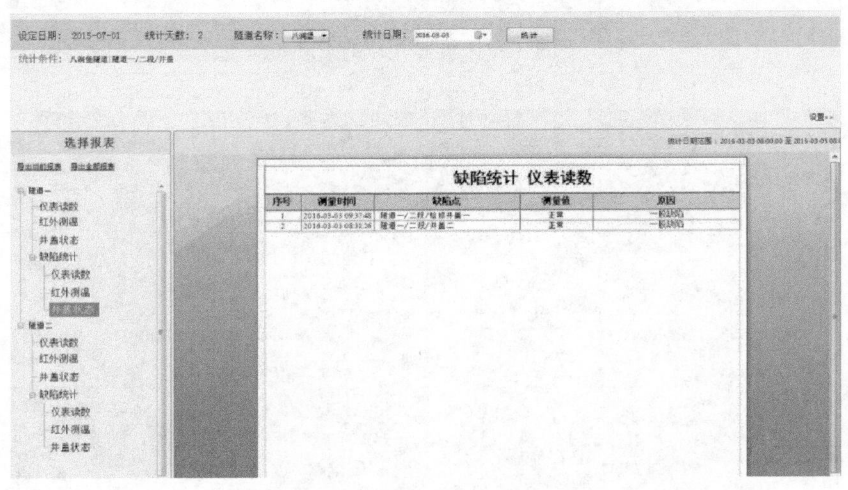

图 6-20　设备缺陷管理

3. 数据展示

机器人巡检系统提供多样化的数据展示方案。

（1）多种数据查询方式，用户可自定义条件进行数据查询展示，也可通过快速模式快速定位室内单个设备或特定区域设备的数据。

（2）设备报告、任务报告、红外图谱报告、多设备报表、日常报表、月度报表等多种报表格式，部分报表可支持用户自定义格式进行替换。

（3）数据审核：机器人巡检系统为用户提供多种数据校验机制、巡检数据审核、报表审核、数据校正等各种功能，审核后的报表可直接导出本地或通过打印机打印，可明显减轻工作人员工作量，提升工作效率。

4. 外部接口

机器人巡检系统数据传输、交互支持多种系统、多种通信方式及通信协议；提供标准接口协议，如 WebService 方式；并支持多种通信协议，如常用网络通信协议、常用串口通信 Modbus 协议等，以及数据库交互、文件交互等；可面向不同系统、不同用户提供数据交互功能。

6.3.5　移动端

移动端可以访问机器人巡检系统服务后台，在移动端上查看轨道式电缆智能巡检机器人的运行数据，包括巡检数据、机器人状态信息和告警数据；还可进一步查看原始数据（机器人巡检过程中采集的可见光图片和红外测温图片等）。移动端可以接收系统服务后台推送的告警通知，如缺陷报警、环境异常报警、人员进入通知等，通过互联网协议（internet protocol，IP）访问 NVR 查看机器人或固定点摄像机的实时视频（需布置 NVR），如图 6-21 所示。

图 6-21　实时视频访问界面

第 7 章 电缆隧道机器人全自主巡检技术

7.1 视觉精细定位技术

视觉定位系统采用单目相机加双目相机的方案，其中单目相机负责识别目标，双目相机根据识别结果测量目标的三维信息，具体原理如下。

单目相机采集电缆图像得到电缆特征，构成电缆数据集，并对数据集利用标注框进行目标标注，同时划分训练集和测试集；用电缆数据集中的训练集和测试集对神经网络进行训练，得到用于检测电缆目标的网络权重参数，并将用于检测电缆目标的网络权重参数部署到边缘设备，用于电缆目标的检测；利用更新权重参数的神经网络模型，对单目相机实时采集的电缆图像进行目标检测，同时双目相机实时拍摄，生成对应的深度图；检测目标后，将单目相机图像与双目相机深度图对齐，根据单目相机识别目标的像素坐标，读取对应深度图中相同坐标的深度值，并根据双目相机内参，求取目标三维坐标。

7.1.1 技术原理

双目相机求取三维坐标的原理可概括为：先由两个相机求出目标点的深度信息，然后根据其中一个相机的成像信息即可求解另外两维坐标。

图 7-1 为双目相机的成像，左右相机焦距、光圈以及曝光时间等参数相同。双目相机安装后距离一定，物体在双目相机各自成像平面成像，I_1、I_2为各自光心在像素坐标中的位置，M_1、M_2为以各自光心为参考点坐标系下的像点，根据M_1、M_2的坐标差就可以得到目标位置在双目相机两个像平面上的视差，记为d，已知左右相机基线长度为b，则

$$M_1M_2 = b + d$$

定义O_1、O_2分别为右相机光心、左相机（主相机）光心，则有

$$MO_1 / MM_1 = MO_1 / (MO_1 + O_1M_1) = b / (b + d)$$

进一步得到

$$MO_1 / O_1M_1 = b / d$$

则景深信息为

$$Z / O_1I_1 = MO_1 / O_1M_1 = b / d$$
$$Z = bf / d$$

式中，Z 为深度信息；f 为相机的焦距。

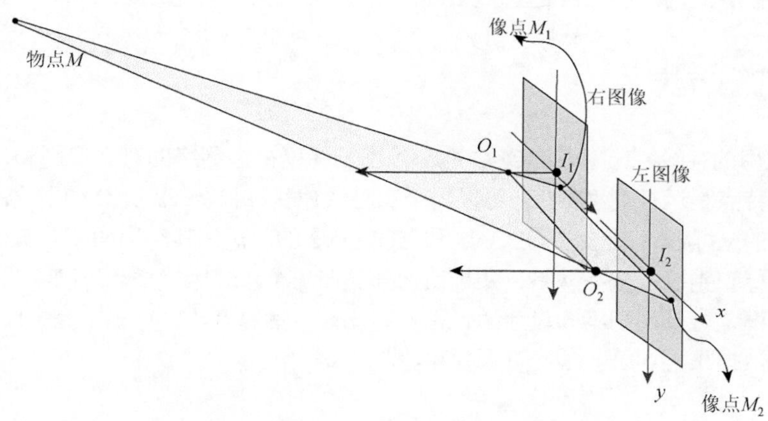

图 7-1　双目相机的成像

图 7-2 为双目相机恢复景深信息示意图。两方向坐标求解公式为

$$X / x_1 = Z / f$$
$$X = x_1Z / f$$
$$Y / y_1 = Z / f$$
$$Y = y_1Z / f$$

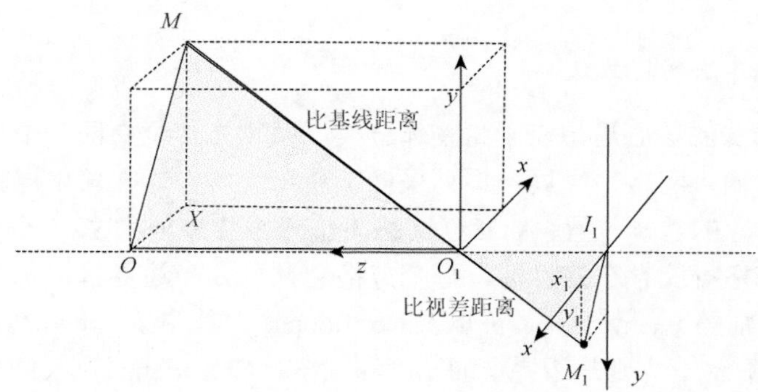

图 7-2　双目相机恢复景深信息示意图

三维坐标求解公式如下：

$$Z = bf / d$$

$$X = x_1 Z / f$$
$$Y = y_1 Z / f$$

式中，x_1、y_1 是检测目标在主相机中的像点。所求 X、Y、Z 即电缆目标物理位置在主相机坐标系下的三维坐标表示。

7.1.2　实现方法

所采用的神经网络算法YOLO是一种基于深度神经网络的对象识别和定位算法，其最大的特点是运行速度很快，可以用于实时快速目标检测。YOLO v3 网络即 YOLO 系列网络的 v3 版本，是对 YOLO v1 和 YOLO v2 的改进。其结构如图 7-3，该网络是一种多目标识别以及分类网络，并且识别分类在一个步骤中完成。该网络具有不同尺寸的先验框，可以识别不同尺寸的目标，因此该算法速度快，准确率高，而且可以根据自定义数据集再训练，适应性强，可移植性好。

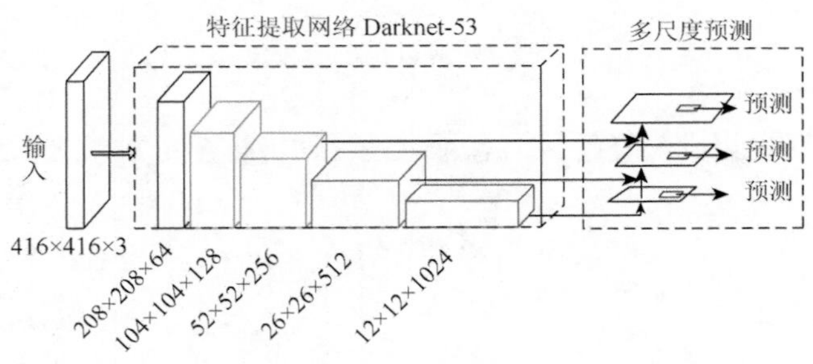

图 7-3　YOLO v3 网络结构[14]

1. YOLO 算法实现方法

YOLO 算法的核心思想在于将物体分类以及物体定位在同一个步骤中完成，将待检测图片输入网络，经过一系列采样、卷积等操作，在输出层输出预测目标的类别以及对应的目标位置。YOLO 网络将输入图片划分为 $S \times S$ 个方格，每个方格负责检测方格可能存在的目标。每个方格会预测 B 个边界框，每个边界框包含 5 个信息，分别是 x、y、w、h 以及 Confidence。其中 x、y 分别表示边界框的中心坐标位置，w、h 则是边界框的宽度和高度，Confidence 则反映了当前边界框是含有物体的置信度 Pr(object)，以及预测物体位置的准确性 IOU，计算方式如下：

$$\text{Confidence} = \Pr(\text{object}) \times \text{IOU}$$

如果边界框中不存在目标，则 $\Pr(\text{object}) = 0$，则 $\text{Confidence} = 0$。如果边界框中存在目标，则 $\Pr(\text{object}) = 1$，再根据边界框和正确训练数据计算 IOU。此外，

每个方格还会预测 C 个类别概率，来分别表示方格中目标属于不同类别的概率，YOLO 网络最终输出的维度是 $S\times S\times(B\times 5+C)$ 。

2. 网络结构

YOLO v3 网络相比前两个版本，v3 使用更加复杂的 Darknet-53 框架，它借鉴了残差网络的做法，在一些层之间设置了快捷链路，结构如图 7-4 所示。该网络采用 $256\times 256\times 3$ 的特征图作为输入，网络结构最左侧一列的数字 1、2、8 等表示有多少个残差组件，每个残差组件有两个卷积层和一个快捷链路，残差组件结构如图 7-5 所示。

	类型	输出通道数	卷积核	输出特征图大小	
	Softmax			1000	
	全连接			1000	
	平均池化	1024	全局池化	1×1	
4×残差块	残差			8×8	C0
	卷积	1024	3×3		
	卷积	512	1×1		
	卷积	1024	3×3/2	8×8	
8×残差块	残差			16×16	C1
	卷积	512	3×3		
	卷积	256	1×1		
	卷积	512	3×3/2	16×16	
8×残差块	残差			32×32	C2
	卷积	256	3×3		
	卷积	128	1×1		
	卷积	256	3×3/2	32×32	
2×残差块	残差			64×64	
	卷积	128	3×3		
	卷积	64	1×1		
	卷积	128	3×3/2	64×64	
1×残差块	残差			128×128	
	卷积	64	3×3		
	卷积	32	1×1		
	卷积	64	3×3/2	128×128	
	卷积	32	3×3	256×256	

图 7-4　Darknet-53 结构图

Softmax 是归一化指数函数

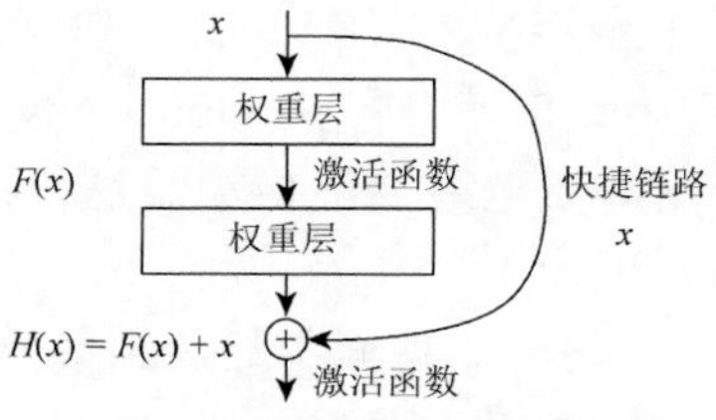

图 7-5　残差组件结构图

残差是指实际值与估计值之间的差值，在深度学习模型中可以通过拟合残差的方法使得模型更加精准。理论上分析，网络结构越深，提取到的特征越抽象，学习的效果也应该越好，但是当传统网络堆到一定深度时，模型的准确率却会下降。这是因为在深层网络中的主要问题是梯度弥散与梯度爆炸，传统的解决方案是数据的初始化以及正则化，这样虽然解决了梯度问题，却让网络的深度增加了，这就带来另外一个问题——退化问题。对于一个最优拟合的浅层网络，如果再增加一些网络层，那么网络的效果反而会变差，因为新加入的这些层的权重不会都是 1，就不会实现恒等映射。残差网络就用来解决退化问题。

对于一个传统网络，当输入为 x 时，将其学习到的特征表示为 $H(x)$，这种网络结构在结构较深的时候就会出现退化问题。对于残差网络，将输入叠加到下层的输出，这样网络学习到的特征就是 $H(x)=F(x)+x$，此时网络就会学习到 $H(x)=F(x)-x$ 的残差特征，从而拥有更好的性能。即使残差为 0，该网络也会进行恒等映射，不会出现退化问题。

7.2 基于视觉融合的电缆缺陷检测技术

基于视觉融合的电缆缺陷检测技术，重点突破融合时空连续性与语义信息的全卷积神经网络电缆缺陷识别诊断技术，提出视觉检测识别算法，实现对电缆及附属设备缺陷的高识别率。研究过程主要有两项产出：①高识别率的电缆缺陷检测算法；②承载已压缩算法的边缘计算盒子设备。

卷积神经网络是一类包含卷积计算且具有深度结构的前馈神经网络，具有表征学习能力[15]。卷积神经网络仿造生物的视觉机制构建，可以进行监督学习和非监督学习，其隐含层内的卷积核参数共享和层间连接的稀疏性使得卷积神经网络能够以较小的计算量对格点化特征（如像素和音频）进行学习，有稳定的效果且对数据没有额外的特征工程[16]。

目标检测是计算机视觉领域经典任务之一，识别输入图片中有哪些物体以及物体的坐标位置。基于卷积神经网络（convolutional neural network，CNN）的目标检测算法框架为，将输入的图片经过一个 CNN 得到特征映射[17]，然后将该特征映射分别连接多个全连接层（有多少个物体类别就有多少个输出，背景也算作一类）。算法 Faster R-CNN（Region-CNN）是当前业界目标检测算法中的范式。该算法及其变形在电缆缺陷检测算法的应用是本书研究中主要探索方向。

语义分割是指把图像中的每一个像素都划分到某一个类别上，从像素级别理解图像。语义分割在本书研究中有两个应用：①作为二级模型，基于设备目标检测的结果进一步判断设备状态，勾勒出故障区域；②用于检测形状不规则的隧道元件，如电缆。

模型量化是一种能够有效减少模型大小，加速深度学习推理的优化技术。本书设计的算法将在 ARM 架构移动端边缘盒子中进行推理，因此需要添加量化步骤。模型量化有 8、4、2、1 位等，可采用目前相对比较成熟的 8 位低精度推理。模型量化中“量化”是指将一个原本 FP32 的浮点数张量转化成一个 int8 或 uint8 张量来处理。

7.2.1　技术原理

1. 二维卷积神经网络

目前，二维卷积神经网络应用较广，其主要构成为输入层、卷积层、池化层、全连接层和输出层。卷积层可实现局部连接和权值共享，是整个网络结构的核心。使用卷积核对卷积层输入进行运算，并且选用激活函数解决收敛速度慢和过拟合问题。池化层为卷积之后的常见操作，用于归纳整合卷积层后获得的信息，减少后续步骤的计算量，从而能够整体提高效率，还能有效控制过拟合现象。全连接层通常出现在整个神经网络的最后一层或几层，能够对输入的特征图进行加权处理，整合其输入层中的类别区分性特征，检测输入特征与特定类别的匹配程度，在整个卷积神经网络中起到了分类器的作用，最终给每个类别输出概率。

2. Faster R-CNN

Faster R-CNN 主要分为四个部分：卷积层、区域提名网络、感兴趣区域池化、分类回归网络。

（1）卷积层。一般的骨干分类模型。在图片输入到卷积层之前，会先缩放到一定的尺寸，然后利用卷积层提取特征图。

（2）区域提名网络。用于生成区域提名。该层通过归一化指数函数 Softmax 判断锚框是否属于正样本，再利用包围框四角值回归修正，获得精确的提名区域。

（3）感兴趣区域池化。收集输入的特征映射和提名区域，归纳综合这些信息后提取区域提名特征映射中的目标特征，然后送入后续全连接层判定目标类别。

（4）分类回归网络。利用区域提名特征映射计算提名区域的类别，同时再次经过包围框四角点回归，获得检测框最终的精确位置。其中，回归的损失函数是 Smooth L1 Loss，分类的损失函数是交叉熵损失。

3. 全卷积神经网络算法

不同于初期深度学习在语义分割上的应用是基于原图切块分类，2014 年提出的全卷积神经网络（fully convolutional network，FCN）算法将网络的全连接层用卷积代替，最后获得一张 2 维的特征映射，并通过 Softmax 获得每个像素点的分类信息，从而使得网络可处理任意图像的语义分割任务，且速度显著提升。端到端像素级语义分割的输出大小和输入图像大小一致，而传统的卷积加池化结构会缩小图片尺寸。进一步地，在编解码结构中引入反卷积操作，能够对缩小后的特征进行上采样，使其满足分割要求。

7.2.2　实现方法

1. 基于 FCN 的电缆本体图像分割

在基于 FCN 的电缆缺陷识别研究应用过程中，收集像素级标注电缆本体图像数据共 108 张。其中训练集 96 张，测试集 12 张。电缆识别的准确率为 93.63%，如图 7-6～图 7-8 所示。计划收集电缆缺陷数据后，添加级联模型，实现电缆故障缺陷高效识别。

2. 对方向自适应目标检测算法的探索

引入电网场景的常见目标检测算法有：基于区域提名的二阶算法 Faster R-CNN 系列和常用的一阶 YOLO 系列算法等。采用目标检测与分类的级联检测识别输电线路玻璃绝缘子串自爆缺陷，以及通过数据集解决样本过少问题，实现架空输电线路异物检测，这些算法仍有两项技术难点尚待优化——轴向检测机制和锚框机制。

图 7-6　隧道电缆检测原图

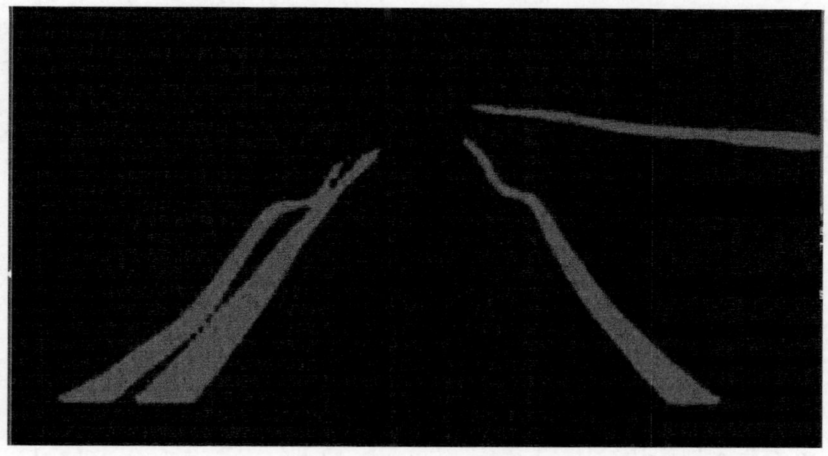

图 7-7　电缆隧道掩膜标注图

图 7-8　电缆隧道 FCN 算法检测效果图

可尝试采用基于 CenterNet 的方向自适应检测器 Rot-CenterNet。通过添加一个用于回归角度的检测头，实现有向检测框。同时引入平均绝对值误差计算其损失。其次，设计可变形卷积网络的空洞金字塔池化（deformable convolutionla network-atrous spatial pyramid pooling，DCN-ASPP）模块，实现感受野随目标设备的形状和角度方向自动调整。该检测器将提供三个骨干网络以适应不同算力的电网应用场景，分别为保持高分辨率表征的 HRNet、参数量少且实现精度与速度极致性价比的 EfficientNet 和大多数边缘芯片均支持的经典网络 ResNet[18]。

该检测器的主要贡献可以概括如下。

（1）提出更适用于电网巡检的单阶无锚框有向检测器 Rot-CenterNet，有效降低设备漏检率。

（2）加入旋转特征提取模块，有效解决感受野错位问题，更充分提取设备状态特征，无须级联网络检测设备状态，同时在损失函数中加入 IOU 因子。

（3）检测器具备泛化能力，在遥感类数据集中同样表现出色，后期可迁移应用于多种电网应用场景。

7.3 基于机器学习的高鲁棒性视觉导航技术

7.3.1 技术原理

1. 复杂环境下机器人全景感知技术

同步定位与地图构建（simultaneous localization and mapping，SLAM）主要用于解决机器人在从事各种工程或者科研活动中自身定位、环境感知和地图构建的问题。经典的 SLAM 框架如图 7-9 所示。

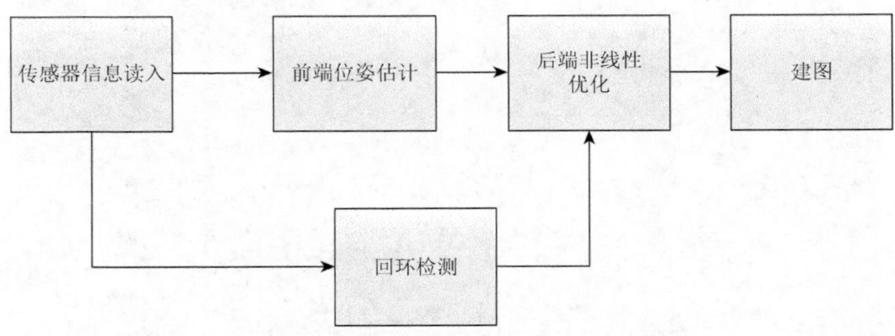

图 7-9 经典 SLAM 框架

传感器信息读入：读入前端视觉传感器的图像并进行预处理（对图像进行滤波去噪或增强），在本节智能巡检机器人的设计中，同时读入的还包括了惯性测量单元（inertial measurement unit，IMU）的信息，并对二者进行时间戳上的对齐。

前端位姿估计：机器人依据图像间的相似性（特征点或灰度）和运动特性估计相机自身的位置变换以及姿态变换（合称位姿变换），进行特征描述和表达形成局部地图。

后端非线性优化：后端接收前端所传递的位姿信息以及回环判定信息联合估计全局位姿，剔除里程计存在的漂流误差，得到全局一致的地图。

回环检测：判断智能巡检机器人是否到达过同一个位置，并在后端对全局地图进行优化。

建图：将得到的特征信息和自身位姿融合为三维空间中的位置，累积合成电缆隧道的三维地图。

视觉 SLAM（visual-inertial system-SLAM，VINS- SLAM）是融合相机和 IMU 数据实现 SLAM 的算法，根据融合框架的区别又分为紧耦合和松耦合。松耦合中视觉运动估计和惯导运动估计系统是两个独立的模块，将每个模块的输出结果进行融合；而紧耦合则是使用两个传感器的原始数据共同估计一组变量，传感器噪声也是相互影响的，紧耦合算法比较复杂，但充分利用了传感器数据，可以实现更好的效果。

移动机器人要完成自主导航、避障、运动规划等，要确定自身的位置和姿态以及环境的全景感知和地图构建，因此 SLAM 技术也越来越广泛地应用于自主移动机器人以实现更智能化的导航定位与运动规划，并实现复杂环境下的无障碍自由运行。以下主要以 SLAM 技术为代表叙述复杂环境下机器人全景感知技术现状和发展趋势。

1）SLAM 技术现状

随着计算机视觉的发展，2006 年视觉 SLAM 作为 SLAM 技术一个新的分支被提出并受到研究者的关注，2012 年视觉 SLAM 成为机器人领域的热点问题。技术实现层面上，SLAM 逐渐被划分为两个部分：一个是前端部分，通过传感器的观测来获取相关信息，主要涉及计算机视觉及信号处理相关理论，如图像的特征提取与匹配等；另一个是后端处理，对获取的信息进行筛选优化并得到有效信息，其中几何、图论、优化、概率估计等都是所涵盖的研究内容，主要涉及滤波与非线性优化，如回环检测、位姿图优化[19]。移动机器人 SLAM 要解决的关键问题主要是不确定性、数据关联和环境地图表达，目前的研究开发主要集中在基于卡尔曼滤波的算法研究、基于粒子滤波器的算法研究以及视觉 SLAM 在机器人视觉场景应用。

基于概率估计的 SLAM 的应用环境、地图表示主要是在二维空间，而在三维空间的扩展有所局限。视觉 SLAM 最开始使用的外部传感器主要有声呐和激光雷达，具有分辨率高、抗有源干扰能力强等优点，但其工作受到了环境的约束，如 GPS 信号在有遮挡情况下的不稳定或衰减等。由于 SLAM 主要在未知环境下完成，我们无从获知环境信息，而相机能够获取精准直观的环境信息且成本低、功耗小。根据相机工作方式的不同，可分为单目相机、双目相机和 RGB-D 相机。视觉 SLAM 的先驱 Davison 在 2007 年提出了 MonoSLAM，是第一个基于扩展卡尔曼滤波器（extended Kalman filter，EKF）的实时单目视觉系统，以 EKF 为后端来追踪前端非常稀疏的特征点。随着开源方案的增多，还有一些算法也逐渐普及，表 7-1 列出了视觉 SLAM 的几种典型方法的特点及优缺点。视觉传感器很好地利用了丰富的环境信息，实现了从早期二维地图到三维地图的转化，丰富了地图信息，扩展了应用领域，有着很大的实用价值，但在现实环境下还存在鲁棒性和高适应性方面的技术挑战。

表 7-1　视觉 SLAM 五种典型方法介绍

方法	传感器形式	特点
MonoSLAM（2007）	单目	每个特征点的位置服从高斯分布并用椭圆形式表达其均值和不确定性，在投影椭圆中主动搜索特征点进行匹配，后端采用扩展卡尔曼滤波器进行优化
PTAM（2007）	单目	将跟踪和建图作为两个独立的任务并在两个线程进行处理，后端采用非线性优化为主而不是滤波
LSD-SLAM（2014）	单目、双目、RGB-D	RGB-D 直接法在半稠密单目 SLAM 的应用，直接提取像素特征而非特征点，构建的地图有明显像素梯度
RTAM-MAP（2014）	RGB-D	建立实时的稠密地图
ORB-SLAM2（2015）	单目、双目、RGB-D	提出三线程结构，即特征点的实时跟踪、地图创建及局部优化、地图全局优化

2）SLAM 发展趋势

从硬件上分析：结合多种传感器来实现组合定位是目前主要的发展趋势。例如，IMU 与相机的结合，能够提供相机快速运动下较好的估计。虽然这种方法目前尚处于试验阶段，但是这样的结合为 SLAM 提供了解决鲁棒性和环境适应性问题的非常有效方法，能够应用在复杂的机器人全景感知与导航定位现实场景中。

从软件算法上分析：不断融合深度学习是目前主要的发展趋势。随着深度学习在人工智能领域的发展，通过与 SLAM 的结合能够实现对图像更加准确的识别、检测，使得机器人能够更有效地识别环境信息，能够更加准确地估计机器人位姿状态。深度学习与 SLAM 相结合来处理视觉信息并更充分理解环境是未来研究趋势。

从应用层面上分析：环境地图的构建与呈现形式更合乎实际机器人应用场景[20]。针对不同的任务需求以及场景环境都能对应相应的地图形式，更好地实现机器人在未知不确定性环境中的应用，从而更智能地完成机器人导航定位、运动规划与自主控制。

2. *应用需求*

电缆隧道巡检机器人主体配备了 3D 立体视觉传感器和 IMU。针对电缆隧道复杂电力作业环境下的环境感知的需求，设计了基于 VINS-SLAM 的三维立体视觉稠密重建方案。

一方面，对于电缆隧道机器人的智能巡检任务，需要机器人完成智能自主规划和实时定位避障，对于电缆隧道中管道和通道有一个较为清晰的建模和识别，需要构建较为精细稠密的地图，从而为后续的路径规划与智能避障提供必要的环境基础。

另一方面，由于电缆隧道内部条件封闭，光照不够充分，可能还会出现光照变化较大的场景，在考虑加入点光源作为光照辅助的情况下，由于金属管道的反射特性，可能会导致对比度较高，高光照部分过曝，低光照部分曝光不足，从而让传统 SLAM 重建方案失效，因此在进行三维重建和纹理添加之前，需要对图像进行一定程度的预处理，即图像的纹理性增强。

7.3.2　实现方法

电缆隧道封闭狭长，环境复杂，光照不足，电缆缺陷种类多样，电缆自主巡检机器人适配有强度适宜的光源，机器人机载内置 IMU 的 RGB-D 相机，VINS-SLAM 算法部署在机身内部高性能的嵌入式硬件平台上，环境感知流程通过处理相机实时获取的图像流数据不间断地恢复出电缆隧道内部空间稠密三维环境信息。在此基础上，为提高巡检机器人在电缆隧道内部中的自主巡检能力和检修作业能力以满足后续的路径规划和智能避障问题，依托 ORB-SLAM2 视觉框架，融入 IMU 信息，设计了多传感器融合的环境感知 VINS-SLAM 算法。VINS-SLAM 方案实现电缆隧道环境的场景三维重建以及电缆巡检机器人自身的定位，在避免 IMU 的累积误差的同时还可提高视觉传感器在场景模糊、纹理缺失情形运动中特征点准确紧密追踪的鲁棒性[21]。

设计的 VINS-SLAM 框架采用多线程的方式进行，多线程包括三个并行线程和一个独立的稠密建图线程，其中三个并行线程分别为：跟踪线程、局部建图线程、闭环检测线程[22]。方案框架结构见图 7-10。

上述多线程的功能如下。

（1）跟踪线程：获取电缆隧道巡检机器人相机和 IMU 的测量数据，对连续图像帧和 IMU 传感器采集到的尺度信息、重力信息和速度信息进行预处理。其中视觉传感器部分首先基于特征检测算法和向量创建算法提取特征点，并利用光流法跟踪相邻帧进行位姿初始估计，进行关键帧选取；IMU 预积分对位姿估计进行补偿，同时计算预积分误差的雅可比矩阵和协方差项，避免每次姿态优化调整后重复 IMU 信息的传播。最后，计算非线性优化最小化特征点的重投影误差和 IMU 残差之和。

（2）局部建图线程：获得跟踪线程创建的新关键帧，利用关键帧中图像特征点的位置信息、关键帧之间里程计的相对位姿信息，优化局部地图中的所有位姿和特征点的三维位置。同时，根据匹配的新特征点进行三角化得到新的地图点，并根据统计信息剔除地图中的误差较大的特征点，丢弃冗余的关键帧。

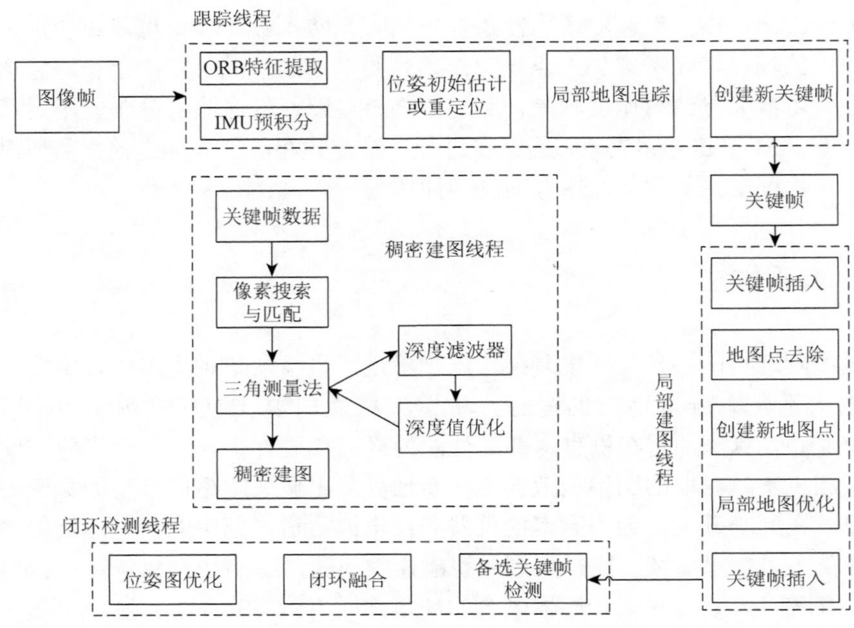

图 7-10　电缆隧道环境内环境感知与定位 VINS-SLAM 框架

（3）闭环检测线程：通过词袋模型匹配对局部建图的关键帧进行处理，在地图中寻找场景近似的已有关键帧（即闭环检测）。当检测到有重复场景时，计算两个关键帧之间的相对尺度和位姿关系，并且根据是否在一个子地图中来进行相应闭环或者子地图合并。

（4）稠密建图线程：利用巡检机器人机载的 RGB-D 相机获取的视频流信息获取每帧场景的深度信息，然后通过深度滤波器优化，提升电缆隧道原始场景的恢复、重建能力。

1. 视觉–惯性组合传感信息预处理

电缆隧道巡检机器人搭载的组合传感装置包含了视觉传感器和 IMU，由于视觉传感器和 IMU 在采样频率和触发起始时刻等方面存在差异，因此要实现视觉惯性传感装置的信息融合，需要对组合传感装置进行硬件同步、联合标定，这是实现电缆隧道内部环境感知的硬件基础。

（1）硬件同步：硬件同步触发线是常见传感器间常用的同步触发方法，多个传感器共享触发线提供的触发信号，使其在同一时间捕获测量值，获得相同的时间戳。由于软件触发存在系统延迟现象，硬件同步触发线的方式能够提供更为精确的时间戳信息[23]。视觉传感器和 IMU 的硬件同步指相机与惯性导航单元在时间戳上进行对齐，为了提升电缆隧道内部环境重建和机器人定位的准确性，设计基于硬件同步触发的硬件同步方法，实现视觉传感器和 IMU 在时间戳上的最优对齐，如图 7-11 所示。

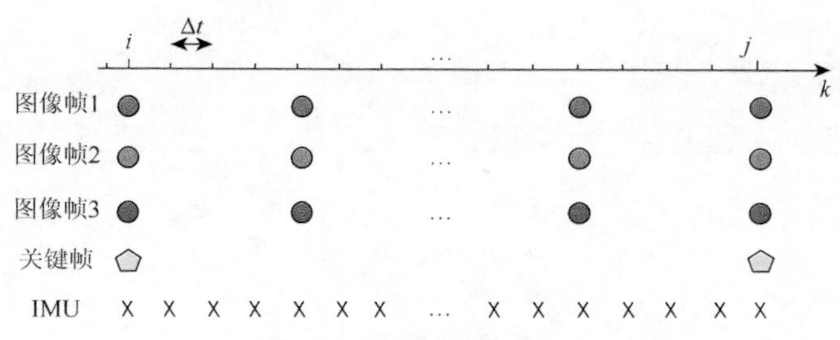

图 7-11　传感器最优对齐状态

X表示 IMU 测量数据信息

通过发送脉冲，触发视觉传感器和 IMU。对于采样频率较高的 IMU 测量数据，计算这些测量数据的时间戳，并且在特定的图像采集频率，通过触发线去触发相机采集新的图像。将 IMU 的时间戳以及触发计数器数据传输到处理端，使相机根据 IMU 时间戳校准图像的时间戳，实现视觉传感器和 IMU 的硬件同步。

（2）联合标定：在完成电缆隧道巡检机器人的视觉传感器和 IMU 硬件同步后，还需要对视觉传感器和 IMU 进行联合标定。相机的内参、相机的外参以及相机-IMU 外参都未知，尤其是相机间外参尚且存在非重叠的情况，因此需要进行内、外参的标定。此外，相机的镜头和传感器还存在一定的畸变，这些畸变的参数也需要通过标定来获得。对于视觉传感器的标定，采用棋盘格标定板和 Kalibr 标定工具箱完成[24]；对于视觉传感器和 IMU 的联合标定，设计在线自标定方法，来实现视觉-IMU 的参数在线联合估计。视觉传感器标定流程图如图 7-12 所示。

视觉-IMU 在线自标定方案首先通过线性方式初始化视觉传感器和 IMU 之间的旋转，然后使用概率线性滑动窗口处理相机和 IMU 之间的平移，然后使用高精度的非线性图优化方法修正标定结果；同时，为了防止所有时刻都进行在线标定、消耗计算资源，设定一个标定终止机制，当 IMU 的旋转偏差和平移偏差收敛到设定阈值的时候，终止在线标定，并以当前的标定结果作为后续 VINS-SLAM 的标定参数。在线自标定方案图如图 7-13 所示。

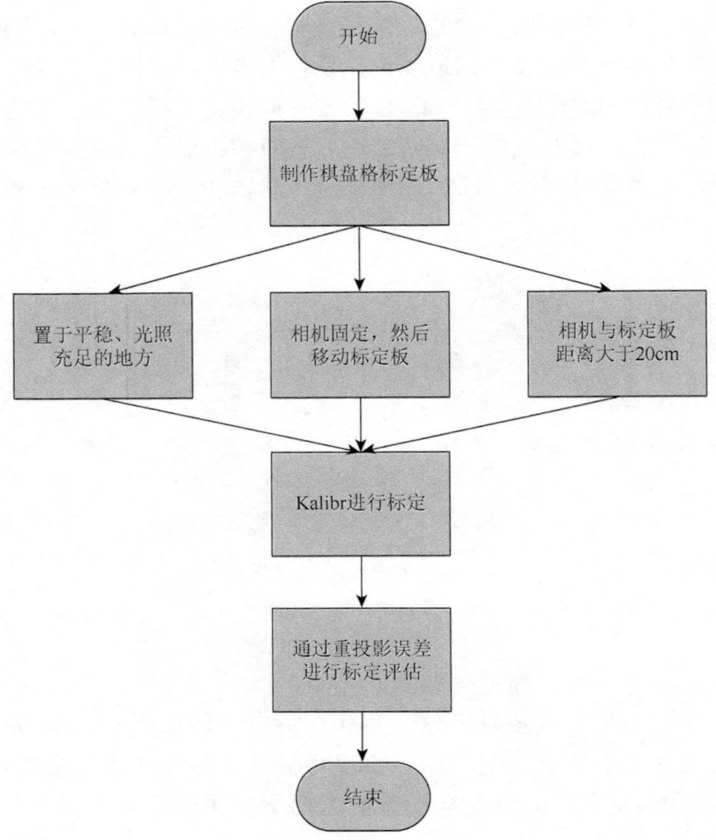

图 7-12　视觉传感器标定流程图

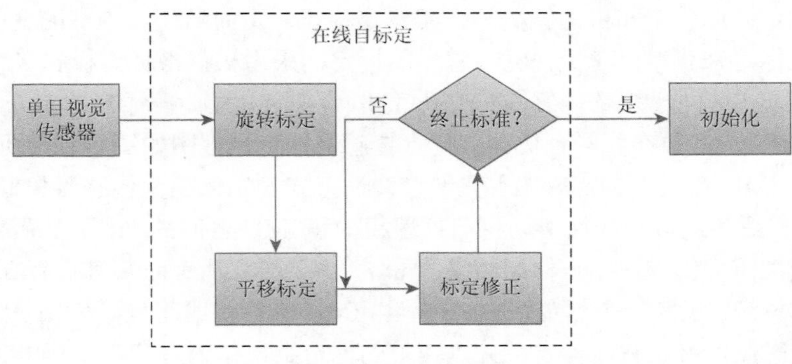

图 7-13　视觉-IMU 在线自标定方案

2. 视觉惯性紧耦合方法

为了实现电缆隧道巡检机器人精准定位，基于视觉惯性组合传感装置设计了如图 7-14 所示的 VINS-SLAM 框架。对于机器人定位需求，可以转换为 SLAM 中的位姿估计问题。目前组合传感器信息融合位姿估计方法主要分为基于滤波器的方法和基于优化的方法[25]：基于滤波器的方法主要有运算实时性高的优势，但缺点是位姿估计的精度较低；基于优化的方法能够获得较高的位姿估计精度，但计算性能需求也较高。由于电缆隧道巡检机器人自身搭载的计算模块能够提供较高的运算能力，基于此设计了基于非线性和状态约束的图优化视觉惯性紧耦合方案，实现柔性臂末端位姿的精准估计[26]。

基于图优化的视觉惯性紧耦合方案相比于基于滤波器的耦合方案具有较高的精度，利于实现电缆隧道巡检机器人的准确定位。针对电缆隧道巡检机器人视觉惯性组合传感器，对图优化模型进行具体化处理，设计出视觉惯性紧耦合方案。定义第 i 帧图像待估计的状态为 $[p_i,v_i,R_i,b_{gi},b_{ai}]$，其中 p_i 为柔性机械臂末端的位置，v_i 为机器人的速度变量，R_i 为机器人的旋转变量，b_{gi} 和 b_{ai} 分别为陀螺仪和加速计的偏移量；除此之外带估计的状态还包括地图路标点的位置 $l_k(k=1,2,\cdots,n)$。另外，图优化中还包括了三种约束：①每一帧的位姿与地图路标点之间的图像特征点观测约束；②相邻关键帧之间的 IMU 预积分约束；③相邻关键帧之间的 IMU 零偏约束。由此，电缆隧道巡检机器人 VINS-SLAM 框架优化紧耦合方案如图 7-14 所示。

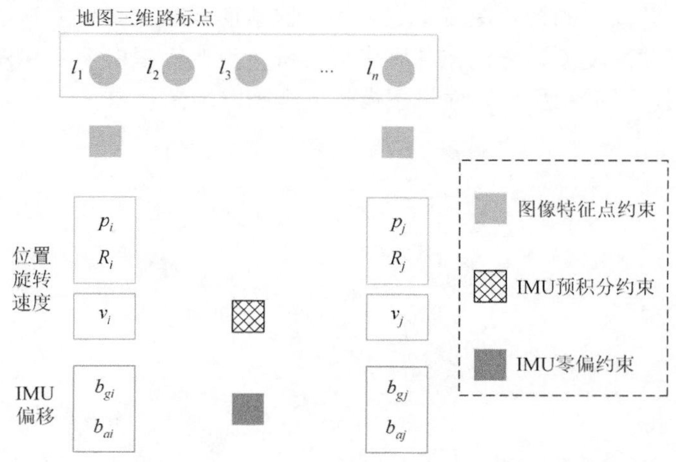

图 7-14　电缆隧道巡检机器人 VINS-SLAM 框架优化紧耦合方案

3. 电缆隧道三维激光建模

RGB-D 惯性 SLAM 方案主要采用三个并行线程和一个独立线程稠密建图的方式，据此实现电缆隧道内部环境的感知和三维稠密建图。其中三个并行线程分别为：跟踪线程、局部建图线程、闭环检测线程。其具体功能介绍如下。

跟踪线程：对视觉传感器采集的图像先进行图像滤波处理（图像预处理），提取 ORB 特征并进行匹配，通过针孔相机模型得到空间点的深度和三维坐标。同时对 IMU 获得的数据进行预积分，得到位姿预估计，依据估计的位姿信息，将局部地图中的路标点投影到当前帧，并在当前帧寻找匹配的特征点，通过最小化特征点的重投影误差和 IMU 残差优化当前帧位姿，并设置条件生成关键帧[27]。

局部建图线程：对跟踪线程中的关键帧进行处理，利用关键帧的路标点，特征点的位置关系对位姿进行优化，同时，剔除地图中新添加的但被观测量少的地图点，随后对共视程度高的关键帧通过三角化恢复地图点，检查关键帧与相邻关键帧的重复地图点，并剔除冗余关键帧。

闭环检测线程：处理局部地图线程插入的关键帧，主要包含三个过程，分别是闭环检测、计算相似变换矩阵和闭环校正。闭环检测通过计算词袋相似得分选取候选关键帧。随后对每个候选关键帧计算相似变换矩阵，通过随机采样一致性选取最优的关键帧，而后通过本质图优化关键帧位姿，最后执行含 IMU 位姿信息的全局捆集调整，得到全局一致性环境地图和相机运行轨迹。

稠密建图线程：对新建立的关键帧执行地图点深度范围搜索，随后在该深度范围内建立匹配代价量，执行立体匹配得到关键帧初始深度图。基于相邻像素深度相近原则，对获得的初始深度图进行相邻像素逆深度融合和填充空缺像素点，通过相邻关键帧深度图融合优化深度信息，进一步执行帧内填充和外点剔除，得到最终深度图，最后利用点云库拼接得到环境稠密地图。

第 8 章　电缆隧道巡检机器人工程实施与应用实践

8.1　轨道安装设计

运行轨道系统由轨道、吊装支架组合及连接附件等组成。图 8-1 所示轨道呈“工”字形，采用工字铝型材，具有强度高、重量轻及耐腐蚀等优点。“工”字形轨道通过支架固定在室内顶部，机器人吊装在轨道上运行。轨道在布设时，尽可能靠近室内顶部，既保证机器人的可巡检高度，又不影响下方人员的通行[28]。

图 8-1　轨道截面示意图

廊道标准段机器人轨道布置方案如图 8-2 所示。在直线段，轨道每 3～4m 设一个吊架。为保证机器人定位精度，每隔一定距离沿轨道设置定位标签。

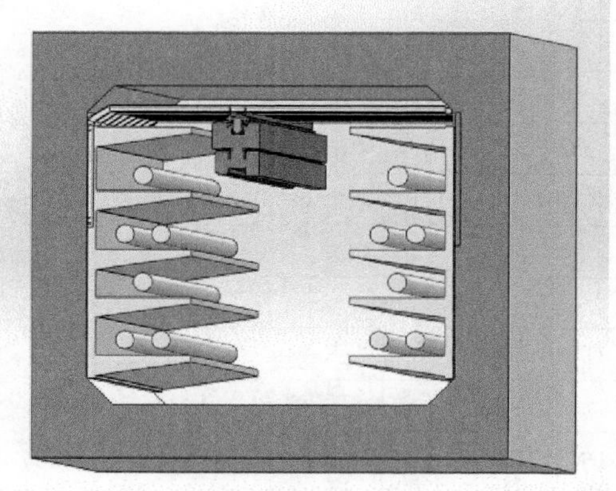

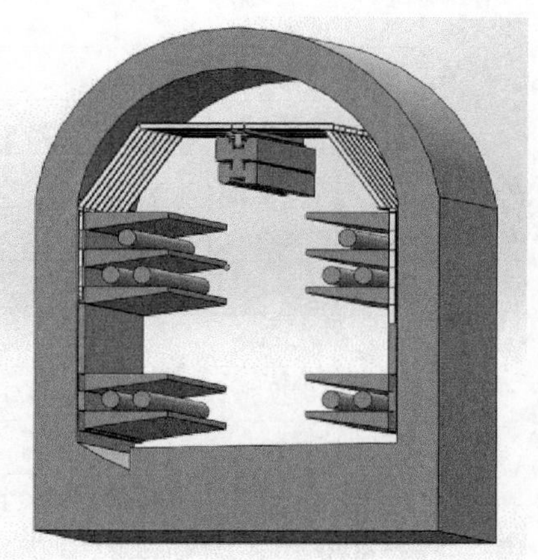

图 8-2　廊道标准段机器人轨道布置方案

8.2 机器人充电及控制系统

1. 机器人自主充电

机器人自主返回充电点的情形：当前任务执行完毕，电压低、接到充电或返回充电点指令。

（1）机器人返回充电时，伸缩杆收回，以较快速度返回。

（2）在充电点就位后，向后台反馈充电点就位指令，等待后台的充电指令（充电座是否带电，由后台控制）。

（3）自主充电时，机器人系统由充电箱供电。

2. 机器人手动充电

（1）操作人员使用专用的充电航空插头，并将航空插头插至机器人充电口。

（2）检查线路后，按下电源按钮，进行充电。

（3）手动充电时，机器人系统不能工作。

3. 机器人控制箱位置设计

每个轨道机器人配备一个机器人控制箱，控制箱为机器人的控制中心和数据处理中心，作为机器人的“大脑”，一般安装在轨道的一端。采用外挂式安装，安装位置以施工时产品说明书为准。

4. 系统取电位置设计

机器人控制箱的整体取电位置采用专用电源供电，室内轨道机器人系统需要外部提供 220V/10A 交流电源作为系统的能量供给，并保证供电的稳定和可靠。具体取电位置需要以施工时产品说明书为准，接电前联系负责人，并在其监督下接电，严禁私自接电。

5. 系统电源线路敷设路径设计

系统的电源线路敷设分为两部分。一部分为轨道至控制箱的电源线路敷设。轨道至控制箱电缆沿墙壁向上，到达支架高度后，沿支架向下布线接入轨道充电座。另一部分为控制箱至取电空开的电源线路敷设。

8.3 附属设施安装与改造

为实现机器人自主巡检，还需在电缆隧道内安装其他附属设施，包括光纤/电缆敷设、人工路标安装（见 8.5 节）、无线充电器安装、无线 AP 接线盒安装等多方面工作。

1. 供电缆和通信光纤敷设

供电缆用于为隧道内新安装电气设备提供电源支持，通信光纤用于构建隧道内的无线通信网。上述线缆需布放在隧道内部已有走线盒中。

2. 无线 AP 接线盒安装

无线 AP 用于实现防火门和机器人之间的无线通信，控制防火门的开合。每个无线 AP 的接入点需要安装接线盒，盒内包括电源（市电）、无线 AP、光纤（入）、光纤（出）、光电转换器等部件。无线 AP 接线盒的安装数量按照如下的原则估计。

（1）距防火门两侧 20～30m 各安装 1 个。

（2）在隧道的直线段，隔 60～70m 安装 1 个。

（3）在拐弯且天线互相不可视的情况下，需要安装 2 个。

8.4　防火门自动穿越安装改造

1. 防火门改造

电缆隧道内部原有防火门为人工旋转把手进行开关，机器人无法自主通过关闭状态的防火门，且门框较窄，宽度仅 600mm，机器人通过时极易导致机体与门框发生碰撞。因此需要对防火门进行改造。

改造采用整体拆除替换方案，即拆除原有门框及防火门，在原有位置替换成高度不变宽度更大的防火门，新防火门高宽尺寸为 1815mm×700mm（门框相应放大）。图 8-3 和图 8-4 是防火门改造方案示意图，改造涉及新安装的零部件装置包括门框、防火门、开门机、配电箱、通信天线、电插锁、光电开关、门禁等。

2. 自动门安装

若机器人需要通过隧道防火墙，则需要增加机器人专用自动门。在隧道内防火墙已预留机器人专用自动门安装位置。

如图 8-5 所示，自动门整体进行现场安装，现场安装需在墙面钻 9 个孔（深度 80mm），9 个化学锚栓安装到孔中（螺杆露出 35mm），通过 9 颗 M8 螺母（含垫片）将自动门固定到化学锚栓上。

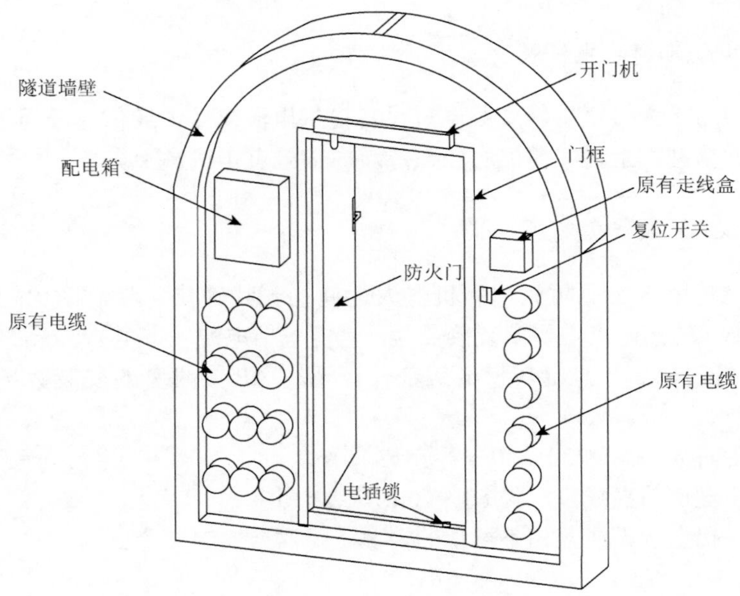

图 8-3　防火门门内侧视角

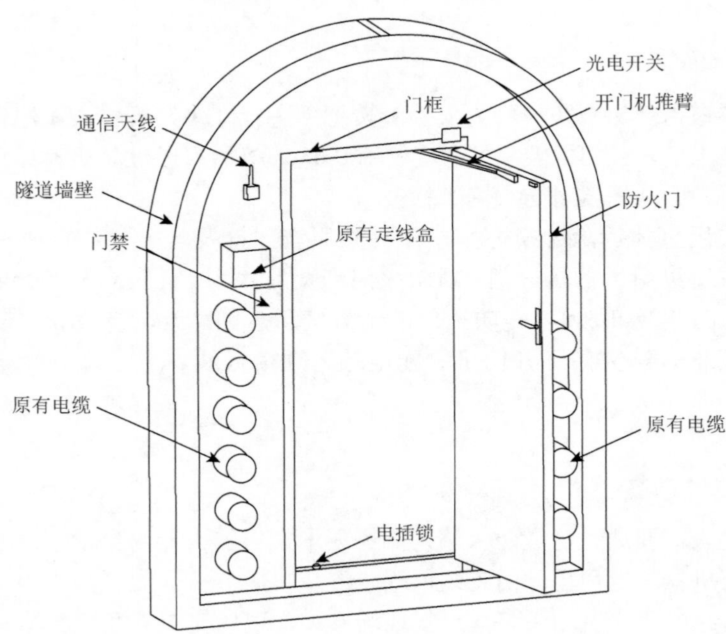

图 8-4　防火门门外侧视角

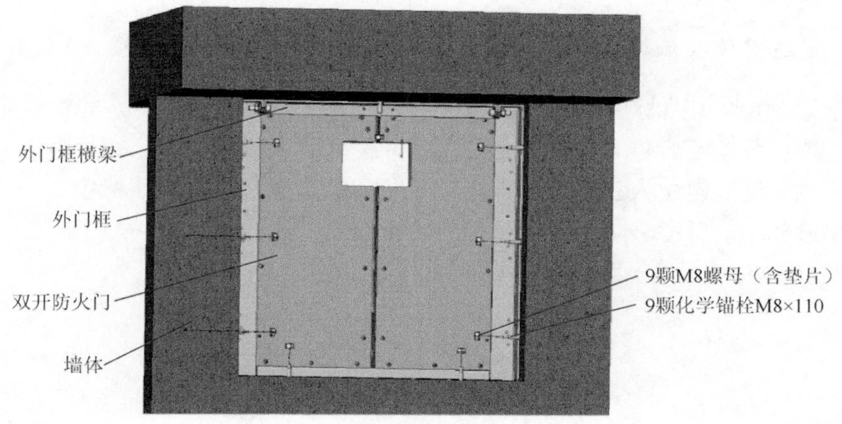

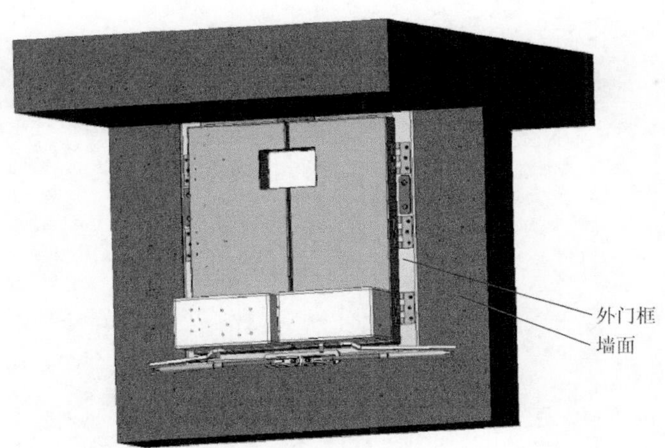

图 8-5　自动门结构示意图

8.5　人工路标安装

1. 过防火门人工路标安装

过防火门人工路标为 1500mm×100mm×10mm（长×宽×厚）的铝合金板，每个防火门的两侧、前后安装 4 条。过防火门人工路标须垂直门框平面、对称门通道、无遮挡，使用螺钉固定安装在电缆支架上。铝合金板中心距水泥台地面 350mm。

2. 通道定位人工路标安装

通道定位人工路标为 200mm×100mm×5mm（长×宽×厚）的铝合金板，安装位置分别是距离防火门内外侧 2m 处、距离防火板端面 2m 处、距离充电器 500mm 处。通道定位人工路标的侧面须平行于通道纵深方向，路标中心距离水泥台地面 1155mm、距离水泥台地面边沿 100mm。

第 9 章　变电站智能机器人巡检系统

变电站智能机器人巡检系统以智能巡检机器人为核心，整合机器人技术、电力设备非接触检测技术、多传感器融合技术、模式识别技术、导航定位技术以及物联网技术等，能够实现变电站全天候、全方位、全自主智能巡检和监控，有效降低人员劳动强度，降低变电站运维成本，提高正常巡检作业和管理的自动化和智能化水平，为智能变电站和无人值守变电站提供创新型的技术检测手段和全方位的安全保障，更快地推进变电站无人值守的进程。

采用机器人技术进行变电站巡检，既具有人工巡检的灵活性、智能性，同时也克服和弥补了人工巡检存在的一些缺陷和不足，更适应智能变电站和无人值守变电站发展的实际需求，具有巨大的优越性，是智能变电站和无人值守变电站巡检技术的发展方向，具有广阔的发展空间和应用前景。

9.1　系 统 架 构

变电站智能机器人巡检系统为网络分布式架构，如图 9-1 所示，整体分为三层，分别为装置层、控制层和远程监控层。装置层由机器人后台、数字录像机、

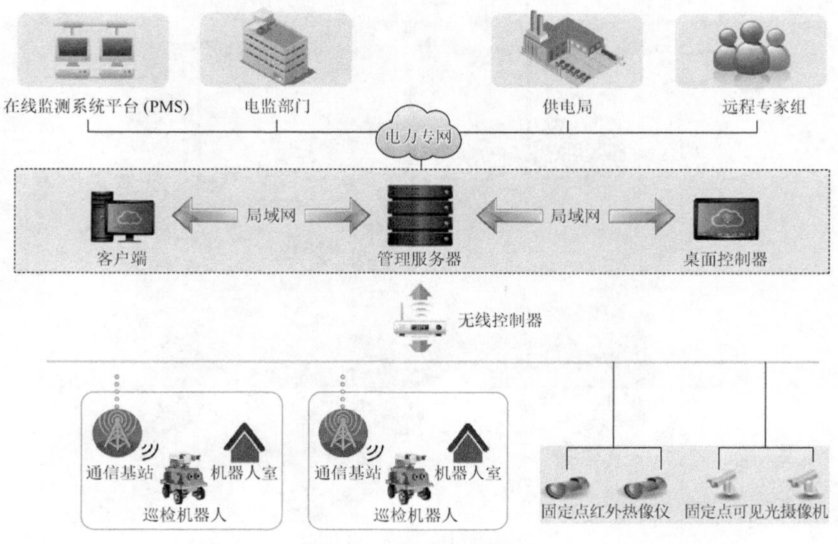

图 9-1　系统架构图

硬件防火墙及智能控制和分析软件系统组成；控制层由网络交换机、无线网桥等设备组成，负责建立装置层与远程监控层的网络通道；远程监控层包括智能巡检机器人、充电室和固定监测点等。

9.2 系统组成

9.2.1 机器人

机器人作为系统的核心部分，集成红外热像仪、可见光摄像机、高灵敏度拾音器等多种传感器，能够在全天候条件下，通过精确的自主导航和设备定位，以全自主或遥控方式，完成预先设定的任务，对变电站进行全方位巡检。

1. 机器人介绍

变电站智能巡检机器人主要由云台、可见光摄像机、红外热像仪、激光导航仪、喇叭/拾音器、锂电池、机壳、驱动轮组及其他结构件和电气设备组成，如图 9-2、图 9-3 和表 9-1 所示。机器人主要通过可见光摄像机和红外热像仪拍摄

图 9-2　智能巡检机器人本体外观图解

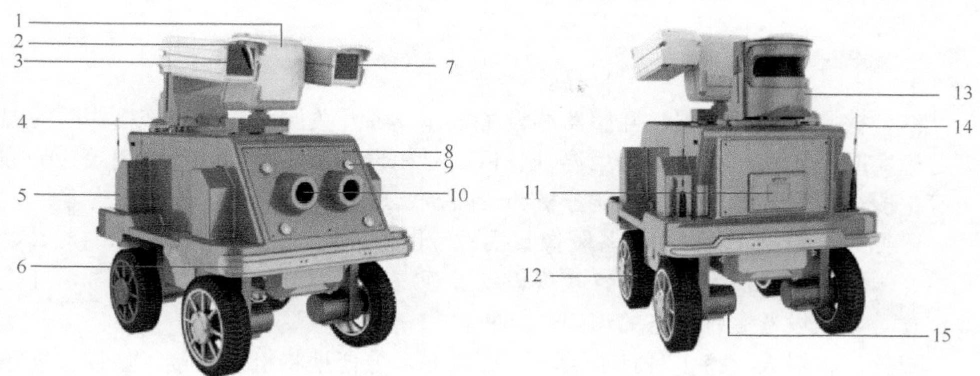

图 9-3　机器人介绍

和识别仪表读数、外观和温度，进而完成对设备全面的自动化检测；云台是可见光摄像机和红外热像仪的运动执行装置，以获取最佳拍摄角度；激光导航仪是机器人的环境、路径感知装置，完成机器的导航和定位，为机器人提供精确的运行路线和位置信息；喇叭拾音器是向机器人喊话的主要功能部件，实现机器人的远程语音交互，以及对设备和周围环境的音频数据采集。

表 9-1　机器人功能部件

序号	名称	描述
1	云台	控制可见光摄像机及红外热像仪的运动
2	雨刷	清理可见光摄像机
3	可见光摄像机	获取可见光图像
4	指示灯	机器人状态指示
5	机壳	机器人外壳
6	安全触边（防撞条）	车身被其他物体撞击后自动停止运动
7	红外热像仪	获取热成像图像并检测当前物体温度
8	检修门	机器人内部部件检修
9	超声传感器	实现机器人测距与避障
10	喇叭/拾音器	机器人发声、发电站内噪声收集识别
11	操作面板盖板	机器人操作面板保护
12	驱动轮组	机器人行走
13	激光导航仪	机器人定位并扫描周围环境生成地图
14	天线	通信设备，数据实时传输
15	驱动转向机构	控制驱动轮组行走

2. 机器人主要功能

红外检测：对变压器、互感器等设备本体及各开关触头、母线连接头等的温度进行实时采集和监控，并采用温升分析、三相设备温升对比、历史记录趋势分析等手段，对设备温度进行智能分析和诊断，实现设备故障识别和自动告警。

可见光检测：对采集的设备图像数据进行图像处理，滤波、消除室外环境（如光照、雨雪等）对图像的影响，实现设备外观、刀闸开合状态、仪表读数、油位计位置等电气设备运行状态的识别、判断。

集控：机器人支持多种行业标准，可以非常方便地将机器人接入集控管理系统，将变电站现场环境、巡检数据和异常告警实时传递到运维驻地、检修公司和调度中心，实现了多站统一协调和集中控制。

3. 机器人主要性能指标

机器人的基本性能、运动性能分别如表 9-2 和表 9-3 所示。

表 9-2　机器人基本性能

序号	指标类别	参数
1	长×宽×高/mm	830×580×870（参考值）
2	重量/kg	90
3	可见光高清相机分辨率	1920 像素×1080 像素
4	红外热像仪分辨率	320 像素×240 像素（可选配 640 像素×480 像素）
5	红外检测设备热灵敏度	＜0.05℃（30℃时）
6	红外检测设备误差	±2%（读数范围）或±2℃
7	控制方式	全自动/手动
8	导航方式	激光导航
9	充电方式	自动/手动
10	续航时间/h	8
11	预置位数量	≥20000

表 9-3　机器人运动性能

序号	指标类别	参数
1	行驶速度/(m/s)	0～1.5
2	重复定位精度/cm	±1
3	爬坡角度/(°)	20

续表

序号	指标类别	参数
4	越障高度/cm	5
5	最小制动距离	＜50cm（0.8m/s）
6	防跌落高度/cm	10
7	涉水深度/mm	100
8	云台活动范围（俯仰）/(°)	−15～90
9	云台活动范围（水平）/(°)	−180～180
10	外壳防护等级	IP55

4. 机器人工作环境要求

机器人的工作环境要求如表 9-4 所示。

表 9-4　机器人工作环境要求

序号	指标类别	内容
1	工作范围	变电站设备区
2	温度范围	−20～50℃
3	最大雨量	大雨
4	最大积雪厚度	50mm
5	最大风力	28m/s
6	路面状况	路面平整，没有障碍物、台阶或沟坎等

9.2.2　自动充电室

作为机器人能源补给场所，机器人充电室内设有自动充电装置，并配有机器人能够自动开启和关闭的门禁系统，外观图如图 9-4 所示，充电箱如图 9-5 所示，充电位置如图 9-6 所示。

1. 机器人充电

机器人操作面板（图 9-7）主要集成机器人的总电源按键、启动按键、调试用 USB 口、调试用网口（RJ45）、充电插座等，便于对机器人进行操作和调试，同时对机器人的主要运行状态进行展示（如电量、系统通电、手动充电等）。运维人员可根据操作面板的状态指示情况，判断机器人的相关运行是否正常。

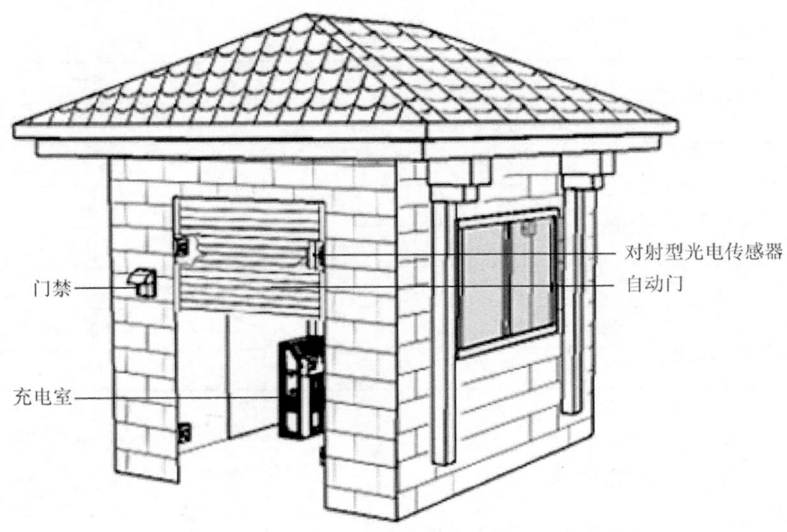

图 9-4　机器人充电室外观图（参考）

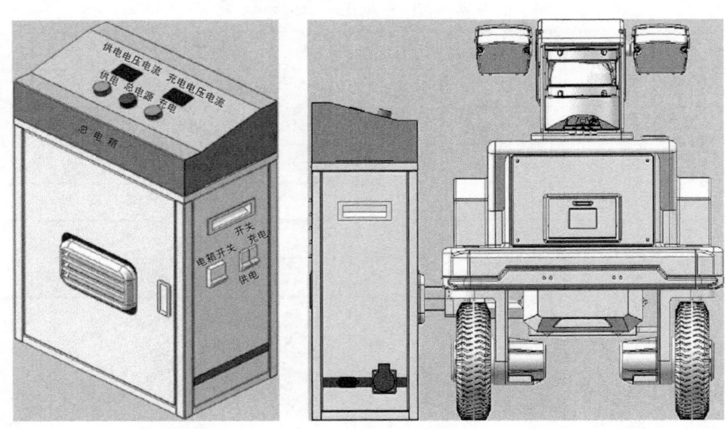

图 9-5　充电箱俯视图　　　　图 9-6　充电位置示意图

图 9-7　操作面板说明

2. 手动充电操作

机器人过度放电，导致机器人关机，需要运维人员给机器人手动充电。

（1）检查充电箱手动充电开关处于断开状态，避免带电插拔打火，冲击机器人控制系统，损伤机器人充电接插件。

（2）将充电插头插入机器人操作面板的充电口。

（3）开启充电箱手动充电开关，机器人充电指示灯亮起，进入手动充电过程。

（4）充电完毕，先关闭充电箱手动充电开关，再拔下充电插头。

（5）检查机器人是否能够正常启动。

3. 遥控充电操作

遥控充电是指通过后台或移动客户端，控制机器人的充电执行机构，完成伸出、接触、收回的全过程动作，主要用于机器人配置、调试或自主充电故障状况。

遥控充电方法如下。

打开总控软件平台或移动终端（手机/平板等）的控制平台→手动控制模式→充电状态，点击开始，观察机器人充电机构的动作状态，当“充电状态”显示“正在充电”时，表明机器人充电成功。

4. 自主充电操作

机器人供电控制模块自主监控电池电量，当机器人电池电量较低时，机器人自主返回充电室，并充电。

充电过程描述如下。

机器人进入充电室行至充电位置→停车→伸出充电装置→充电，充电完毕收回充电装置，待机或继续执行任务。

特别地，充电装置分内置和外置，即充电装置安装于机器人内部，或者安装于充电箱。

注意：

（1）机器人电压过低，在任务执行过程中停车，需要运维人员到现场将机器人推至充电室或临时充电点，进行手动充电；

（2）机器人充电装置执行充电指令，在设定时间内，未向后台发送正常充电状态信息，后台将提示充电异常。

9.2.3　导航定位设施

智能巡检机器人采用激光导航方式，该导航方式具有抗干扰能力强、可靠性高、适应性强等优点，不需要对变电站巡检路线进行改造，是室外移动机器人导航方式的发展趋势。

导航定位设施为机器人在全局路径规划中提供定位和任务信息，包括位置坐标、设备间隔、任务内容。

9.2.4　辅助固定监控系统

针对机器人的个别检测盲点，辅助固定视频和红外监控系统作为智能巡检机器人的有效补充，该系统能够实现与机器人的联动，以实现真正意义上的全方位巡检覆盖。

9.2.5　本地后台监控系统

智能巡检机器人本地后台监控系统是巡检系统就地指挥、控制和监视中心。本地后台监控系统能够对站内设备的可见光视频、红外视频和机器人状态进行实时监视，并通过任务管理和遥控等手段对机器人实施有效管理和控制，提供巡检报表打印、实时数据存储、历史数据查询以及检测数据的分析诊断功能，同时提供站内监控系统和远程监控中心接口，如图 9-8 所示。

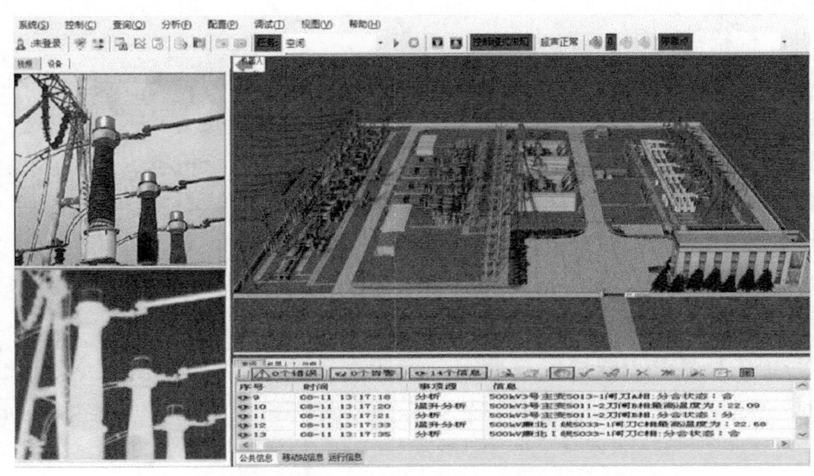

图 9-8　本地后台监控系统

9.2.6　远程集控中心

远程集控中心可以实现跨地域远程指挥、控制和监视智能巡检机器人。远程集控中心同时具备对多个变电站机器人进行监控的功能，创新的低流量实时监控、主辅切换等技术可以为所辖站区内设备的远程状态监测提供有效的辅助手段。

9.3　系统主要功能

9.3.1　常规巡检

变电站智能机器人巡检系统能够以全自主、本地或远程遥控模式代替或辅助人工进行变电站巡检，巡检内容包括设备温度、设备外观、刀闸开合状态、仪表设备噪声等，具有检测方式多样化、智能化、巡检工作标准化、客观性强等特点。同时，系统集巡视内容、时间、路线、报表管理于一体，实现了巡检全过程自动管理，并能够提供数据分析与决策支持。

1. 巡检内容

1）电流及电压致热型设备的热缺陷

变电站智能机器人巡检系统的红外检测系统能够对变压器、互感器等设备本体以及各开关触头、母线连接头等的温度进行实时采集和监控，并采用温升分析、同类或三相设备温升对比、历史趋势分析等手段，对设备温度数据进行智能分析和诊断，实现对设备故障的判别和自动报警。

参照标准：《带电设备红外诊断应用规范》（DL/T 664—2016）。

2）设备外观及状态检测

变电站智能机器人巡检系统具备机器视觉功能。经图像预处理和滤波技术，消除室外环境雨雪、光照等对设备图像清晰度的影响，再通过设备图像精确匹配和模式识别技术，可进行设备外观状态的自动识别（包括外观异常、分合状态、仪表读数以及油位计位置等）。

3）设备运行异常声音检测

变电站智能机器人巡检系统还具备听觉功能。在机器人巡检过程中，通过拾音器采集设备运行中发出的声音，并对声音的时域和频域分析并比对设备异常声音特征库，识别设备内部异常。

2. 运行模式

1）自主巡检

运行人员根据巡检时间、周期、路线、目标、类型（红外、可见光等）灵活进行任务定制，机器人按照定制任务进行自动巡检。

2）定点巡检

运行人员选择部分设备进行巡检，系统自动生成最佳巡检路线并执行定点任务。

3）遥控巡检

运行人员通过后台手动控制界面，控制机器人执行巡检任务。

9.3.2 集控管理

1. 设备操控时与站内监控系统协同联动

变电站智能机器人巡检系统提供与站内监控系统和信息一体化平台接口，能够实现与监控系统的协同联动，在设备操控和事故处理时，通过最优路径规划自动移至目标位置，实时显示被操作对象的图像信息，进一步保证整个过程的可靠实施，减轻工作人员劳动强度。

在进行一键式顺控操作时，机器人可通过模式识别技术，对开关位置进行自动识别，实现被控设备控前及控后位置的自动校核。

2. 就地和远程视频联合巡检

变电站智能机器人巡检系统可通过视频远传、远程控制功能，实现变电站巡检的远程可视化；当变电站进行现场作业时，机器人可灵活移至作业位置，借助该系统的双向语音对讲功能，实现变电站远程视频工作指导。

3. 支持集控管理模式

变电站智能机器人巡检系统远程集控中心，可实现对多个变电站智能机器人巡检系统的统一协调和集中控制，为变电站无人值守模式的推广打下坚实的基础。

9.3.3 设备缺陷管理

系统自动生成设备红外测温和外观异常报表，并自动将巡检数据（温度、分合状态、仪表读数等）和缺陷报警信息上传其他信息管理系统；按设备类型提供设备红外图像库、设备缺陷或故障原因分析及处理方案，协助运行人员积累运行经验，提高设备缺陷识别和处理能力。

9.4　人 机 交 互

9.4.1　运行模式切换

1. 自主巡检

机器人完全自主进行巡检，不需要人为干预，只需要运行前做好任务配置即可，若遇到特殊情况需要让机器人立即执行巡检任务或停止时，才需要以人工方式启动巡检任务和停止巡检任务的操作。

巡检任务界面如图 9-9 所示。

图 9-9　巡检任务界面

1）事项实时反馈

事项中会实时展示机器人运行信息。包括机器人运行位置、检测目标、检测结果、告警信息、错误信息等，通过实时事项可了解机器人的当前运行状态。

2）视频实时传输

可见光视频窗口和红外视频窗口展示实时视频。

3）地图信息

地图中机器人图标随机器人实体运动而运动，表明机器人在地图中的相应位置。当检测到某设备温度过高时，地图相应区域会闪烁报警。

4）声音提示

机器人遇到障碍停止或者没有磁信号等严重问题时，系统会自动发出声音告警，可根据事项中信息反馈作相应处理。

5）任务报表

任务检测完成后，系统会自动弹出报表，展示检测信息，如图 9-10 所示。

0个调试信息 0个错误 29个告警 0个信息

序号	时间	事项源	信息
0	2018-08-24 10:40:12	温升分析	[温升分析] 1123A相 温升 (28.78℃...
1	2018-08-24 10:40:45	温升分析	[温升分析] 生产站生产I线设备II ...
2	2018-08-24 10:41:16	温升分析	[温升分析] 1123A相 温升 (28.54℃...
3	2018-08-24 10:41:49	温升分析	[温升分析] 生产站生产I线设备II ...
4	2018-08-24 10:42:19	温升分析	[温升分析] 1123A相 温升 (28.84℃...
5	2018-08-24 10:42:52	温升分析	[温升分析] 生产站生产I线设备II ...
6	2018-08-24 10:43:21	温升分析	[温升分析] 1123A相 温升 (28.77℃...
7	2018-08-24 10:43:54	温升分析	[温升分析] 生产站生产I线设备II ...
8	2018-08-24 10:44:24	温升分析	[温升分析] 1123A相 温升 (28.67℃...
9	2018-08-24 10:44:57	温升分析	[温升分析] 生产站生产I线设备II ...
10	2018-08-24 10:45:27	温升分析	[温升分析] 1123A相 温升 (28.83℃...
11	2018-08-24 10:46:00	温升分析	[温升分析] 生产站生产I线设备II ...
12	2018-08-24 10:46:30	温升分析	[温升分析] 1123A相 温升 (28.79℃...
13	2018-08-24 10:47:02	温升分析	[温升分析] 生产站生产I线设备II ...
14	2018-08-24 10:47:33	温升分析	[温升分析] 1123A相 温升 (28.79℃...
15	2018-08-24 10:48:06	温升分析	[温升分析] 生产站生产I线设备II ...
16	2018-08-24 10:48:34	温升分析	[温升分析] 1123A相 温升 (28.72℃...
17	2018-08-24 10:49:07	温升分析	[温升分析] 生产站生产I线设备II ...
18	2018-08-24 10:49:36	温升分析	[温升分析] 1123A相 温升 (28.74℃...
19	2018-08-24 10:50:09	温升分析	[温升分析] 生产站生产I线设备II ...
20	2018-08-24 10:50:43	温升分析	[温升分析] 1123A相 温升 (28.60℃...
21	2018-08-24 10:51:18	温升分析	[温升分析] 生产站生产I线设备II ...
22	2018-08-24 10:51:47	温升分析	[温升分析] 1123A相 温升 (28.72℃...
23	2018-08-24 10:52:19	温升分析	[温升分析] 生产站生产I线设备II ...
24	2018-08-24 10:52:49	温升分析	[温升分析] 1123A相 温升 (28.64℃...
25	2018-08-24 10:53:23	温升分析	[温升分析] 生产站生产I线设备II ...
26	2018-08-24 10:53:54	温升分析	[温升分析] 1123A相 温升 (28.84℃...
27	2018-08-24 10:54:27	温升分析	[温升分析] 生产站生产I线设备II ...
28	2018-08-24 10:54:58	温升分析	[温升分析] 1123A相 温升 (28.87℃...

图 9-10　弹出巡检任务报表

2. 手动巡检

需要使用手动控制机器人操作的情况包括：

（1）机器人脱离轨道并希望再次返回轨道；

（2）手动执行巡检任务；

（3）机器人原地转弯；

（4）机器人不按预定动作执行而进行特巡等。

手动控制主界面如图 9-11 所示。

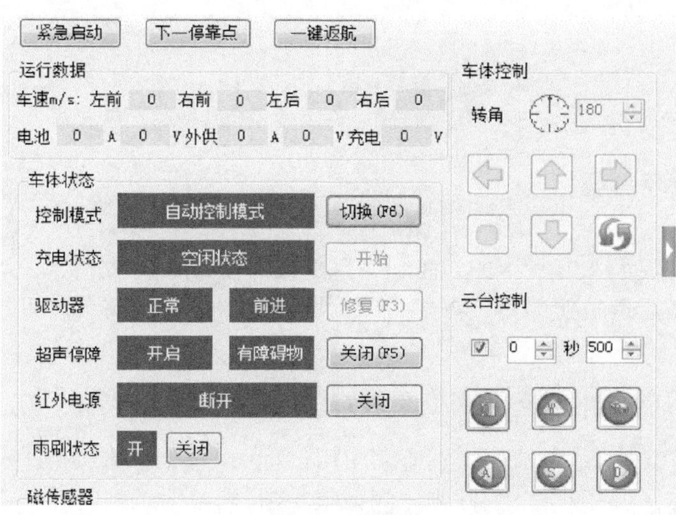

图 9-11　手动控制主界面

1）手动控制车体

进行手动巡检时首先查看控制模式为自动控制模式，这种模式是运行自动规划任务的模式。手动控制巡检机器人，应点击“切换”按钮，之后状态变为手动控制模式，这时可以通过键盘中的四个方向键，控制车体的前、后、左、右运动，空格键为停车。

2）手动控制云台

打开对话框，直接点击云台控制按钮就可进行控制，或通过快捷键——W、S、A、D、Q、R 分别控制上、下、左、右、停止、复位。

9.4.2　视频录制、回放

打开可见光视频右键菜单即可进行可见光录像，如图 9-12 所示。录像完成后，事项中会显示录像存储路径，如图 9-13 所示，双击该事项，点击“导航到…”，即可查看该图片。

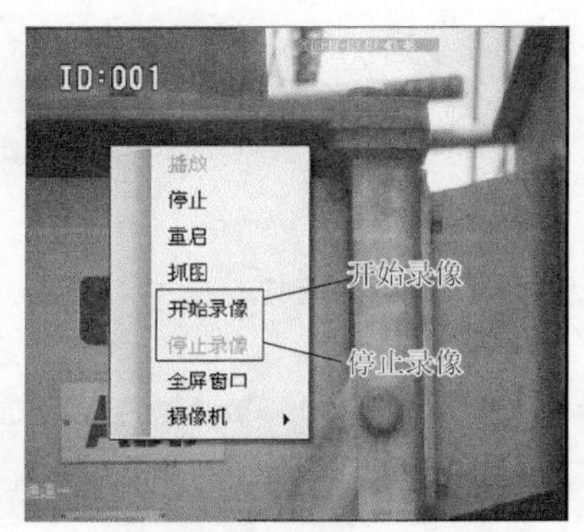

图 9-12　右键菜单

图 9-13　录像存储路径提示

9.4.3　雨刷控制

点击系统界面工具栏中的“控制平台”按钮。如图 9-14 所示，需要开启雨刷时，点击“开启”按钮即可。需要关闭雨刷时，点击“关闭”按钮即可。

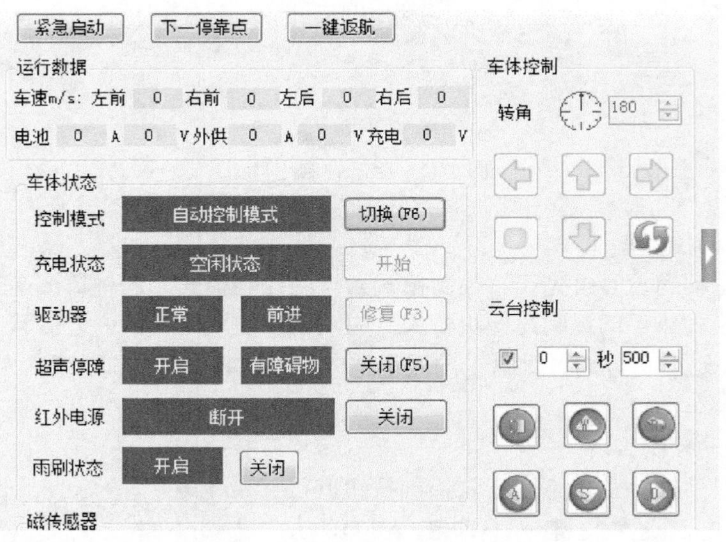

图 9-14　雨刷控制操作

9.4.4　语音对话

1. 收听移动站本体的实时语音

首先确认系统配置工具中音频录制功能是否开启，见图 9-15。打开配置→系统配置工具菜单，查看音频采集功能，选择“是”，并按照提示重启系统。

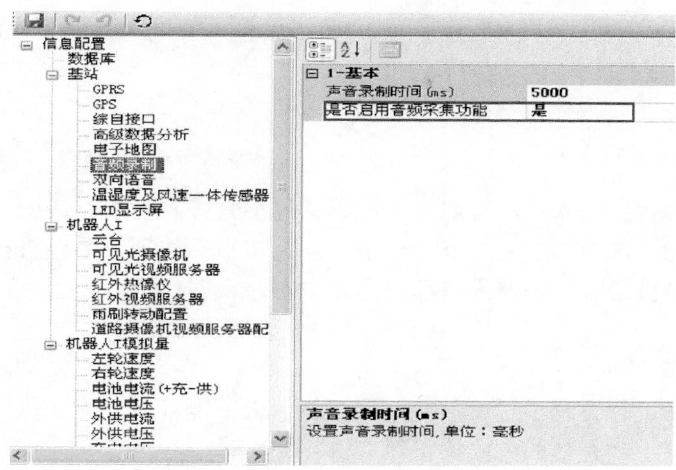

图 9-15　音频录制配置

2. 双向对讲

首先确认系统配置工具中音频录制功能是否开启，如图 9-16 所示。打开配置→系统配置工具菜单，查看双向语音功能，选择“是”，并按照提示重启系统。其次，点击系统界面工具栏中的“打开对讲”按钮，打开对讲功能，“听”表示接收机器人端声音，“说”表示下发语音，可切换实现。

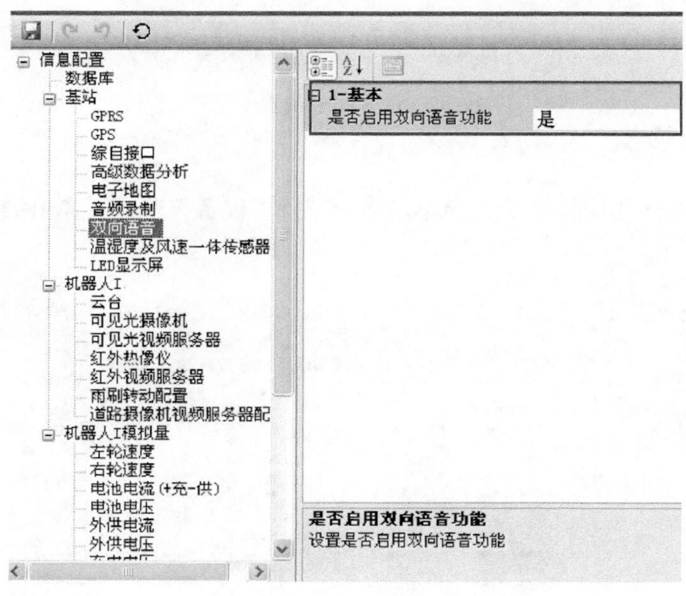

图 9-16　双向语音配置

9.4.5 充电操作

1. 一键返回充电点

首先需确认机器人在运行轨道上，确认已配置好路径规划地图，确认已开启路径规划功能。选择“控制”→“一键返回充电点”选项，系统将自动规划最近路径，下发给机器人，机器人自动返回充电室。

2. 手动充电

机器人在运行过程中过度放电，导致机器人不能开机，无法执行自动充电命令，需要采用手动充电的方式给机器人进行充电。

手动充电步骤如下。

（1）打开机器人尾部电源控制面板，将机器人电源开关按下亮起，机器人处于开/关机状态均可。

（2）将手动充电线两端分别与充电箱及充电面板上的手动充电接口连接。

（3）打开手动充电按钮。此时充电箱上的显示屏会显示此时的充电电流及电压值，说明手动充电成功。

（4）当充电电流小于 4A 时，关闭手动充电开关，将手动充电线收好，将机器人推到充电箱位置，开机，使用主控室后台软件控制机器人自动充电。

9.5 巡检模型配置

9.5.1 温升设置

打开配置→巡检模型配置菜单，选中左侧“设备”节点，弹出如图 9-17 所示界面。

图 9-17　巡检模型配置图（一）

选中需要设置的设备，在右侧属性栏可以看到“允许温升”项，值为 20，这个值可根据不同设备、不同季节实际需要进行修改。

9.5.2　定时巡检设置

打开配置→巡检模型配置菜单，选中左侧“巡检任务”节点，弹出如图 9-18 所示界面。选中要修改的任务名称，在右侧可以设定定时周期个数及时间。如图中所示定时周期个数为 2，定时任务的时间分别是 10:00:00 和 15:00:00，表示巡检机器人一天巡检两次，巡检的时间分别是 10:00:00 和 15:00:00。

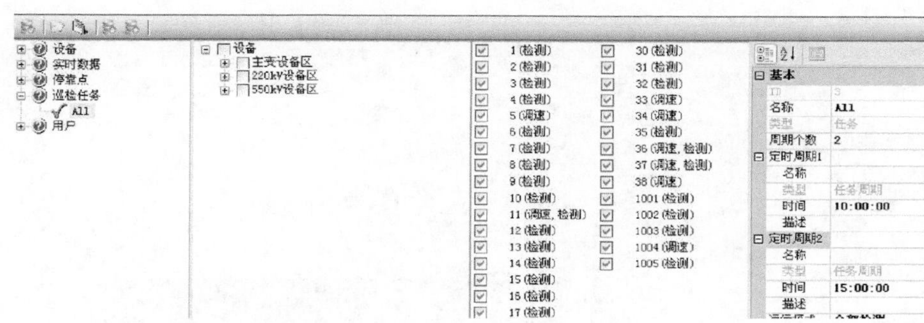

图 9-18　巡检模型配置图（二）

9.6　查 询 操 作

9.6.1　巡检数据查询

点击系统工具栏上的“巡检数据”按钮，弹出的巡检数据查询界面如图 9-19 所示。

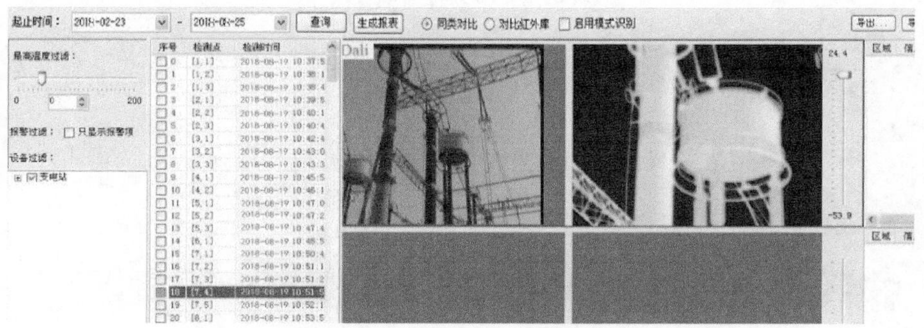

图 9-19　巡检数据查询界面

在左上角处，先选中起止时间，然后点击“查询”按钮，可以看到如图 9-19 所示信息。以上界面是系统调试时的数据，图中数据表示温升越界报警。

9.6.2　报表查询

该模块查询巡检数据中所生成的报表，操作过程与巡检数据查询类似，打开分析→报表查询菜单，界面如图 9-20 所示。界面左侧展示两种过滤方式：最高温度过滤与设备过滤。中间为查询结果列表，右侧是以 Word 文件格式展示的所查询到的报表，可进行页面设置、打印预览、打印等操作。

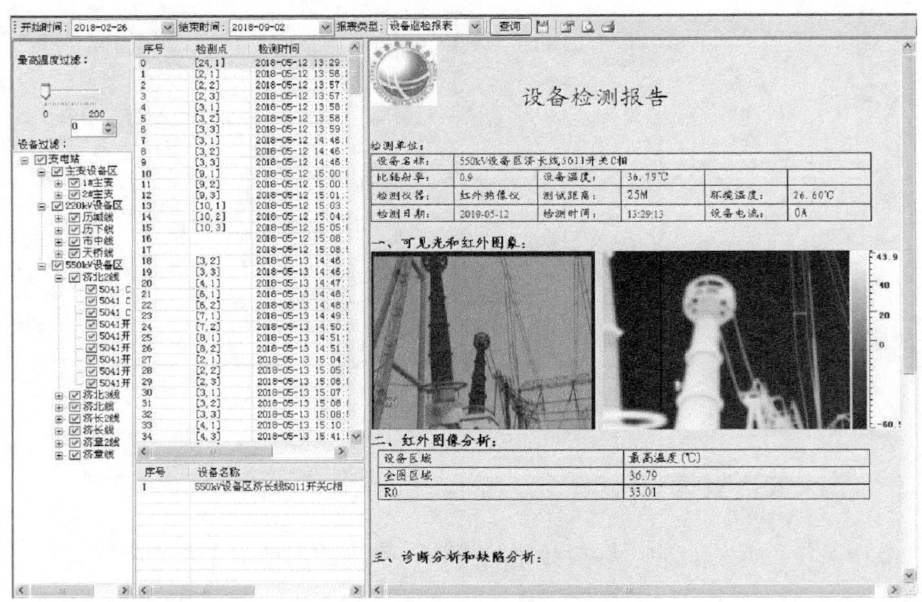

图 9-20　报表查询工具图

9.6.3　历史曲线的查询

打开分析→历史曲线菜单，历史曲线查询界面如图 9-21 所示。

1. 设定时间段

设定需要查询的开始时间和结束时间，结束时间不能早于开始时间。

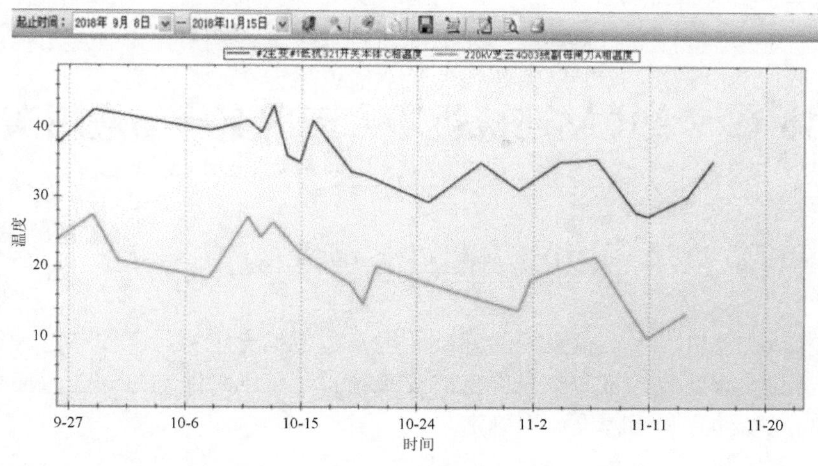

图 9-21　历史曲线查询界面

2. 曲线选择

点击“选择”按钮，打开曲线选择操作界面。对变电站的设备进行选择，点击设备曲线界面，选中需要查询的设备即可；如需对移动站测点曲线进行选择，则点击移动站测点曲线界面，选中需要查询的移动站的测点曲线参数。

3. 查询及显示

曲线选择完毕后，点击“查询”按钮即可查询。

第 10 章　变电站巡检机器人工程实施与应用实践

10.1　基础环境搭建

变电站智能机器人巡检系统的基础环境搭建包括充电室施工安装、辅助道路修筑、辅助设施安装等方面。充电室的安装位置、辅助道路的修筑位置应根据实施前期的现场勘察和工程设计来确定。

10.1.1　充电室组成

在变电站智能机器人巡检系统中，机器人充电室采用岗亭式景观充电室，安全设施、接地设施齐全，整体效果与变电站内设备协调统一。机器人充电室尺寸约为 2.5m×1.5m×2.5m（长×宽×高），充电室（参考）如图 10-1 所示。

图 10-1　机器人充电室

从设备功能和结构上分，充电室由本体部分、电气部分、辅助部分三部分组成。

本体部分，主要包括充电室主体、自动门、内部装饰设施、空调外挂机支架（需要空调的充电室）等组成。

电气部分，包含自动门控制系统、充电箱、配电箱以及相应的配电线路。自动门控制系统是实现自动门与机器人通信的核心部分，主要包括 4 对对射型光电传感器（检测自动门状态）、8 个反射传感器（检测自动门状态）、前后自动门电机、自动门控制板及其控制线路。充电箱是机器人能量供应设施，能够持久稳定输出直流 29V 电压。

辅助部分，包括用作导航的导航标志物、自动门手动摇杆、空调、工具箱、门禁等。

10.1.2　充电室施工安装

1. 充电室选址

充电室的安装地址需要查阅变电站规划图纸，结合站内使用方便等实际需求查看选取远景规划中无建设规划的空地，充电室选址的尺寸要求为长×宽＝9m×3m，地址需平整无坡度，与主干道无较大落差。

2. 充电室电源

充电室电源需交流 220V/20A，电缆的走线可根据站内实际情况选取距离充电室最近的电源接取，电缆走线需注意以下几个方面。

为保障充电室安装牢固，减少因热胀冷缩引起充电室浮沉，充电室需安装在牢固的混凝土地基上，地基厚度不小于 20cm，地基修筑规格为 2.8m×2m（长×宽），机器人充电室两侧需铺设两条进出道路，尺寸要求（长×宽）为 3m×1.2m，厚度为 20cm，充电室地基上表面应高于充电室地基所处位置的水平面，在筑造混凝土地基前需将土夯实。充电室混凝土地基包括充电室地基和辅助道路两部分，地基的样式、尺寸以及辅助道路斜坡的长度和坡度应与设计要求一致，混凝土混合比例、添加剂的选用应符合国家标准和变电站行业规范的要求。充电室路基及辅助道路施工图如图 10-2 所示。

混凝土地基施工完成且凝固度达到要求后，要根据充电室四角的固定板尺寸安装膨胀螺栓，然后采用吊车或叉车将充电室安放到事先修筑好的地基上，且膨胀螺栓穿过固定板孔，拧紧膨胀螺栓，使充电室固定牢固。

充电室吊装完成后，用混凝土在充电室四周修建水滴沿，所有的混凝土表面需抛光处理，充电室安装完成后整体效果整齐美观。根据设计方案的要求，需在整个混凝土地基周围安装路沿石，路沿石的型号、材质尽量与站内设施一致，如图 10-3 所示。

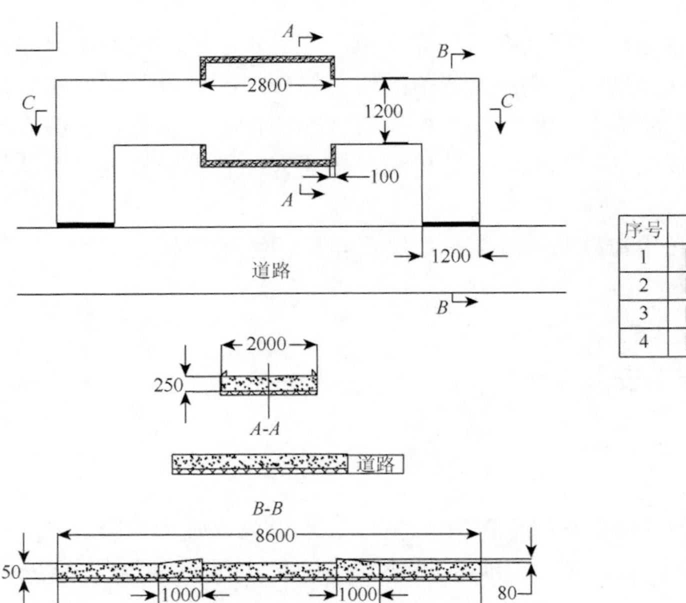

序号	图例	名称
1		马路伸缩缝
2		修建基础
3		夯实土壤
4		水滴沿

图 10-2　充电室路基及辅助道路施工图

单位：mm

图 10-3　充电室安装图

对于需要增加空调的项目，安装空调要整齐美观，室内机悬挂在充电室内后墙上，室外机安装在定做支架上，支架用混凝土固定牢固。空调的电气接地和物理接地要符合相关行业的规定，充电室整体通过接地装置与站内接地网相连。充电室安装完成后要接入站内接地网，接地材料采用 30cm×3cm 的接地扁铁，安装方式要符合接地的国家标准和变电站要求，如图 10-4 和图 10-5 所示。

图 10-4　充电室接地图

图 10-5　空调安装图

10.1.3　辅助道路修筑

变电站智能机器人巡检系统依附于变电站内基础设施，部分位置无法满足机器人的运行条件，另外为了扩大机器人巡检的范围，要根据需要修复或修筑混凝土辅助道路。辅助道路的位置和尺寸要根据设计方案确定，辅助道路厚度不小于20cm，在修筑混凝土道路前需将土地夯实。混凝土混合比例、添加剂的选用应符合国家标准和变电站行业规范的要求，表面需抛光处理，整体效果美观。

10.1.4　导航标志物布置

在变电站设备稀疏区域，可用于建立导航地图位点的标志物较少，会影响该区域的导航精度，因此需要根据变电站实际环境设置导航标志物，作为导航辅助定位点，以提高导航精度。

10.2　无线网桥及微环境监测系统

10.2.1　基站无线网桥连接

图 10-6 为基站无线网桥连接示意图，由三部分组成：上位机、有源以太网（power over ethernet，POE）、基站无线网桥。

上位机是变电站智能机器人巡检系统后台主机。

POE 为基站无线网桥供电，将 220V 电源转换成 18～24V DC；POE 有两个网口，其中一端连到无线网桥上，另一端连接到上位机的网卡网口上。

基站无线网桥是用来实现无线通信的设备，是机器人本体与后台控制主机间信息传输的桥梁，通过基站无线网桥与机器人本体上的移动站无线网桥构成变电站智能机器人巡检系统的点对点无线通信。

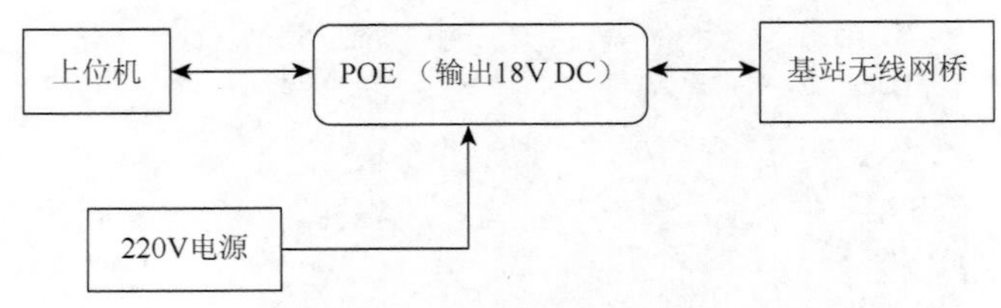

图 10-6　基站无线网桥连接示意图

10.2.2　微环境监测系统连接

图 10-7 为微环境监测系统连接示意图，由三部分组成，即上位机、POE、微环境检测设备。

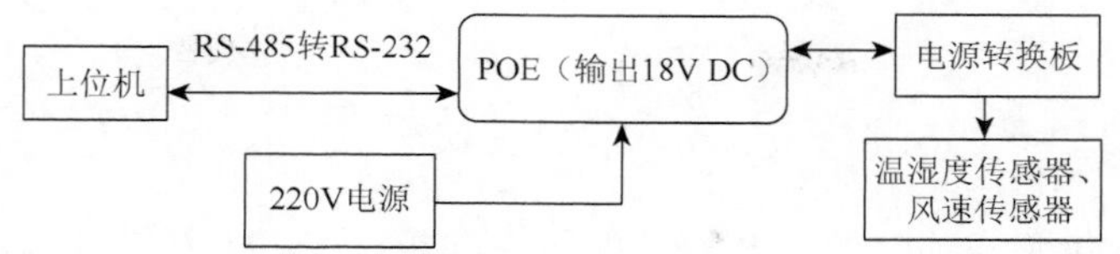

图 10-7　微环境监测系统连接图

上位机为机器人后台主机，POE 为供电模块，工作原理为将 220V 电源转换成 18～24V DC；POE 的两个网口，其中一端连接到电源转换板上，另一端通过 RS-485 转 RS-232 或 USB 转 RS-232 连接到计算机上。

微环境检测设备包括温湿度传感器和风速传感器。

基站无线网桥和微环境监测系统安装完成后如图 10-8 所示。

图 10-8　基站无线网桥和微环境监测系统安装示意图

10.3　上位机系统安装

上位机系统是智能巡检机器人监视、控制的核心部分，作为系统就地指挥、控制和监视中心，巡检机器人后台控制系统能够对设备的可见光视频、红外视频和机器人运行状态进行实时监视，并通过任务管理和遥控等手段对机器人实施有效的管理与控制，提供巡检报表、打印、实时数据存储、历史数据查询以及监测数据的分析诊断功能，同时提供站内监控系统和远程监控中心的接口。上位机一般安装在站内主控室内，具体位置由站内工作人员确定。上位机系统主要包括主机、显示器、音响、麦克风，采用的型号与工程设计方案和配置清单统一。

10.3.1　主机配置

主机配置包含安装软件、IP 网段配置，建议将 LEP300 安装软件源文件和常用工具等放到 E 盘，将数据库单独放到 F 盘（为最大盘），其他软件安装到 D 盘，具体可由现场调试工程师根据实际情况而定。

10.3.2　安装软件

安装软件包括 Microsoft Visual Studio 2017、Office 2013、Magnity SDK、FlashFXP3、MySQL Tools、虚拟光驱、网络直连客户端、局域网查看工具、RK-6000、DataBase（数据库）等。

Microsoft Visual Studio 2017 软件是 RK-6000 的编译软件，用于为 RK-6000 提供运行环境及对程序的修改编译等；虚拟光驱安装 Microsoft Visual Studio 2017 软件不需要解压，添加镜像文件直接安装即可。

Magnity SDK 是巨哥红外热像仪的 SDK 软件。

FlashFXP3 查看访问下位机系统信息的软件，主要用于更换下位机程序，读取下位机运行日志信息（如 robot.log、motor.log）。

网络直连客户端是浏览视频服务器和设置视频服务器的软件，通过此软件可以浏览视频图像和设置视频服务器参数。

MySQL Tools 数据库浏览器，用于浏览和修改数据库表。

局域网查看工具用于搜索机器人 IP 配置信息。

RK-6000 是机器人后台软件，用于配置机器人运行信息，存储、查看巡检数据及控制机器人运行等。RK-6000 需要注册相关信息，在 bin 目录下找到 RegActiveX.bat，双击并按照提示执行注册。

DataBase 是数据库软件，用于存储配置信息（RFID 信息、模型库、巡检任务、模式识别模板、机器人运行速度、电池电压电流等）及存储巡检历史数据。

10.3.3　电气安装

在变电站智能机器人巡检系统中，电气部分主要包括充电室电源电缆、上位机-辅助设施联络电缆的敷设与接线。电缆的敷设路径根据工程施工方案确定。充电室电源电缆敷设时，有电缆沟的地方于电缆沟内敷设，没有电缆沟的地方可采用 DN25 不锈钢管敷设，不锈钢管埋深建议不小于 60cm。上位机-辅助设施联络电缆需要采用型号为超五类 8 芯网线，裸露部分应采用聚氯乙烯（polyvinylchloride, PVC）管敷设并固定牢固，横平竖直，整齐美观。

针对机器人的个别检测盲点，辅助视频和红外监控点作为变电站智能机器人巡检系统的有效补充，能实现与机器人的联动，以实现真正意义上的全方位巡检覆盖。

10.4　基于分布式无线充电的变电站智能机器人巡检系统

10.4.1　变电站机器人充电方式概述

目前变电站巡检机器人充电方式多数为自主充电，主要分为传导式充电和静止式无线充电两种。其中，传导式充电通过机器人母排和充电桩触头对接完成充电，操作过程相对复杂，且需要建造单独的机器人充电室。静止式无线充电虽解决了传导式充电可靠性差、充电设施利用率低等问题，但其充电过程仍需要机器人停留在固定的充电位置。目前主流变电站巡检机器人充满电需要 6～8h，可支撑连续运行 4～5h。较长的充电等待时间影响了巡检作业任务的连续性，同时也降低了巡检机器人的工作效率。

大多数变电站机器人是在有限范围内作业，巡检路径相对固定，如果机器人在巡检过程中能够进行移动式充电，即可实现“边巡检边充电”，这样既可以减配电池组，同时无须返回变电站固定充电室，避免了过长的充电等待时间。智能巡检机器人的巡检路径无线充电系统如图 10-9 所示。在变电站内合理布置静态充电位和移动式无线充电路段，使机器人在短暂工作间歇能够就地及时补充电量。

10.4.2　设计方案

1. 总体方案设计

针对变电站场地，对机器人巡检线路进行改造，在路面下方预埋充电导轨，道路两侧分布式布置高频电源，总体方案设计如图 10-10 所示。总体方案设计共分 5 个层级，最上层级接收控制层为带无线充电接收端的巡检机器人，第二层级支撑平台层为充电导轨的支撑结构（铺装路面），第三层级功率发射层为充电导轨及传感器设备，第四层级电源切换层为电源配电和控制单元，最下层级为系统控制层。

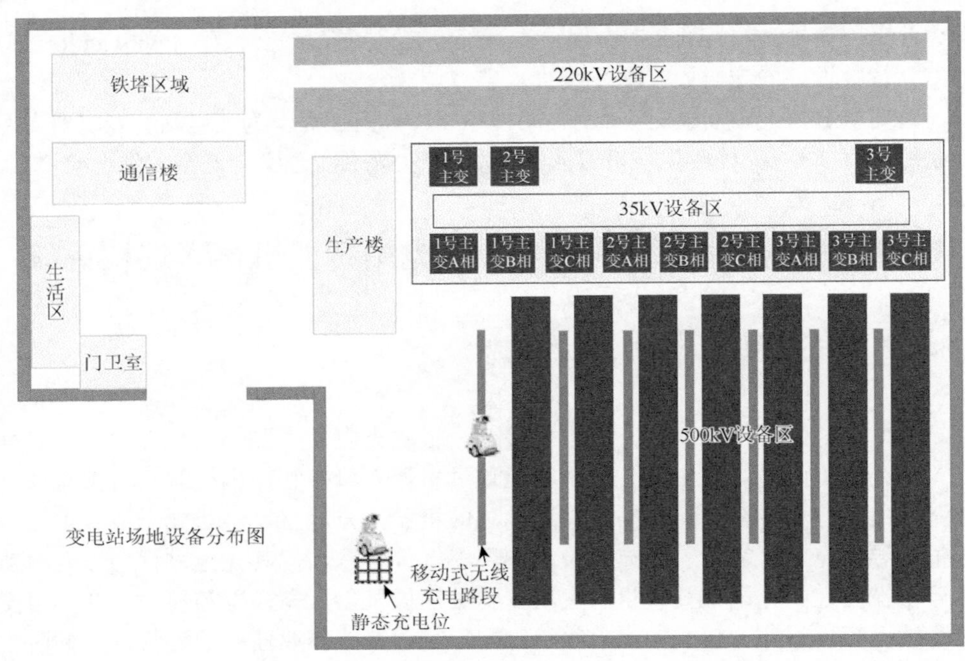

图 10-9　变电站巡检机器人无线充电系统示意图

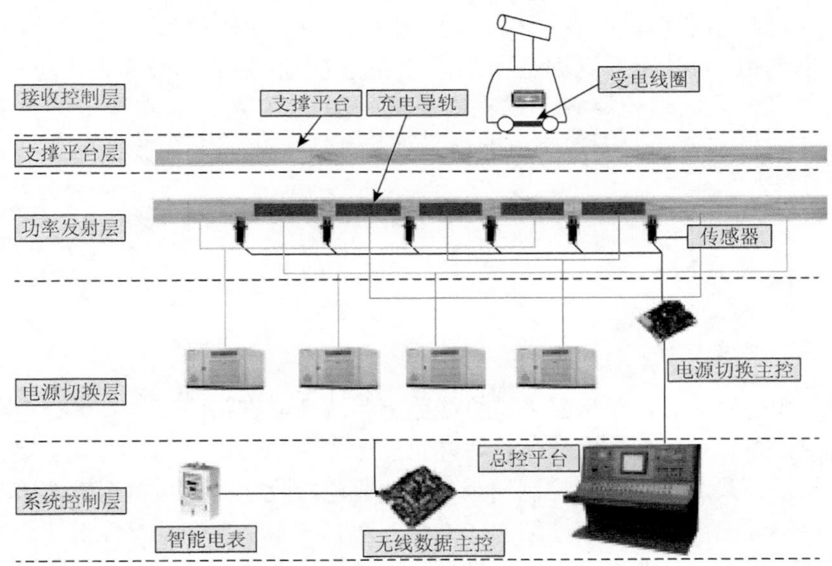

图 10-10　总体方案设计

2. 充电系统磁耦合机构设计

1）供电端结构设计

对于供电端结构总体上可分为两大类，一类是采用多个小线圈连续排布的阵列式结构，如图 10-11（a）所示，优点是耦合性能好，缺点是结构复杂，对硬件算法响应速度要求高。另一类是长导轨式结构，如图 10-11（b）所示，优点是线圈匝数少，结构简单便于工程安装维护，缺点是发射端与接收端尺寸相差大，耦合系数小，需要增加磁性材料提升耦合性能。两种结构的性能优劣对比如表 10-1 所示。综合对比两种磁耦合结构，考虑技术先进性、电磁兼容性及控制实现难度等多方面因素，较多方案采用阵列式结构。

(a) 阵列式　　(b) 长导轨式

图 10-11　充电系统供电端磁耦合结构

表 10-1　两种磁耦合结构性能对比

参数	阵列式	长导轨式
偏移能力	强	强
效率	较高	较低
输出波动	较小	小
电磁辐射	小	较大
控制难度	难	易

2）受电端结构设计

受电端内部结构如图 10-12 所示，从上到下依次由盖板、枕木、铁氧体、线圈、盖板构成。受电端线圈尺寸较小，并可根据机器人底盘空间设计改造。集成后的受电端为方形平板结构，厚度为 2～4cm，采用悬挂方式挂置于机器人底盘，同时不会影响机器人正常的行走、越障等功能。

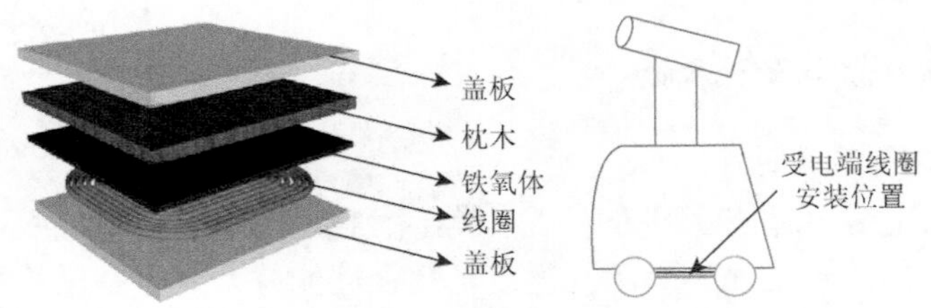

图 10-12　充电系统受电端磁耦合结构

3. 高频电源设计

1）地端变流器拓扑结构

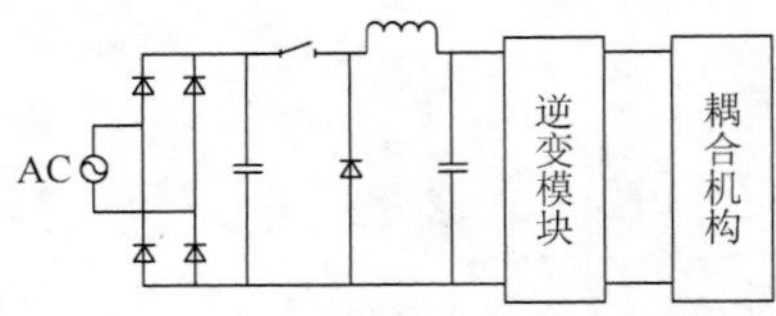

图 10-13　地端变流器拓扑结构
AC 表示交流（alternating current）

地端变流器拓扑结构分为三级，如图 10-13 所示。第一级：AC/DC 采用功率二极管实现整流、滤波；第二级：DC/DC 采用 650V、30A、40kHz 的金属-氧化物半导体场效应晶体管（metal-oxide-semiconductor frield-effect transistor，MOSFET）实现功率可靠调节；第三级：DC/AC 同样采用 650V、30A 的 MOSFET 实现 85kHz 谐振软开关频率的高频逆变、直接激励耦合机构。

2）受电端电能变换

受电端采用桥式整流级联降压式变换电路的功率变换电路，基于电压闭环控制方式，采用恒压控制策略。受电端电力拓扑主要由双相整流桥和降压电路 BUCK 构成，其电路结构图如图 10-14 所示。受电端电能变换器拓扑结构分为两级：第一级为 AC/DC，实现整流、双相并联、功率波动抑制、提供直流母线；第二级为 DC/DC，实现功率可靠调节。

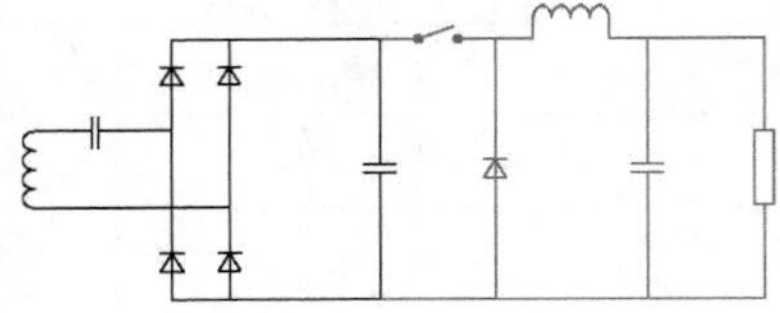

图 10-14　受电端电力拓扑结构

4. 位置检测与导轨切换

机器人行驶位置检测方法采用基于激光传感器的位置检测。当装置检测到机器人位置后，控制板发出相应的投切控制信号至机身下方充电导轨的继电器投切装置，该装置把对应导轨接入主电路。激光传感器的电路及功能示意图如图 10-15 所示。发射器发射一路激光，若中间无被检测物体，则接收器接收到该束激光，此时，接收器输出高电平。若激光被被检测物体遮挡，则接收器输出低电平。

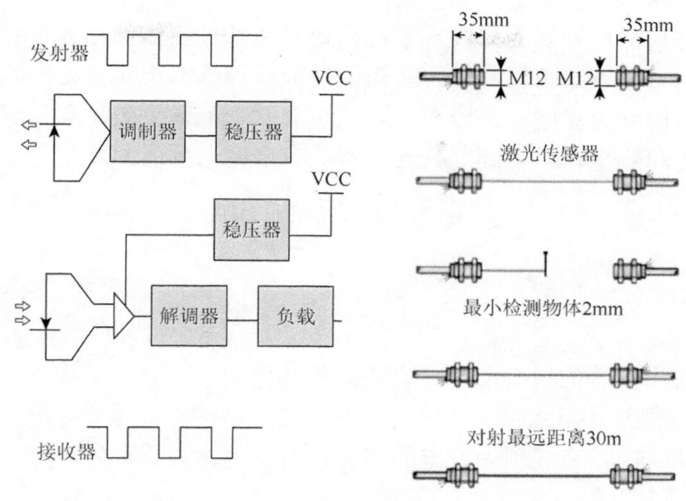

图 10-15　激光传感器原理图

M12 表示直径为 12mm

10.4.3　配电方式及道路施工方案

无线充电设备采用交流 220V 供电，以单电源供电、多线圈切换方式为地端线圈供电，即在供电箱安装一台逆变电源，采用并联方式将地端线圈引入切换箱，补偿电容安装在线圈切换箱中，如图 10-16 所示。

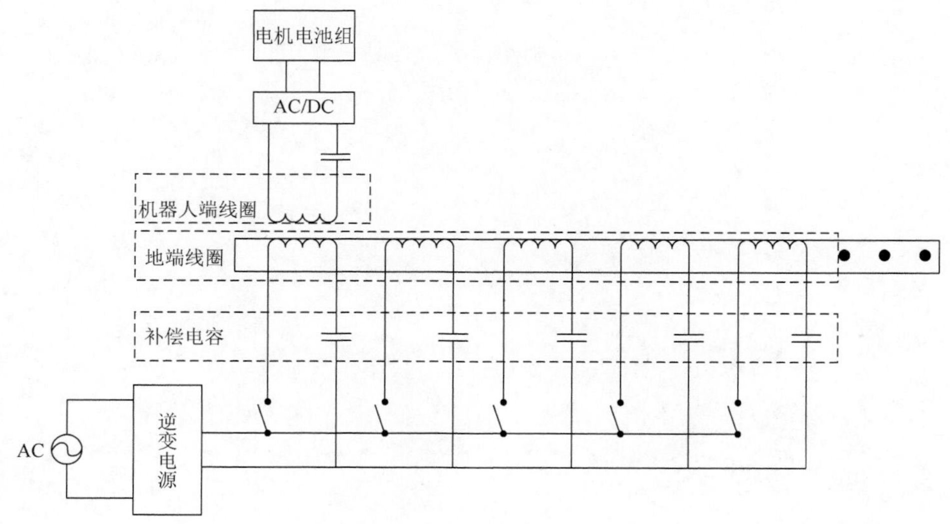

图 10-16　系统供电方式示意图

磁耦合机构充电导轨为分段式结构，每段由长度更短的独立单元串接而成，每个独立单元可以单独在轨道沟内装卸，最短独立单元长度约 2.4m，因此极大降低了充电导轨的安装难度。每段充电导轨可顺次无间隔安装，在轨道沟内一定位置需有穿线孔和排水口，基础混凝土中不能有金属加强筋。

第 11 章　人工智能技术在巡检中的应用

随着人工智能的快速发展，国家相继出台一系列政策支持人工智能的发展，推动我国人工智能步入新阶段。就现阶段而言，国家相关机构都对人工智能在电力行业的应用有很高期望，国家发展改革委、国家能源局、工业和信息化部都已将人工智能提上议程，指出让人工智能融入与应用于各行各业，更是在《电力发展“十三五”规划（2016～2020 年）》中强调了推进“互联网＋”智能电网建设。由此可见人工智能将在我国未来的智能电网中发挥着至关重要的作用。

当前，大电网建设的不断推进，电网规模迅速增长，电网设备数量也飞速增加，传统的电力设备人工巡视方式耗时耗力，难以有效满足运维管理需要。随着大数据、云计算、物联网、移动互联、人工智能等先进技术快速发展，国家电网有限公司积极响应国务院印发的《新一代人工智能发展规划》，在公司系统各单位构建架空输电线路协同立体化智能巡检模式，全面提高巡检效益、效率和质量，大幅度降低巡检成本，推进巡检模式转变和产业升级，实现智能化巡检，是建设和发展智能电网的必由之路。

11.1　人工智能巡检应用的背景及意义

随着国家大力发展电力科学技术，电网的建设巡检体量越来越大、电力体制的改革也越来越深入，我国的电力系统的机械化、自动化、智能化程度正在大幅度提升。目前，人工智能技术进一步成熟，人工智能应用将不断加速，全球人工智能产业规模在未来 10 年将进入高速增长期。其中，电网进一步强调对“新基建”重要性的认识，明确加强对人工智能技术的研究，积极拓展人工智能在设备运维[29]、电网调度、智能客服等方面的应用。这些都紧紧围绕着我国电力工业发展的基本方针：提高能源效率，保护生态环境，加强电网建设，大力开发水电，优化发展煤电，积极推进核电建设，鼓励新能源发电，深化体制改革。依此方针的指导，可以预见我国未来将实现经济高效、技术进步，产业升级快，更加环保，更加自动化、智能化的电力产业。

巡视检查工作是输变电工作的重中之重，国家电网有限公司一直以来对巡视工作要求非常严格，但是由于输电线路逐年增加，导致人员数量不能满足运行维护的需求；而且部分线路区段交通不便，导致巡视不到位、数据不准确，致使线路巡视质量低、巡视流于形式。因此在输电线路、变电站数量不断增加的形势下，仅靠人工进行巡检工作已经不能满足现有需求。

作为目前人工智能技术中的“引擎”技术，深度学习技术在多领域的图像视频处理问题上成果斐然。因此在巡检工作中引入人工智能等先进技术进行深入探索和攻关，结合巡检图像的特性，实现基于人工智能技术对输电线路和变电站的巡检、监控等各类工作，利用无人机、智能机器人高度准确定位安全隐患点和故障点，进而引导检修队伍快速开展线路维护，能够大幅度降低检修工作人员劳动强度，缩短巡检周期。

11.2 人工智能巡检相关技术概念

11.2.1 相关基础技术发展现状

1. 人工智能技术

从 20 世纪 70 年代开始，人工智能的研究已经逐步在世界各地开展起来，许多国家也有了自己的智能学习团体，例如，英国爱丁堡大学成立了“人工智能”系。同时，一批重要的研究成果也涌现出来。例如，1972 年法国艾克斯-马赛大学的 Comerauer 提出并实现了逻辑程序设计语言 Prolog。

但此时，人工智能的研究水平相对较低。在问题求解方面，即便是对于良结构问题，当时的人工智能程序也无法处理较大规模的搜索空间。更何况现实世界中的问题绝大部分是非良结构的或者是不确定的。在人工神经网络方面，感知机模型也无法通过学习解决异或（XOR）等非线性问题。

20 世纪 80 年代末期，在人工神经网络领域中，反向传播（back propagation，BP）算法的实现，给机器学习领域带来了希望。但是后来由于种种原因，大多数学者在相当长的一段时间内放弃了神经网络。神经网络有大量的参数，经常发生过拟合问题，即往往在训练集上准确率很高，而在测试集上效果差。这部分归因于当时的训练数据集规模都较小，而且计算资源有限，即便是训练一个较小的网络也需要很长的时间。总体而言，神经网络与其他模型相比并未在识别的准确率上体现出明显的优势，而且难以训练。因此更多的学者开始采用诸如支持向量机、Boosting、最近邻等分类器。这些分类器可以用具有一个或两个隐含层的神经网络模拟，因此被称为浅层机器学习模型。它们不再模拟大脑的认知机理；相反，针对不同的任务设计不同的系统。例如，语音识别采用高斯混合模型和隐马尔可夫模型，物体识别采用尺度不变特征变换（scale-invariant feature transform，SIFT）[30]特征，人脸识别采用局部二值模式（local binary patterns，LBP）特征，行人检测采用方向梯度直方图（histogram of oriented gradient，HOG）特征。

2006 年，Hinton 开启了深度学习在学术界和工业界应用的浪潮。Hinton 主要提出了以下两个观点。

（1）相对于单隐含层的人工神经网络，多隐含层结构具有非常好的特征学习能力，学习得到的特征更有利于图像的可视化或分类。

（2）可以通过“逐层初始化”的方法对深度神经网络进行良好的训练。

Hinton 的研究小组采用深度学习赢得了 ImageNet 比赛。ImageNet 比赛是当今计算机视觉领域最具影响力的比赛之一。它的训练和测试样本都来自于互联网图片，训练样本超过百万，任务是将测试样本分成 1000 类。自 2009 年，包括工业界在内的很多计算机视觉小组都参加了每年一度的比赛，各个小组的方法逐渐趋同。在 2012 年的比赛中，排名 2 到 4 位的小组都采用的是传统的计算机视觉方法，手工设计的特征，他们准确率的差别不超过 1%。Hinton 的研究小组是首次参加比赛，深度学习准确率比第二名高出了 10%以上。这个结果在计算机视觉领域产生了极大的震动，掀起了深度学习的热潮。

在学术界受到广泛关注的同时，深度学习也在工业界产生了巨大的影响。在 Hinton 的研究小组赢得 ImageNet 比赛之后 6 个月，谷歌和百度都发布了新的基于图像内容的搜索引擎。他们沿用了 Hinton 在 ImageNet 比赛中用的深度学习模型，应用在各自的数据上，发现图像搜索的准确率得到了大幅度的提高。百度在 2013 年初成立了深度学习研究院，于 2014 年 5 月在美国硅谷成立了新的深度学习实验室，并聘请斯坦福大学著名教授吴恩达担任首席科学家。脸书于 2013 年 12 月在纽约成立了新的人工智能实验室，聘请深度学习领域的著名学者、卷积网络的发明人 YannLeCun 作为首席科学家。2014 年 1 月，谷歌以四亿美金收购了一家深度学习的创业公司——DeepMind。鉴于深度学习在学术和工业界的巨大影响力，2013 年 *MIT Technology Review* 将其列为世界十大技术突破之首。

2. 边缘计算技术

边缘计算是指在网络边缘执行计算的一种新型计算模型，边缘计算操作的对象包括来自于云服务的下行数据和来自于万物互联服务的上行数据，而边缘计算的边缘是指从数据源到云计算中心路径之间的任意计算和网络资源。

工业界也在努力推动边缘计算的发展，2015 年 9 月，欧洲电信标准化协会（European Telecommunications Standards Institute，ETSI）发表关于移动边缘计算的白皮书，并在 2017 年 3 月将移动边缘计算行业规范工作组正式更名为多接入边缘计算（multi-access edge computing，MEC）[31]，致力于更好地满足边缘计算的应用需求和相关标准制定。2015 年 11 月，思科、ARM、戴尔、英特尔、微软和普林斯顿大学联合成立了 OpenFog 联盟，主要致力于 *Fog Reference Architecture* 的编写。为了推进和应用场景在边缘的结合，该组织于 2018 年 12 月并入了工业互联网联盟。

国内边缘计算的发展速度和世界几乎同步，特别是在智能制造方面。2016 年 11 月，华为技术有限公司、中国科学院沈阳自动化研究所、中国信息通信研究院、英特尔、ARM 等在北京成立了边缘计算产业联盟（Edge Computing Consortium，ECC），致力于推动“政产学研用”各方产业资源合作，引领边缘计算产业的健康可持续发展。

11.2.2　图像与视频处理技术发展现状

1. 图像处理与分析技术

人类采集到的数据中，90%以上是图像数据，而图像的体积庞大、特征稀疏以及非结构化特点导致其处理和分析都很困难。因此对于图像的处理和分析一直是研究的难点和热点。目前通过机器学习解决图像处理与分析的思路一般为：传感器—预处理—特征提取—特征选择—推理/预测/识别。首先通过传感器（如 CMOS）来获得数据。然后经过预处理、特征提取、特征选择，再到推理、预测或者识别。现行任何图像分类系统都需要以图像作为原始输入，图像首先经过预处理，然后提取图像特征，这样做的好处是可以减少所需处理的图像的数据量，保留了图像相对重要的特征信息，最后根据提取的图像特征学习分类模型，将问题转化为模式识别问题。构建高效且准确的图像分类模型主要有以下两种方法：①通过优化分类器得到高效的图像分类模型；②通过优化图像特征得到更好的图像理解过程，从而得到高效的图像分类模型。良好的特征表达，对最终算法的准确性起了非常关键的作用，如 SIFT 的出现，由于 SIFT 对尺度、旋转以及一定视角和光照变化等图像变化都具有不变性，并且 SIFT 具有很强的可区分性，使很多问题的解决变为可能。

早在 20 世纪 70 年代末，基于文本的图像分类方法（text based image classification，TBIC）主要是通过人类手工标注图像来进行标识，采用文本处理技术进行基于关键字的匹配。但是，随着网络图像的规模越来越大，手工标注大规模图像的标识代价过高，同时，图像标识存在不可避免的主观性与非精确性，因此，为每一幅图像都添加准确的标识是不可操作的。在 20 世纪 90 年代初，研究者提出了基于内容的图像分类技术（content based image classification，CBIC），主要是利用图像包含的颜色、纹理、边缘等信息，通过相似性匹配的方法来实现基于图像内容的分类方法。基于内容的图像分类技术几乎不需要人工标注来完成图像分类任务。

通过自动化标注的方式来显著地提高图像分类的准确度，是当前主要的图像分类技术。然而，在实际应用中，基于内容的图像分类技术的效果却不尽如人意，其主要原因在于，在基于内容的图像分类技术中，图像之间的相似性主要体现在人类视觉的相似性上，但是人类对图像之间相似性的辨别则主要建立在图像语义的相似性上，即通过计算机所提取的图像的低层特征并不能很好地表达图像内容所体现的图像的高层语义。同时手工选取特征是一件非常费力、启发式（需要专业知识）的方法，能不能选取好很大程度上靠经验和运气，而且它的调节需要大量的时间。深度学习借鉴人类视觉处理的机制，实现特征的自动选取。

人的视觉系统的信息处理是分级的。首先是提取边缘特征，其次是提取目标形状或者目标的某个组成部分等，再到整个目标、目标的行为等。也就是说高层特征是低层特征的组合，从低层到高层的特征表示越来越抽象，越来越能表现语义或者意图。而抽象层面越高，存在的可能猜测就越少，就越利于分类。CNN、稀疏编码（sparse coding）以及稀疏-自动编码（sparse auto-encoder）等深度学习的基本模型在图像处理的应用中展现了深度学习的优势。

基于深度学习的图像处理与分析方法与其他机器学习方法的区别在于以下几个方面。

（1）自动特征学习的能力。

深度学习与传统模式识别方法的最大不同在于它是从大数据中自动学习特征，而非采用手工设计的特征。好的特征可以极大提高模式识别系统的性能。在过去几十年模式识别的各种应用中，手工设计的特征处于优势地位，往往需要 5～10 年才能出现一个受到广泛认可的好的特征。而深度学习可以针对新的应用从训练数据中很快学习得到新的有效的特征表示。在神经网络的框架下，特征表示和分类器是联合优化的，可以最大限度地发挥二者联合协作的性能。在一些有名的竞赛中卷积网络模型将物体检测率提高了 20%。

（2）深层结构的优势。

深度学习模型意味着神经网络的结构较深，由很多层组成。理论研究表明，针对特定的任务，如果模型的深度不够，其所需要的计算单元会呈指数增加。深度学习模型能够减少参数的关键在于重复利用中间层的计算单元。深度学习模型的表达能力更强，更有效率。

（3）提取全局特征和上下文信息的能力。

深度学习模型具有强大的学习能力，高效的特征表达能力，从像素级原始数据到抽象的语义概念逐层提取信息。这使得它在提取图像的全局特征和上下文信息方面具有突出的优势。这为解决一些传统的计算机视觉问题，如图像分割和关键点检测，带来了新的思路。深度学习的出现使这一思路在人脸分割、人体分割、人脸图像配准和人体姿态估计等各个方面都取得了成功。

2. 传统视频监控系统

视频监控系统主要经历了三个发展阶段：从模拟视频监控到数字监控系统再到基于网络的 IP 监控系统。第一代模拟监控系统的出现是在 20 世纪 90 年代初期，系统是以模拟设备为主，对传输的距离有较高的限制，可以适应对距离要求不高的场景监控。该系统以模拟视频矩阵和盒式录像机（video cassette recorders，VCR）为核心形成闭路电视监控。系统对硬件的需求包括视频采集摄像机、监视管理器以及用于视频数据存储的录像机等。需要用到有线电缆的方式来对视频采集侧和监视管理器进行联结。对于变换和管控则需要用到键盘，视频数据的存储则通过磁带进行，远距离图像传输则采用模拟光纤。

第二阶段的重大变革是数字录像机（digital video recorder，DVR）的开发，由计算机系统 Windows 的发展以及与数据处理相关的压缩解编码技术的发展，以 Windows 系统为核心的数字监控系统在 20 世纪 90 年代中期出现了。视频矩阵由模拟视频矩阵到数字视频矩阵，DVR 集录像机和画面分割于一体，代替了模拟录像机。视频由磁带存储到数字存储，而采集视频并进行传输的方法与上一代监控系统类似。两代系统的区别在于对视频数据的处理和存储上，数字监控系统把分析和保存等任务交给了数字监控终端，但由于系统的稳定性较差，受到外界因素的干扰强烈，所以数据处理的可靠性不高。

第三代监控系统的诞生是由于宽带网络技术的发展，带宽、数字处理和音频编解码效率的提高，以及带宽的提高，21 世纪初基于网络的 IP 监控系统出现了。该系统改变了原来监控系统对信号的处理方式，在处理信号前先将各种数据信号变换为数字信号。对数字信号的处理能够提升管理系统的智能程度，也有利于实现对监控系统的网络一体化管理。对于数据的传输由原来的有线电缆模式转为网络传输，有利于系统结构网络一体化。系统主要由五层构成，包括摄像层、数据传输层、管控中心、监视层以及数据存储层。第一层完成视频数据的预采集，第二层完成对视频数据的传输，第三层管控中心可以完成对视频数据的处理、功能分析等，第四层监视层主要是对数据和处理结果的实时记录，最后一层是对视频数据进行保存。该系统可以容纳大量的摄像机前端设备，所以对视频数据容量的包纳性也较好，而源源不断的视频数据，也导致系统长时间处于工作状态来对数据进行不断的存储。

接着就是基于传统集中式云计算的视频监控管理平台，该平台灵活性较高，可依托云计算中心进行复杂的数据操作，但面临着实时性处理视频的需求难以满足，以及海量视频的传输、存储及分析消耗云计算中心的大量资源，增加网络带宽的负载量，造成较大误差的传输时延。

3. 智能视频分析技术

视频分析技术是表达两种图像间关联的一种描述关系，其主要通过特定的结构和模式对视频中的图像进行处理和分析。监控系统视频分析主要包括前端分析和后端分析两种。前端分析主要通过视频采集端对视频流进行分析，当视频数据过大过于复杂时，前端分析会面临不易缓存、消耗资源过高等问题。后端分析则是把经过采集后的视频流传输到服务端进行统一计算处理。

基于传统集中式云计算的视频监控管理平台将视频采集和视频分析分离，让复杂的视频流的分析计算在云中心完成。目前应用最广泛的是通过云中心来为广大用户终端提供多媒体视频业务支持。

2016 年，华为提出了视频云的概念，运用智能视频分析技术，结合云计算、云存储以及强大的大数据分析能力，公布了智能视频云解决方案。2017 年，阿里云也推出了智能视频解决方案，极大地提高了处理图像的效率，加速并助力视频产业的快速发展。Ananthanarayanan 提出了基于分布式边缘云的实时视频分析系统，并部署在美国华盛顿州贝尔维尤的交通路口。2017 年，海康威视发布了 AICloud 智能框架，融合了云中心、边缘域和边缘节点。实现了从端到中心的边缘计算 + 云计算，边缘计算、边缘节点的引入使得边缘侧能够分担海量数据给中心带来的压力以及资源的消耗，从而图像目标细节传输更高效，数据分级应用更加灵活，能够提高系统的整体性能。

当面临着复杂的视频数据输入时，现如今的视频分析处理面临着用户交互困难、计算成本高、视频分析时延长等问题，使用边缘计算下的视频监控系统能够解决上述问题。

4. 边缘计算下的视频监控系统应用

在智慧交通行业，边缘计算下的视频监控应用于车辆识别（包括车牌号、车辆基本信息）、道路实况分析、车辆轨迹分析、跟车对比、碰撞分析、隐匿车辆挖掘等场景。交通行业中的路况、车辆及行人信息可以在边缘设备中得到实时分析，并在自动驾驶的汽车上作出异常判断、智能决策、准确反馈、及时应答等反应。

2020 年 2 月，Jia 提出了一种依靠边缘服务器进行任务预处理的系统模型，称为基于数据分布式收集与处理的边缘计算模型。该模型增强了“边缘”和“云中心”的联系，实现了边-云的密切协作；着重描述了该模型应用于安防监控领域可以使侦查业务更有效展开；有利于缓解海量数据带来的传输延时，同时对数据传输的安全防护有加强作用。

关于图像的处理和渲染对实时性的要求较高，所以可以将边缘计算应用到虚拟现实（virtual reality，VR）和增强现实（augment reality，AR）中去，经过有关数据证实：在边缘服务器及终端设备上处理有关 VR/AR 的进程能够较大程度上减少平均处理时延和较复杂图像数据对网络带宽带来的负面影响。其中，谷歌提出了 GoogleGlass，它将视频数据渲染任务和其他算法执行任务分配到 Cloudlet（边缘节点），能够采集到视频数据并采用 VR 的方式呈现给用户，在一定程度上缓解了可穿戴设备电源不足和对计算任务的处理瓶颈等缺陷。

现如今的工业生产自动化对数据分析的敏感程度和智能化管理程度日益提升，对实时控制的需求也在逐步扩大，由于需求的限制，依然有许多的工业数据被限制于本地进一步处理。所以边缘计算下的视频监控应用于工业生产自动化也逐步发展为一种趋势。

5. 电网巡检图像处理技术应用

输电线路先进巡检系统已经成为当今电力工业的一项重要的产品。早期应用于实际的电力巡检系统并没有对拍摄的图像进行处理，而巡检机器人只是为采集一些巡视人员不便到达区域线路、设备的图像，最终由操作人员观察图像，对设备状态做出判断，完成巡检任务。为了进一步减轻操作人员的工作负担并且排除人为因素对巡检结果的影响，操作人员开始对巡检图像进行自动分析和处理的算法，研制能够自动侦测的设备。

图像分割方面，可利用阈值分割法与形态学相结合提取边界的方法，以及边缘检测法提取边缘的方法，确定电力线图像中的断股位置，并进行诊断。也可利用遗传粒子群算法优化最大类间方差法，以快速求解图像的分割最优阈值，找到一种优化的输电线路图像分割算法。一种输电线路覆冰厚度小波分析图像识别方法，采用小波分析多尺度边缘滤波方法，提取覆冰输电线路的边缘，再利用 Hough 变换直线检测和延长得到覆冰导线边缘，采用所检测的两边缘直线相应位置距离的像素值与实际几何距离的对应关系，求得输电线路覆冰厚度。除了电力线的分割研究以外，图像分割也应用在输电线路周围的环境检测以及绝缘子识别中，还可以输电线路图像/视频监测装置采集的现场图像为对象，采用纹理分析与阈值分割相结合的方法来实现纹理图像分割，结合 Sobel 算子进行树木区域边缘检测，标识出树木边界轮廓并发送报警信息。另外还有采用一种基于非下采样 Contourlet 变换的灰熵模型和细菌觅食-粒子群优化算法相结合的方法，实现了绝缘子串的分割。

图像特征提取方面，可利用 Ratio 算子和 Hough 变换的电力线提取算法，从复杂的自然背景中完整提取电力线，同时能有效避免漏检、误检等情况。Radon 用卡尔曼滤波器自动从航拍图像提取出准确的电力线。另外有一种采用改进的相位一致性检测电力线图像特征的方法，首先针对检测过程中出现的余振现象对相位一致性方法进行了改进，并进一步通过非极大值抑制细化边缘以及边缘连接的方法提取了经过标记的单根电力线。还有一种基于亮度和空间信息的线对象检测方法，对线对象进行分析，获取其位置、方向、宽度信息，能准确检测电力线以及发现电力线存在的可疑异物和断股缺陷，并成功应用于直升机巡检系统中。可利用 MPEG-7 边缘直方图法对绝缘子纹理特征提取与识别，并在此基础上对原始的 MPEG-7 边缘直方图进行了优化和改进，使其在复杂的背景下能有效地识别出图片中的绝缘子。利用户外绝缘子表面的憎水性，通过边缘共生矩阵来提取纹理特征，从而实现对户外绝缘子状态的识别与分类。利用绝缘子串相对温度分布特征和人工神经网络模型相结合的方法，可识别不同污秽等级、不同湿度条件下的零值绝缘子。还有方法利用纹理分布不均匀的特征，基于主动轮廓模型的方法从航空图像中提取绝缘子。

除此之外，图像识别等技术在输电线路方面也有相关应用。例如，针对传统相关匹配算法运算量大、直方图匹配结果不准确的缺陷，基于梯度方向场优化的直方图和归一化相关匹配结合的复合匹配的方法，实现对输电线路图像中间隔棒的快速、准确定位。利用改进的图像融合与拼接算法对多角度图像进行拼接，并利用新型拼接缝消除算法消除拼接缝，应用于无人机巡检系统中，可对存在一定重叠和旋转的多幅图像进行自动拼接，获得无缝、清晰的大视场图像。针对气体隔离开关站的在线监测，还提出了一种基于统计对比分析的异常情况定位算法，给出了一种基于图像识别方案的系统设计。利用 Harris 角点提取方法对经过图像灰度化、图像平滑等方法预处理后的图像导线进行特征提取，找到导线弧垂最低点和金具点，再由坐标系变换，在世界坐标系中得到较为精确的测量导线实际弧垂。基于图像平滑处理、阈值变换和轮廓跟踪等算法，可实现基于现场图像的绝缘子覆冰及覆冰厚度等特征参数的自动分析和识别。在视频监控系统中利用离散正交 S 变换（discrete orthogonal S-transform，DOST）算法更好地识别了绝缘子。还有方法采用独特的模板设计，以小波变换进行特征提取实现架空电力线路的视频跟踪，并用隐马尔可夫模型分析损坏的绝缘子。

目前，智能视频分析技术主要包括火焰与烟雾报警、变电站一次与二次设备状态识别、仪表智能读数、设备缺陷与隐患定位等。这些技术可以对多种变电站常见运行故障进行自动检测与定位，便于故障快速发现与消除，因而受到人们的重视。然而，智能视频监控技术在变电站中，尤其是国内的变电站中使用并不广泛。

11.2.3　技术分析与总结

综上所述，人工智能、图像处理和边缘计算等技术在工业生产中已经得到广泛应用，在电力行业也得到了初步的应用。三者相结合的基于边缘 AI 的图像巡检应用并不广泛。目前，相应的产品发展刚刚起步，大多数自主开发的厂家基本都处于研究阶段，真正具有完善智能分析技术的视频监控系统的国内量产产品非常少。

随着边缘计算和人工智能技术的飞速发展，模式识别、数据建模与预测分析技术的执行速度和准确率有了极大的提升。因此，面向未来电力运维管控要求，结合边缘计算和人工智能的特点和优势，开展基于边缘 AI 的视频、图像就地实时分析技术研究，针对目前视频、图像巡检均采用本地采集、远程后台分析的方式，存在视频和图像数据消耗流量大、带宽要求高、后台主站计算负担重、巡检效率低的问题。研究面向视频、图像巡检的边缘 AI 技术，建立基于边缘 AI 的视频、图像智能巡检方案，对实现视频与图像就地实时分析、故障信息及时回传、降低网络流量消耗、减少后台依赖、降低运营成本等有着重要的意义。

11.3　人工智能巡检基础理论与支撑技术

11.3.1　基础理论

1. 深度学习理论

人工智能所具有的特征之一就是对信息的学习能力，即网络的性能是否会随着数据的增加积累而不断提高。人类社会信息的爆发，大数据时代的到来，可用计算能力与数据量的增加，为人工智能的发展提供很好的平台。在这样的背景下，深度学习在各大领域所取得的成就绝非偶然。深度学习其实是通过组合低层特征形成更加抽象的高层表示（属性类别或特征），以发现数据的分布式特征表示。深度学习基本理论主要包括深度学习的基本概念、深度学习的训练过程和深度学习的模型三部分。

2006 年，加拿大多伦多大学教授、机器学习领域泰斗 Geoffrey Hinton 和他的学生 Ruslan Salak hutdinov 首次在《科学》上发表论文，提出深度学习的两个主要观点：①含多隐含层的人工神经网络具有很优秀的特征学习能力，其对学习所得到的特征数据有更深刻的展示，最终得到的网络数据更有利于分类或可视化；②深度神经网络在训练其本身网络参数上具有一定的难度，但是这些都可以通过“逐层初始化”来克服，而逐层初始化则可以通过无监督学习来实现。深度学习允许那些由多处理层组成的计算模型去学习具有多个等级抽象数据的表达，该方法在许多领域得到了广泛的应用，如视觉对象识别、语音识别、对象检测等，同时对医药学的新发现和基因组学的新进展也起到了促进作用。深度学习利用反向传播算法发现大数据的内在复杂结构，然后 BP 算法会指导机器如何在每一层利用从上一层获得的表达来改变其内部的参数。深度学习的本质是利用海量的训练数据（可为无标签数据），通过构建多隐含层的模型，去学习更加有用的特征数据，从而提高数据分类效果，提升预测结果的准确性。“深度学习模型”是手段，“特征学习”是目的。

深度学习常用模型主要有：自动编码器（auto encoder）、稀疏自动编码器（sparse auto encoder）、降噪自动编码器（denoising auto encoder）、受限玻尔兹曼机（restricted Boltzmann machine，RBM）和深度卷积神经网络（deep convolutional neural network，DCNN）等。

激活函数是用来为深度神经网络加入非线性因素的，因为线性模型的表达分类能力不够。某些数据是线性可分的，其含义为可以用超平面将数据分开。这时候需要通过一定的机器学习的方法，例如，为感知机算法找到一个合适的线性方程。但是，有些数据是线性不可分的，这时候有两个办法，一个办法是进行线性变换；另一个办法是加入非线性因素，即激活函数。总的来说，引入激活函数就是用来解决线性不可分的问题。常用的激活函数有 Sigmoid、tanh 以及 ReLU 等。

2. 视频图像预处理技术

人工智能技术在巡检中的应用是利用视频图像预处理技术对获得的图像和视频资源进行浓缩摘要、去雾、去噪、去抖动、增强及复原等操作，从而获得高质量的视频图像资源，再利用视频目标检测与跟踪等技术对其进行处理，确定目标的状态，以利于后续处理。

1）视频浓缩摘要技术[32]

理论上，视频是指由一系列静态图像按时间顺序或空间分布规则组合得到的图像集，可多角度表达语义信息。视频浓缩摘要不仅对原始视频进行分析，还综合考虑了伴随着视频有意义的音频流和文本流等多媒体信息，进行语义理解，并对视频流或多媒体流进行摘要。视频浓缩摘要是指利用计算机技术分析视频结构、理解视频内容，并从原始的多媒体数据中选取具有代表性的、有意义的部分，将它们以某种方式组合并生成紧凑的、用户可读的原始视频的缩略。该技术分为静态视频浓缩摘要和动态视频浓缩摘要。

静态视频浓缩摘要，又称为关键帧集，是由原始视频中具有代表性的图像帧组成的，以直接、分层或缩放的方式进行组合。动态视频浓缩摘要是从原始视频中选取可表达语义内容的视频片段拼接编辑得到。它本身也是一段视频，但比原视频要短得多。动态视频浓缩摘要可分为精彩集锦和全局缩略视频。动态视频浓缩摘要生成的一般步骤为视频段分割、视频段选取和视频段的整合。

总体说来，静态视频浓缩摘要主要分析视觉内容，不考虑音频信息，它的构建与表现相对简单，往往可灵活地组织以用于浏览和索引。动态视频浓缩摘要综合考虑多媒体信息流，通常含有丰富的音频、动作甚至文本信息，可更加清晰地表达原始视频的内容，更具有娱乐性和观赏性。

2）图像去雾技术[33]

航拍巡检或固定监控时，由于气象条件或大气污染等因素，室外获取的图像经过空气中水滴、尘埃等粒子的吸收和散射作用后形成了降质的图像。这些粒子的干扰使图像的对比度和分辨率均较差，而且图像边缘等细节信息可能会丢失或变得模糊，极大影响了图像分析和理解等后续工作。

图像去雾技术的主要任务是去除天气因素对图像质量的影响，以增强图像的能见度和改善图像质量。去雾技术是图像处理领域研究的一个热点，雾化图像被广泛地描述为方程 $I(x)=J(x)t(x)+A(1-t(x))$ 。其中 $I(x)$ 是雾化图像的颜色值，$J(x)$ 是场景无雾情况下的颜色值，A 是空气颜色值，而 $t(x)$ 则是场景色彩在各个区域通过程度的描述。去雾方法的本质就是从 $I(x)$ 获取 $J(x)$ 、A 和 $t(x)$ 。

去雾技术主要分为两类：雾天图像复原和雾天图像增强。雾天图像增强方法从提高图像对比度入手，只是普通增强算法在雾天图像的应用，原因是图像对比度加强后更适合于人眼的视觉习惯与机器视觉的输入习惯，并不是真正意义上的去雾，常出现边缘信息损失或过饱和现象。雾天图像复原方法基于雾天图像退化的物理过程，建立描述图像降质的模型，通过相关算法，结合降质模型，利用暗通道先验算法获取雾天图像成像模型的相关参数，进而反推出场景真实信息，反演图像退化过程，从而复原由雾而导致的雾天模糊，这样的处理方法是真正从物理意义上的去雾，还原图像真实自然，一般不会有信息损失。雾天图像的去雾过程一般是基于物理模型的图像复原方法进行雾天降质图像的清晰化处理。

3）图像去噪技术

图像在采集、获取、传输过程中往往会受到噪声的污染，噪声是影响图像质量的主要因素，并且极大地影响了人们从图像中提取信息。因此，有必要在分析和利用图像之前消除噪声，图像去噪一直以来也都是计算机图像处理和计算机视觉中的一个研究热点。

按照对信号的影响，噪声可以分为加性噪声和乘性噪声。按照噪声信号的特点，噪声又可以分为椒盐噪声、高斯噪声、瑞利噪声等，其中，高斯噪声因为在时频域中比较容易处理，应用更为广泛。

图像去噪要解决的问题是基于给定有噪图像对未知的干净图像进行估计。对于加性噪声，数学上可表示为对以下方程的求解：$y=x+n$ 。其中，y 是观察到的有噪图像向量，x 是待求干净图像向量，n 是未知噪声向量。各向量是通过把二维图像中的所有像素按照相同的方式重新排列为一维向量而得到的。该方程的求解是一个反问题，无法直接求解得到真实图像。为了得到一幅去除噪声并保持边缘等视觉特征的估计图像，关键问题是对干净图像的特点作出合理假设。现有去噪方法可大致分为三大类，分别是局部方法、非局部平均方法、稀疏编码方法。

局部方法：传统方法尽管采用了各种形式的技术和数学工具，但是其本质非常简单，大都基于局部平均计算进行估计，即利用对应局部图像块内的信息、通过平均操作恢复各像素。经典技术包括空域上的局部平均、偏微分方程、能量最优化和变换域方法等。

非局部平均方法：局部方法大都基于一定的数学模型假设，认为图像是平滑或整体平滑的函数，并没有充分利用图像本身的信息或考虑图像自身的特点。非局部平均方法可以克服局部方法的缺点。图像中存在一些结构相似的图像块，并且相似块的位置不限于局部区域。非局部平均方法利用图像信息冗余带来的非局部自相似性提高去噪效果。对于给定图像中的任一个像素，首先在一个大的搜索窗或者整个图像空间内计算以该像素为中心的图像块与其他相似块的相似度，然后计算这些图像块中心像素的灰度加权平均，作为对当前像素真实灰度的估计，相似块的权重高于非相似块的权重。

稀疏编码方法：最近研究显示稀疏编码对于图像信息的表达效果良好。用于去噪领域的代表方法为基于字典训练的稀疏与冗余表达方法 K-SVD。该方法通过学习得到一个过完备字典，认为自然图像中的每个图像块都可用该字典中各原子的线性组合来近似表示，并且系数向量具有稀疏性，即向量中大多数元素为零。

4）图像增强技术

图像增强是使图像清晰或将其转换为更适合人或机器分析的形式，其可以依据具体应用要求突出图像中细节特征、提高图像对比度，从而改善图像视觉效果。图像增强不要求真实地反映原始图像。相反，含有某种失真（如突出轮廓线）的图像可能比无失真的原始图像更为清晰。

图像增强方法按照图像不同的处理方式有不同的划分。增强方法依据图像处理过程中处理空间的不同，可将图像增强方法分为空域增强算法和频域增强算法。

空域是指待处理图像的原始像素集合。空域增强算法是指图像处理过程在图像的原像素空间进行运算，算法以变换函数为基础，对图像像素根据增强需求和图像特点进行不同变换达到增强的目的。空域增强算法可分为两大类：一类是点运算，这类算法在增强过程中对图像像素逐点进行处理，与其周围像素无关；另一类是邻域运算，也称为模板运算，模板运算与相邻像素有关。空域增强算法主要有直接灰度映射、直方图变换、线性滤波、非线性滤波和局部增强等。根据空域变换函数的不同，处理方法可以分为直接灰度变换和基于直方图的变换。

频域处理的基础是卷积定理，频域增强通常借助傅里叶变换或其他正交变换增强图像重要的细节信息。频域图像增强的主要作用是去除噪声、增强边缘、提高对比度、改善图像显示质量、丰富层次信息等。算法在图像增强过程中使用频域变换函数将图像处理空间变换到频域中进行处理，增强处理后再将增强结果逆变换到原始图像空间即为最后的增强结果。频域变换函数可选傅里叶变换、小波变换等变换函数。图像经过频域变换对图像像素进行分析，图像中细节与噪声对应频域中高频分量，图像的背景和变化缓慢部分对应频域的低频分量，在变换过程中可以针对不同的增强目的采用数字滤波方法改变不同的频率分量从而实现图像增强。根据频域增强中所选滤波器的不同，可将频域增强方法分为低通滤波增强、高通滤波增强、带阻滤波增强、带通滤波增强。

5）图像复原技术

图像复原就是利用导致图像退化的先验知识，建立有效的数学模型来描述图像退化的过程，然后沿着图像退化的逆过程，设计相应的求解方法，以恢复出已退化图像的原本面目。

在各个领域中，图像的来源千差万别，图像降质的原因各不相同，假设成像系统是线性移不变系统，图像复原问题可以归纳为共同的本质，即用一个空域的卷积过程来描述图像的降质。从图像的降质过程可以看出，图像复原是图像降质的逆过程，其属于数学物理问题中的一类“反问题”。图像复原的目的是反过来从降质图像求取原始图像，这个过程表明了图像复原具有反问题的本质。由上述分析可知，图像的复原过程是一个反问题，所有的反问题有一个共同的属性被称为病态性，这是一个使得问题的理论分析或数值求解都异常困难的特殊属性。

为了克服图像降质方程的病态性，目前通常采用的方法是利用原始图像符合物理现象的先验知识，依靠增加适当的约束或改变求解策略，使得病态问题转换为良性问题，并要求转变后的良性问题解必须非常接近于原本病态问题的真解，向稳定的良性问题的转变使得从降质图像求取真实图像的最优估计变得有效可行。

图像复原技术作为数字图像处理领域的一个重要分支，其对于解决实际应用中的图像降质问题具有十分重要的作用和意义，因而，经过了多年的发展和研究，各种类型的图像复原方法被提出，主要有逆滤波法、维纳滤波法、约束最小二乘滤波法、最小熵法、正则化方法和贝叶斯方法等。

6）视频稳定技术

视频抖动是指拍摄过程中由于摄像机存在不一致的运动噪声而造成视频序列的抖动和模糊。为了消除这些抖动，需要提取摄像机的真实全局运动参数，然后采用合适的变换技术补偿摄像机的运动，使视频画面流畅而稳定。这项技术通常称为视频去抖动或视频稳定。目前已有的视频稳定技术有特征法、光流法、几何分析方法等。

特征法是在提取每帧图像特征点的基础上，在相邻帧之间进行特征匹配，然后根据匹配的结果计算摄像机的全局运动参数，最后用滤波后的全局运动变换对原始序列进行补偿。

光流法首先计算相邻帧之间的光流，然后根据光流信息，通过运动分析获得全局运动参数，随后根据滤波后的运动参数来补偿原始序列。

几何分析方法是基于运动矢量的视频稳定算法，采用新的快速鲁棒估计法获得摄像机全局运动参数集；对该参数集进行滤波，滤除随机抖动带来的运动噪声。为了提高算法的可靠性，在全局运动估计之前对原始运动矢量进行了时空滤波；在运动校正阶段，引入了“重同步”机制防止差错累积。

3. 图像特征提取与表达技术

图像处理和分析的最终目的是希望从分割出的区域中识别出某种物体（目标）。而识别的第一步就是物体特征的提取和表达。因此图像特征提取与表达是图像处理和分析研究中的重要内容，对识别的最终效果有着决定性的影响，而图像特征提取与表达的关键则是图像特征的描述和定义。

航拍巡检和固定监控基于视频图像预处理技术对获得的图像存在着颜色特征、纹理特征、形状特征和空间关系特征，利用相应的特征提取方法获得深度学习的特征库，将这些获得特征存储到特征库里，为深度学习的训练做储备。由于巡检过程中位置、视角的不确定性和复杂性，加之环境噪声等的影响，想要提取一种可以对平移、旋转、缩放、光照、颜色等情况都鲁棒的特征是极难的。方法力图充分考虑多种特征自身的特点，对于巡检典型目标分别计算椭圆傅里叶特征、Zernike 矩特征、BoVW 特征、SIFT 特征，通过权重控制，让具有高辨识能力的特征得到足够大的权重，让具有较低辨识能力的特征可以辅助表达目标的特性。

1）颜色特征

颜色特征是一种全局特征，描述了图像表面性质，基于像素点的特征，是全局像素点的贡献。对方向、大小等变化不敏感，所以对局部特征很难捕捉。特征提取与匹配方法——颜色直方图：描述颜色的全局分布，给出不同色彩的比例，适用于难以分割和可以忽略空间位置的图像。最常用的颜色空间包括：RGB 颜色空间、HSV 颜色空间。颜色直方图特征匹配方法包括：直方图相交法、距离法、中心距法、参考颜色表法、累加颜色直方图法。

2）纹理特征

纹理特征是一种全局特征，描述了图像表面性质，不能完全反映出物体的本质属性，无法获得高层次图像的内容，该特征对局部区域进行统计计算，具有旋转不变性和较强的噪声抵抗能力。特征提取与匹配方法包括：统计方法、几何法、模型法和信号处理法。具体的方法有：灰度共生矩阵法、Voronoi 棋盘格特征法、结构法、马尔可夫随机场模型法、Gibbs 随机场模型法、Tamura 纹理特征法、自回归纹理模型法、小波变换法。

3）形状特征

各种基于形状特征的检索方法都可以比较有效地利用图像中感兴趣的目标来进行检索，但它们也有一些共同的问题。特征提取与匹配方法包括：边界特征法、傅里叶形状描述符法、几何参数法。

4）空间关系特征

空间关系特征是指图像中分割出来的多个目标之间的相互空间位置或相对方向关系，可分为连接/邻接关系、交叠/重叠关系和包含/包容关系等。通常空间位置信息可以分为两类：相对空间位置信息和绝对空间位置信息。特征提取与匹配方法包含两种方法：一种是首先对图像进行自动分割，划分出图像中所包含的对象或颜色区域，然后根据这些区域提取图像特征，并建立索引；另一种则简单地将图像均匀地划分为若干规则子块，然后对每个图像子块提取特征，并建立索引。

5）椭圆傅里叶特征[34]

椭圆傅里叶特征是基于闭合物体轮廓线链码的傅里叶特征。这一特征对于旋转、平移和缩放具有很高的鲁棒性。其算法可以大致分为三个步骤：从物体的轮廓线中提取链码，对得到的链码进行傅里叶分解，对分解得到的傅里叶系数进行归一化处理。

通过给定的 8 个标准线性方向，近似分段线性拟合连续的物体轮廓。假设提取的轮廓特征是基于一个闭合的轮廓线，其中用于对其近似的傅里叶系数为 a_n、b_n、c_n 和 $d_n(1 \leqslant n \leqslant N)$。这些系数对于轮廓线轨迹（链码）本身的本质形状特性（起始点、空间旋转、轮廓线所围区域的大小等）具有很强的依赖性，因此选择一个对这些条件不敏感的“参照物”用于归一化就显得极为重要。而选择旋转向量对于避开种种“环境”干扰是非常明智的，因为当第一谐波向量（first harmonic phasor）的轨迹是椭圆形时，根据其所在椭圆的半长轴，可以确定两个端点的坐标。而当这一轨迹是圆形时，就可以确定到其原始轮廓线中心 (A_0, C_0) 的最远点的距离的相关系数。

为了获得椭圆傅里叶系数，首先初始化第一谐波向量并使其旋转，直到可以与它所在的椭圆的半长轴对齐。然后将整个坐标系的 X 轴、Y 轴旋转相同角度得到新的坐标系坐标轴——U 轴和 V 轴（也就是椭圆的长轴和短轴），使得 X 轴的正方向与第一谐波向量所在的半长轴对齐。

对于经过起始点 (x_1, y_1) 的椭圆轨迹方程，有

$$x_1 = a_1 \cos\theta + b_1 \sin\theta$$

$$y_1 = c_1 \cos\theta + d_1 \sin\theta$$

式中，$\theta = 2\pi t/T$，并对其第一谐波向量的模 $E = \sqrt{{x_1}^2 + {y_1}^2}$ 求导，令其导数为 0，可得

$$\theta_1 = \frac{1}{2}\arctan\left[\frac{2(a_1 b_1 + c_1 d_1)}{a_1^2 + c_1^2 - b_1^2 - d_1^2}\right]$$

这个解使第一半长轴的位置得以固定，不会随着轮廓线的旋转而偏移。这一结论可以从第一谐波向量 E 的二阶导数非负得知，$0 \leqslant \theta_1 \leqslant \pi$。

由于 θ_1 的确定，空间旋转角 ψ_1 可以由傅里叶系数 a_1^* 和 c_1^* 得到：

$$\begin{bmatrix} a_1^* & c_1^* \\ b_1^* & d_1^* \end{bmatrix} = \begin{bmatrix} \cos\theta_1 & \sin\theta_1 \\ -\sin\theta_1 & \cos\theta_1 \end{bmatrix} \begin{bmatrix} a_1 & c_1 \\ b_1 & d_1 \end{bmatrix}$$

并且点 (x_1^*, y_1^*) 的椭圆轨迹方程可以表示为

$$x_1^*(t^*) = a_1^* \cos\frac{2\pi}{T}t^* + b_1^* \sin\frac{2\pi}{T}t^*$$

$$y_1^*(t^*) = c_1^* \cos\frac{2\pi}{T}t^* + d_1^* \sin\frac{2\pi}{T}t^*$$

当 $t^* = 0$ 时，第一谐波向量就与半长轴对齐了，可以得到 ψ_1 为

$$\psi_1 = \arctan\left[\frac{y_1^*(0)}{x_1^*(0)}\right]$$

那么进一步推导就可以发现，半长轴的长度为

$$E^*(0) = \sqrt{x_1^*(0)^2 + y_1^*(0)^2}$$

$$E^*(0) = \sqrt{a_1^{*2} + c_1^{*2}}$$

最终对所有傅里叶系数进行归一化：

$$\begin{bmatrix} a_n^{**} & c_n^{**} \\ b_n^{**} & d_n^{**} \end{bmatrix} = E^*(0)^{-1} \begin{bmatrix} \cos\psi & \sin\psi \\ -\sin\psi & \cos\psi \end{bmatrix} \begin{bmatrix} a_n & b_n \\ c_n & d_n \end{bmatrix} \begin{bmatrix} \cos(n\theta) & -\sin(n\theta) \\ \sin(n\theta) & \cos(n\theta) \end{bmatrix}$$

由此得到的傅里叶系数，对于平移、旋转、放缩具有很好的鲁棒性。

6）Zernike 矩特征

Zernike 矩是基于 Zernike 多项式的正交化函数，其中的正交多项式集是在单位圆内的 1 个完备正交集。Zernike 函数是由一组在复数空间内正交的函数组成的，

同时这些函数共同构成了一个完备的正交基。而且，这些正交的函数还被定义为在单位圆内是平方可积的。对于(p,q)阶的 Zernike 函数（p阶q重 Zernike 函数），其表达式可以定义为

$$V_{pq}(x,y)=R_{pq}(\rho)\exp(\mathrm{j}q\theta),\quad x^2+y^2\leqslant 1$$

$R_{pq}(\rho)$的展开式为

$$R_{pq}(\rho)=\sum_{s=0}^{\frac{(p-|q|)}{2}}(-1)^s\frac{(p-s)!}{s!\left(\dfrac{p+|q|}{2}-s\right)!\left(\dfrac{p-|q|}{2}-s\right)!}\rho^{p-2s}$$

由上述公式可知，Zernike 系统是具有不变性的多项式家族中的一个特例。其在离散条件下并基于像素集$\{(x_i,y_j),1\leqslant i\leqslant n,1\leqslant j\leqslant n\}$可以表示为

$$A_{pq}=\sum_{x_i^2+y_j^2\leqslant 1}f(x_i,y_j)h_{pq}(x_i,y_j)$$

式中

$$h_{pq}(x_i,y_j)=\sum_{x_i-\frac{\Delta x}{2}}^{x_i+\frac{\Delta x}{2}}\int_{y_j-\frac{\Delta y}{2}}^{y_j+\frac{\Delta y}{2}}V_{pq}^*(x,y)\mathrm{d}x\mathrm{d}y$$

表示$V_{pq}^*(x,y)$在(i,j)点邻域处的积分。对于简单纹理的图像，Zernike 矩在较低阶数可以恢复出比较理想的效果。

7）SIFT 特征

SIFT 算法是基于灰度变化率的，其对图像的旋转、平移及尺度变化具有不变性，对图像经度与纬度倾斜变化、3D 视角、光照变化及噪声也有一定的稳定性，而且由于在立体和频域空间被很好地局部化，故降低了噪声干扰的可能性。

SIFT 算法首先检测尺度空间的极值点，大致确定关键点的位置以及所处的尺度，然后滤去低对比度的关键点以及不稳定的边缘响应点，以增强匹配的鲁棒性和抗噪声能力；接着需要确定每个关键点的方向参数，标记关键点邻域梯度的主方向为该点的方向特征；最后通过对关键点当前尺度邻域的梯度统计，生成 SIFT 特征描述子。SIFT 算法主要包括以下 3 个步骤。

（1）建立尺度空间。构建合适的尺度空间模拟图像数据的多尺度特征是检测该空间极值点的前提条件，尺度空间的基本思想是：在图像信息处理模型中引入尺度的参数，连续变化尺度参数来获得不同尺度下的图像处理信息，接着综合利用所获取的信息更深入地发掘图像本质特征。

（2）特征点检测。在高斯差分尺度空间，为了检测到局部极值点，每个采样点周围同尺度的 8 个相邻点和上下相邻尺度对应的 9×2 个点共 26 个点进行比较，确定是否为极大值点或极小值点，以确保在尺度空间和二维图像空间都检测到极值点。所有的局部极值点，就构成了 SIFT 候选关键点集合。

（3）特征描述子生成。确定了每幅图中的特征点后，为每个特征点计算一个方向，利用关键点邻域像素的梯度方向分布特性为每个关键点指定方向参数，使算子具备旋转不变性。图像的关键点检测完毕，得到每个关键点的位置、所处尺度和方向三个信息，确定一个 SIFT 特征区域。

8）多特征融合

典型巡检目标图像的轮廓具有很强的辨识能力，因此这里采用椭圆傅里叶特征来估算物体的形状。当获得物体的形状信息后，为了更精细地区分物体，我们需要使用 Zernike 矩和 BoVW/SIFT 特征来描述物体的内容；这里之所以选择两个特征来描述物体的内容信息，是因为对内容的估计是非常精细的，选用不同的描述方式对于估计物体可以起到一定程度的互补作用。而形状特征（轮廓特征）和内容特征本身又是互补的，这样安排可以非常有效地提高目标的检测精度。与椭圆傅里叶特征不同，Zernike 矩特征对信号及其区域有比较严格的要求——信号必须平方可积，且必须在预定义的圆中，而且 Zernike 矩特征分解得到的信号不仅是正交的，而且它将实数空间得到的信号扩展到复数域中，因而信息量也会更丰富一些。Zernike 矩对于简单纹理的图像具有极强的辨识能力，但是对于复杂问题的图像，其辨识能力较弱。由于 BoVW/SIFT 特征是基于多尺度的局部统计特征，尽管它不能像傅里叶特征和 Zernike 矩特征那样可以恢复出原始信号，但是其对于复杂纹理具有较强的辨识能力。但是，由于 BoVW 本身的限制，当遇到简单纹理的时候，BoVW 特征就会变得极其稀疏，使得 BoVW/SIFT 特征丧失了其应有的辨识能力。因此让它与 Zernike 矩特征搭配，刚好可以互补，显然可以提高其辨识能力。

4. 图像识别技术

快速、高精度的图像识别算法是实现各种实际应用的基本前提。图像识别是指利用物体的特征差异性和结构差异性，通过各种分类器区分图像，从而达到分类的目的。同类物体在特征空间中会形成一个相对比较集中的点集，不同类物体在特征空间中则形成一个相对比较分散的点集。下面主要探讨基于二分图的多特征的典型巡检目标检索算法和基于深度学习的巡检图像识别与故障检测方法。

1）基于二分图的多特征的典型巡检目标检索算法

对于已经获得的特征——椭圆傅里叶特征、Zernike 矩特征[35]、BoVW/SIFT，方法采用贪婪的算法对其建立二分图。以椭圆傅里叶特征为例，假设查询目标的特征矩阵为$Q(Q \in \mathbf{R}^{d\times n_q})$，其中$n_q$为查询目标的视点数，$d$为椭圆傅里叶特征的维度），待检索数据集中的某一目标的特征矩阵为$O(O \in \mathbf{R}^{d\times n_0})$，其中$n_0$为当前目标的视点数，$d$表示椭圆傅里叶特征的维度）。建立两者二分图的边的矩阵$E \in \mathbf{R}^{n_q\times n_0}$，且

$$E(i,j) = \| Q(:,i) - O(:,j) \|$$

假设二分图的关联矩阵为X：

$$X^* = \arg\max X \odot E^{\mathrm{T}}$$

在求得二分图的关联矩阵之后，就需要对各个特征进行融合，其方程如下所示：

$$E_{\text{mix}} = \lambda_1 E^*_{(\text{BoVW/SIFT})} + \lambda_2 E^*_{\text{Fourier}} + \lambda_1 E^*_{\text{Zernike}}$$

$$E^*_{\text{descriptor}} = X^*_{\text{descriptor}} \odot E^{\mathrm{T}}_{\text{descriptor}}$$

$$\text{descriptor} = \{\text{BoVW / SIFT}, \text{Fourier}, \text{Zernike}\}$$

对于融合后的二分图，其相似程度S为

$$S = \sum_i E_{\text{mix}}(i)$$

根据这一相似程度对巡检目标进行识别和度量。

2）基于深度学习的巡检图像识别与故障检测方法

近年来，深度学习尤其是卷积神经网络[36]在图像识别所取得的成果令人瞩目，可对基于深度学习的智能电网进行图像识别与故障检测。

识别与检测时用大量无标签的图像训练卷积神经网络，并参考 AlexNet 网络结构来设计网络结构。然而，由于对图像没有标记，不能准确确定代价函数并确定合适的优化方案。用欧几里得距离来判断两个图像块的相似性。在图像集合中，两个非常相近的块在视觉编码映射的空间中也是相近的，但是仅仅采用相似性特征约束是远远不够的，这样会导致所有点再映射到空间中的一个点。因此，为了训练网络，引入第三个块。在训练过程中，我们采用代价函数来保证在映射空间中第一个块与其相似块比第一个块和随机块距离更近。

拟采用新型的基于三元组的相似度比较，三元组的构造有利于在优化过程中获取类间和类内距离，如图 11-1 所示。对于每一个三元组，采用以下构造策略：从所有类中随机选取两个图像块，再从另一个类中选择一个图像块，每个三元组中含有两个相似图像块，一个不相似图像块。依此策略，训练后的三元组分布，在汉明距离中，匹配的图像块被聚得更近（图中阴影中的块），不匹配块被分开，有这样的设定就可以保证相似的块有相似的哈希编码。

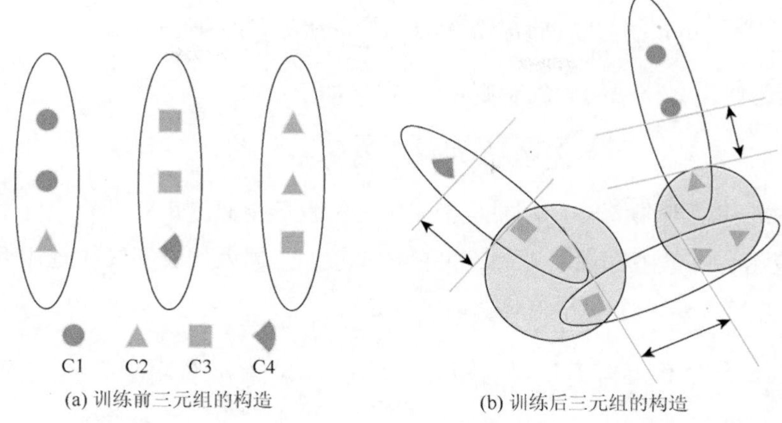

(a) 训练前三元组的构造　　(b) 训练后三元组的构造

图 11-1　三元组的构造

采用深度 CNN 模型来提取训练图像的图像特征，深度学习网络的目标是建立一种完美的映射，从网络中提取 p 维特征向量 $x \in \mathbf{R}^p$，并映射到 q 维哈希二进制编码 $h \in \{0,1\}^q$，h 是一个每一维都是 1 或者 0 的 q 维向量。我们用非线性的转换函数表示图像特征提取和哈希编码过程，输入为原始图像，输出为哈希编码。

$$h = \varphi(I)$$

目标是每一类图像块会有同一个哈希编码。我们用加权汉明距离来计算哈希编码之间的差异度：

$$\Theta(h(x_i), h(x_j)) = h(x_i) w h(x_j)$$

式中，矩阵 w 是一个对角阵；$h(x_i)$、$h(x_j)$ 差异度越大，$\Theta(h(x_i), h(x_j))$ 值越大。后面内容为了简化表达，用 h_i、h_j 表示 $h(x_i)$、$h(x_j)$。

带权重的哈希编码可以对哈希编码的每一位赋予不同的权重，这个权重是根据不同的训练集从深度学习模型中学习出来的。

我们的目标是最大化类间距离，最小化类内距离，相似块有相似的编码。为了让网络能达到这个目标，设定代价函数为

$$\varphi(I) = \phi_w + \psi_w$$

式中，ϕ_w 为最大边界项，最大化控制类间距离；ψ_w 为正则项，控制相似块有相似编码。采用块与块之间差异度来控制，要保证

$$\phi_w = \phi_w(h_i, h_i^+, h_i^-) = \Theta(h_i, h_i^+) - \Theta(h_i, h_i^-)$$

式中，h_i, h_i^+, h_i^- 三者构成一个三元组，在第 i 个三元组中，h_i, h_i^+ 表示同一类的哈希码，h_i, h_i^- 表示两类的哈希码，满足 $\Theta(h_i, h_i^+) < \Theta(h_i, h_i^-)$。$\phi_w(h_i, h_i^+, h_i^-)$ 表示同类哈希码与异类哈希码之间差异度的差值。所以最大边界项应该表示为

$$\min_{w}\sum_{i,i^{+},i^{-}}-\phi_{w}(h_i,h_i^{+},h_i^{-})=\min_{w}\sum_{i=1}^{M}[\Theta(h_i,h_i^{+})-\Theta(h_i,h_i^{-})]$$

控制相似块有相似编码的正则项ψ_w定义如下：

$$\sum_{i,j}\psi_w(h_i,h_j)=\frac{1}{2}\sum_{i,j}\Theta(h_i,h_j)S_{ij}$$

式中，h_i,h_j分别为图像块I_i,I_j的哈希编码；S表示相似度矩阵。相似度矩阵中的元素S_{ij}表示训练集中图像块I_i,I_j之间的相似度，S_{ij}越大代表图像块越相近，反之，则越远。矩阵S是一个对称矩阵，即$S_{ij}=S_{ji}$。

定义一个对角矩阵U，其中$U_{ii}=\sum_{j=1}^{M}S_{ij}$，拉普拉斯矩阵$L=U-S$，其中$L\in M\times M$，正则项可以转化为

$$\sum_{i,j}\psi_w(h_i,h_j)=\frac{1}{2}\mathrm{tr}(RLR^{\mathrm{T}})$$

式中，$\mathrm{tr}(\cdot)$表示矩阵的迹。基于三元组的正则化模型可表示为

$$\varphi(I)=\min_{w}\sum_{i=1}^{M}[\Theta(h_i,h_i^{+})-\Theta(h_i,h_i^{-})]+\lambda\mathrm{tr}(RLR^{\mathrm{T}})$$

接下来，我们需要对目标函数进行优化：

$$\mathrm{tr}(RLR^{\mathrm{T}})=r_i^{\mathrm{T}}(RL_i)+(RL_i)^{\mathrm{T}}r_i-r_i^{\mathrm{T}}L_{ii}r_i$$

式中，L_i代表矩阵L的第i列。定义R_{-i}为矩阵R去除第i列之后的子矩阵，$L_{i,-i}$为向量L_i去除第i个值后的向量，则

$$\frac{\mathrm{tr}(RLR^{\mathrm{T}})}{\partial r_i}=2(R_{-i}L_{i,-i}+L_{ii}r_i)$$

图 11-2 为深度学习网络拓扑图从原始图像到加权哈希码的过程，在拓扑图的左侧训练集是以三元组的形式放入网络中进行相似度训练的。拓扑图的右侧则表示用汉明距离来表示相似度的哈希码。

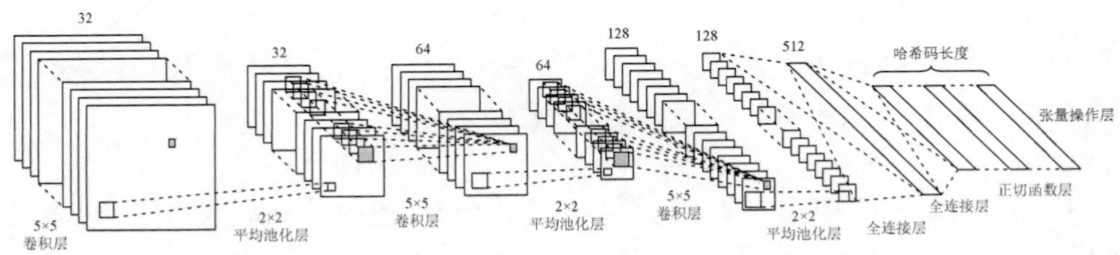

图 11-2　深度学习网络拓扑图

我们应用深度卷积网络从输入图像集中提取特征，网络的底层由卷积层、平均池化层、全连接层组成，生成特征后，我们应用一个全连接层和一个正切函数层来输出二进制哈希编码。在网络的顶层，是一个计算哈希编码每一位权重的层，就这样，在网络中深度哈希学习和特征学习通过反向传播进行联合优化。整个深度卷积网络采用局部连接、权值共享的策略，采用不同的卷积核就能提取不同的特征。共享权值可以减少很多权值，下采样层通过下采样可以对图像进行加权平均。

将三元组的训练集放入网络中，根据网络建立各层网络的权值，得到正向传播的输出，计算实际输出与目标输出的残差，并用极小化误差的方法反向调整权值矩阵，在有限次的迭代过程中调整整个网络。输入待检测图像局部，得到图像所对应的哈希编码，并根据哈希距离，判别待检测图像局部是否为正常情况。

11.3.2　支撑技术

为了搭建面向电网的高性能视频图像智能分析基础支撑平台，需要研究相应的支撑技术，主要包括图像数据库技术和通用图形处理器（general-purpose graphics processing unit，GPGPU）技术。

1. 图像数据库技术

利用图像数据库技术对通过图像特征提取方法获得的深度学习特征进行存储和提取，再利用数据库的同步技术将得到的图像存储到分布式文件系统中，作为目标特征数据库和典型故障特征数据库。

1）数据库同步技术

要实现分布式数据库，会涉及数据节点与数据库节点的数据交换。数据库同步技术是通过交换每个成员中所有已更新的记录和对象，来更新一个副本集的多个成员的过程。当每个副本集内的更改都相互应用于其他副本集时，副本集成员就实现了同步。目前主流的数据库同步技术包括以下几个方面。

数据库物理复制技术：当一个数据库的数据发生变化时，将数据文件的变化同步到副本库，如甲骨文公司的物理灾备技术 Data Guard。这种方式的复制效率较高，故障率较小，但是对副本端的系统有一定的限制，一般要求和主库端平台一致。

存储同步技术：通过存储，将数据文件的变化同步到副本端从而实现数据的同步。目前主流的存储容灾技术均是基于这种技术。存储同步技术实现简单，故障率低，维护成本低，但是不能 100%确保副本可用。

逻辑复制技术：将数据库的变化量复制到副本端，在副本端重组为 SQL

（Structured Query Language），应用到副本端数据库。逻辑复制技术实现简单，可以异构复制，甚至数据库异构复制，但是逻辑复制故障率较高，维护难度较大，并容易出现延迟。

主流的数据库复制技术都存在一定的局限性，并不能在任意场景中任意应用。因此在不同应用场景中选择最为合适的复制技术至关重要。为了适应分布式计算环境中的高性能、实时/准实时的数据复制，除了目前最常用的成熟技术外，还需要进一步优化复制算法，开发更适应分布式计算环境的数据库同步技术。

2）索引技术

这里主要用到的混合多维索引技术有两种。一种是 NoSQL（非关系型数据库）所使用的二级索引技术，主要是利用 NoSQL 中一张普通的表来建立二级索引，并实现对数据的快速检索。另一种是分布式混合多维索引技术，主要是为数据库的切片或者 NoSQL 建立多个维度的混合索引，并将索引和所对应的数据存放在相同节点上，然后就可以实现索引和数据都在一个物理地址，这时索引搜索之后就不会再有网络传输，使得数据查询更加高效。

3）分布式文件系统

分布式文件系统（distributed file system）是指文件系统管理的物理存储资源不一定直接连接在本地节点上，而是通过计算机网络与节点相连。分布式文件系统的设计基于客户机/服务器模式。一个典型的网络可能包括多个供多用户访问的服务器。另外，对等特性允许一些系统扮演客户机和服务器的双重角色。例如，用户可以“发表”一个允许其他客户机访问的目录，一旦被访问，这个目录对客户机来说就像使用本地服务器，这就使得一个系统不用扩充单点的存储就可以有更多的存储空间。

分布式文件系统是分布式计算中十分重要的组件，通过数据切片算法，将数据打散在一个 x86 集群上，作为分布式计算的功能载体。利用现有的开源 MPP 架构的分布式存储技术，进行深入的定制，形成一个可以在高性能分布式计算中应用的高度稳定的分布式存储服务器，这是一项十分重要的工作。

2. GPGPU 技术

在 GPGPU 技术出现之前，CPU 一直作为计算机里唯一的通用处理器，承担着大部分的计算任务。2004 年，奔腾 4（Pentium 4）处理器达到了 3.8GHz 的主频。之后，CPU 的主频没有再继续提升，反而比最高时稍稍下降。“主频时代”结束后，CPU 开始用增加计算核心的方法增强计算能力，但还是不能满足日益增长的计算需要。

作为通用处理器，CPU 除了布置了一定量的计算单元外，还把设计的重点放在了复杂的缓存系统、分支预测（branch prediction）系统和各种控制逻辑上。相比之下，GPU 所使用芯片上大多数以晶体管作为纯运算单元。这样的架构设计决定了 GPU 在灵活性和通用性方面不如 CPU，却拥有强大的浮点运算能力。GPU 的计算核心远多于 CPU，每个 GPU 核心（即着色器），都是一个标量处理器。虽然 GPU 不具备 CPU 一样的多级缓存系统和分支预测功能，结构相对简单，主频也较低，但其计算能力以数量取胜，GPU 每个时钟周期处理的线程数比 CPU 多得多，整体运算能力远超 CPU[37]。

对于需要高密度计算的图像处理操作，受到 CPU 本身在浮点计算能力上的限制，在处理性能与效率上一直没有太大进步，但 GPGPU 技术提供了这类计算密集型应用的高效解决方案。相比 CPU 来说（包括由 CPU 阵列组建的超级计算机），GPGPU 计算机具有体积小、功耗低、成本低的特点，已经成为越来越多的传统超级计算机的替代品。以深度学习计算为例，当训练数据达 128 万张图片，采用 6 层神经网络结构时，相关资料显示，一台拥有 8 块 GPGPU 的 DGX-1 工作站，可用 2h 完成 XERO 双路服务器 150h 的计算任务，效率大幅度提升。

11.4　人工智能巡检视频图像处理技术

对人工智能巡检的研究按照基础框架平台研究、核心技术研发、系统原型研发与应用验证的研究思路，如图 11-3 所示，主要包含以下三个具体内容：①基于 AI 的视频图像智能分析基础支撑技术研究；②基于深度学习技术的巡检视频图像

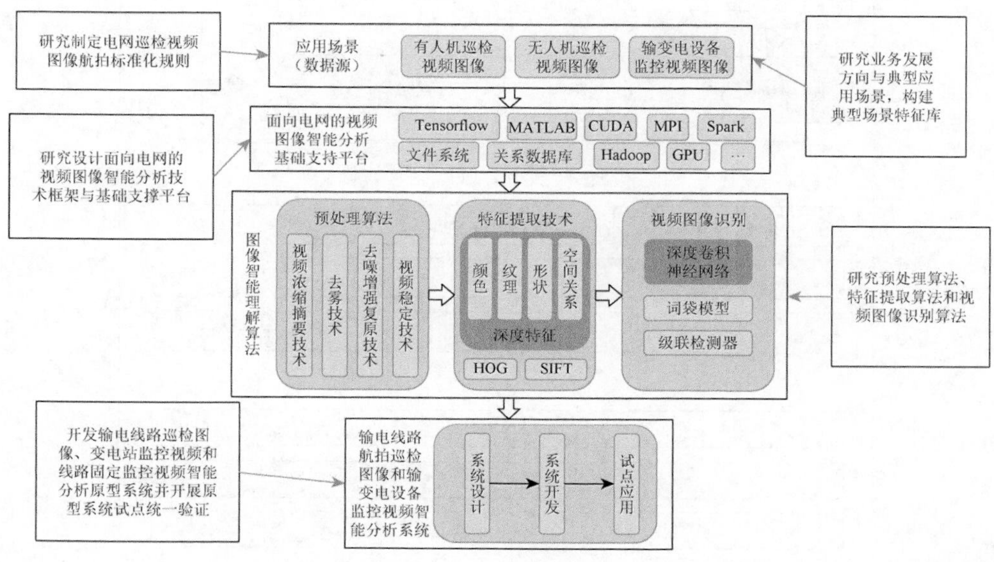

图 11-3　整体研究内容

智能理解算法研究；③基于深度学习技术的航拍巡检图像和固定监控视频处理分析典型应用研究与验证。其中内容①和内容②围绕视频图像处理及在巡检中的应用开展相关关键技术研究，实现视频图像智能分析支撑平台和巡检视频图像智能理解算法方面的核心技术突破，为研发新型视频图像智能处理平台准备技术基础，内容③依托前两个内容中关键技术研究成果，结合需求和架构设计，开展基于人工智能的电网巡检视频图像处理系统研发和应用验证。

11.4.1　视频图像智能分析规则及框架

基础支撑技术的研究从数据采集开始，如图 11-4 所示，首先研究制定航拍标准化规则，这对保证数据格式规范、提高识别精度有重要意义。其次从逻辑层设计面向电网的视频图像智能分析技术框架，并在此基础上实现基础支撑平台的搭建。

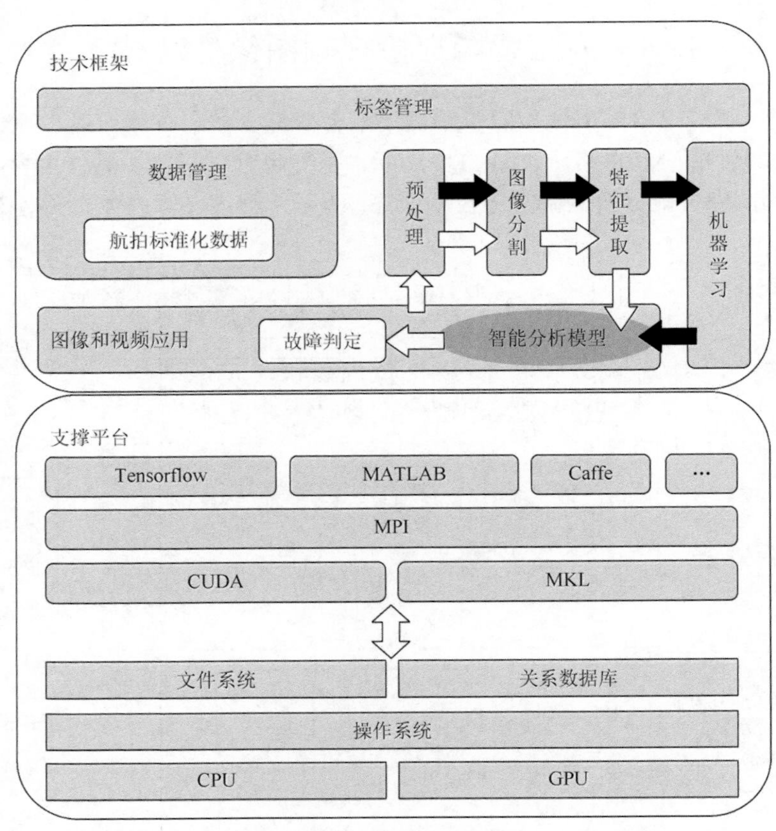

图 11-4　基于 AI 的视频图像智能分析基础支撑技术研究

1. 视频图像航拍标准化规则

航空电力巡视是满足特高压运维需要的重要技术保证，巡视成果主要以视频、图像和文本记录的形式提交运维单位，实现航巡作业的标准化、航巡成果的标准化是实现航巡过程自动化、巡检成果分析智能化、平台化和共享的前提。

航拍视频和图像数据获取标准化的实现是一个系统的复杂工程，期望提出航拍过程标准化、航拍数据标准化方案，为航巡成果的管理、分析和共享打下基础。总体技术流程如图 11-5 所示。

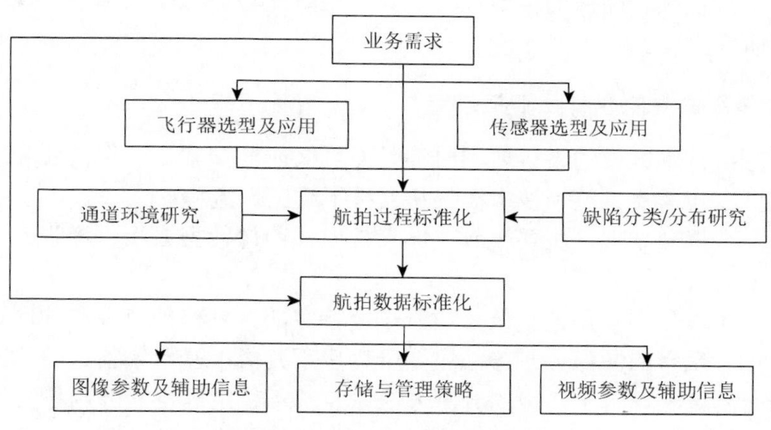

图 11-5　航拍技术路线图

1）航拍过程标准化

第一，通道环境/线路缺陷分布的特点对输电线路航拍数据标准化的影响。航拍视频和图像数据是为了记录通道环境和缺陷信息。通道的线路环境和地理环境会对航拍数据的记录产生重要的影响；缺陷的分布主要分为杆塔、线路和通道，并可以根据缺陷种类进行更详细的分类，发现缺陷的过程是一个对杆塔、线路和通道的有序观察过程（不同的杆塔种类需要有相应的观察过程），最后通过固定参数的图像记录下来。

第二，飞行器性能及飞行策略对输电线路航拍数据标准化的影响。研究在业务需求导向下，飞行器的选择问题（包括机型的选择、性能参数要求等），并制定相应的飞行策略（包括航巡和悬停策略），是实现航拍标准化的重要内容。

2）航拍数据标准化

第一，航拍视频和图像数据标准化的影响因素研究。航拍视频和图像数据的标准化受到多种因素的影响，包括业务种类、飞行器性能及飞行策略、不同业务的需求、通道环境/线路缺陷的特点及其分布、视频和图像传感器的性能等因素。

这些因素相互联动，通过固定变量的方法定性分析上述因素对航拍视频和图像数据的影响，为航拍视频和图像数据标准化搭建基础架构。

第二，不同业务需求对输电线路航拍数据标准化的影响。航空电力巡检在服务输电线路基建和运维的过程中，业务的特定需求和业务的分布环境都会对航空电力巡检流程产生影响。研究常规巡检、通道特巡、红外巡检、基建验收巡检等业务的特点，定性定量分析其对可见光/红外视频、图像记录的要求，提出标准化的视频和图像记录方案。

第三，视频和图像传感器性能对输电线路航拍数据标准化的影响。吊舱和相机是直接记录视频和图像的重要设备，其选型研究与业务需求也是实现航拍标准化的重要研究内容。

2. 视频图像智能分析技术框架

智能分析技术框架的设计要同时满足内容②研究探索型工作需要和内容③的原型验证型工作需要。整个技术框架将支持下列工作流程。

第一，数据预处理，主要视频关键帧提取，图像数据去噪、增强、平滑、锐化、去雾、去抖动等处理。

第二，图像分割，是把图像分成若干个特定的、具有独特性质的区域并提出感兴趣目标。现有的图像分割方法主要分为以下几类：基于阈值的分割方法、基于区域的分割方法、基于边缘的分割方法以及基于特定理论的分割方法等。

第三，特征提取和表达，使用计算机提取图像信息，决定每个图像的点是否属于一个图像特征。特征提取的结果是把图像上的点分为不同的子集，这些子集往往属于孤立的点、连续的曲线或者连续的区域，主要涉及图像纹理、颜色、形状和空间关系特征的提取。特征提取的结果就是特征表达。值得一提的是，和传统的机器学习技术对比，深度学习过程就是将特征提取和分类器训练过程合二为一。

第四，机器学习。一方面，结合电网数据特点设计新的卷积神经网络结构，利用成熟的深度学习框架，得到新的智能分析模型。另一方面，在公开的优秀卷积神经网络结构（如 AlexNet）的基础上，基于电网数据，直接训练出分类器作为智能分析模型。两者对比取其优势。

第五，图像分类，实际应用系统的待处理数据经过预处理、图像分割、特征提取后得到特征表达，再由机器学习得到的智能分析模型进行故障判定。

3. 视频图像智能分析基础支撑平台

面向电网的视频图像智能分析基础支撑平台，是图像智能分析模型“制造”和“服务”的一体化系统。作为“制造”平台，可试验和实践最新的人工智能理论和算法，研发出面向特定业务的图像智能分析模型，形成工具模块提供给用户；作为“服务”平台，可将智能模型包装成人工智能服务直接对外发布，用户可提交自己的“大数据”到平台中进行分析。

基础支撑平台实现智能分析框架设计的主要工作步骤如下。

第一，异构计算架构的搭建。深度学习计算具有高并发大计算量的特点，传统的单纯依靠 CPU 计算难以满足算法训练的计算时效性要求，因此常采用 CPU-GPU 异构计算技术来大幅提高计算效率。在计算集群中，GPU 只充当加速卡的角色，无任务调度和网络通信能力，且单台机器所能支持的 GPU 数量是有限的，因此还采用信息传递接口（message passing interface，MPI）技术完成跨机器间分布式任务协同。

第二，软件的选择。目前，在机器学习领域，存在众多优秀成熟软件产品或软件架构。开源框架开放性强，更轻量，随技术更新快，常见的有 Tensorflow、Caffe 等。商用产品得到商业公司长期支持，功能强大，成熟稳定可靠，如 MATLAB 等。两者各有千秋，互为补充，取长补短。

第三，数据和标签管理。一般系统的数据管理部分都采用关系数据库系统，图片和视频数据也作为 Blob 数据直接存入关系数据库。海量图片和视频条件下，这种方式将给数据的预览、读取、写入、批量处理带来不便，需配套开发相应的信息管理系统，性价比较低。因此考虑采用关系数据库和文件系统搭配使用的方案，将数据本体存于文件系统中，而将其附属信息、标签数据存于关系数据库中，利用关系数据库检索数据，利用目录索引定位数据。而数据本体的安全性由操作系统本身的权限管理功能保障。

第四，算法效果的快速呈现。科研人员持续探索和改进图像理解算法，只有每次算法调整后的各项算法指标和最终效果快速准确地呈现，才能帮助科研人员尽快地聚焦问题。目前一些深度学习框架，如 Tensorflow 等，本身带有基于 Node.js 技术的可视化组件，为深度学习过程提供算法指标监控和统计。可以以此为基础，将必要的类似功能延伸到预处理、图像分割、特征提取、图像分类等环节，在整个平台中前后贯通。

11.4.2　视频图像智能理解算法研究

巡检视频图像智能理解算法研究共分三个部分，如图 11-6 所示。第一部分，特征提取技术研究；第二部分，视频图像预处理算法研究；第三部分，视频图像识别算法研究。前两部分是第三部分的必要前提工作，其结果直接影响识别算法的精度与速度。

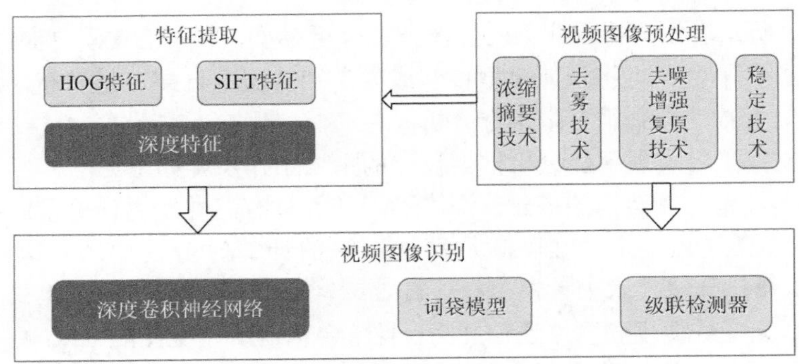

图 11-6　巡检视频图像智能理解算法研究

1. 智能巡检视频图像特征提取技术

1）基于 SIFT 特征的无人机/有人机巡检图像特征提取技术

SIFT 特征是基于物体的一些局部外观的兴趣点提取，与图像的大小和旋转无关。对于光线、噪声、微视角改变的容忍度较高。基于这些特性，它们是高度显著而且相对容易获取的，在基数庞大的特征数据库中，很容易辨识物体而且鲜有误认。使用 SIFT 特征描述对于部分物体遮挡的侦测率也较高，只需要 3 个以上的 SIFT 物体特征就足以计算出位置与方位。在现今的计算机硬件速度和小型的特征数据库条件下，辨识速度可接近即时运算。SIFT 特征的信息量大，适合在海量数据库中快速准确匹配。

SIFT 特征检测主要包括以下 4 个基本步骤。

第一，尺度空间极值检测。搜索所有尺度上的图像位置。通过高斯微分函数来识别潜在的对于尺度和旋转不变的兴趣点。

第二，关键点定位。在每个候选的位置上，通过一个拟合精细的模型来确定位置和尺度。关键点的选择依据它们的稳定程度。

第三，方向确定。基于图像局部的梯度方向，分配给每个关键点位置一个或多个方向。所有后面的对图像数据的操作都相对于关键点的方向、尺度和位置进行变换，从而保证对于这些变换的不变性。

第四，关键点描述。在每个关键点周围的邻域内，在选定的尺度上测量图像局部的梯度。这些梯度被变换成一种表示，这种表示允许比较大的局部形状的变形和光照变化。

2）基于 HOG 特征的变电站监控视频图像特征提取技术

方向梯度直方图（histogram of oriented gradient，HOG）特征是一种在计算机视觉和图像处理中用来进行物体检测的特征描述子。其提取流程如下。

第一，对输入图像进行灰度化，将图像看作一个灰度的三维图像。

第二，采用 Gamma 校正法对输入图像进行颜色空间的标准化（归一化），目的是调节图像的对比度，降低图像局部的阴影和光照变化所造成的影响，同时可以抑制噪声的干扰。

第三，计算图像每个像素的梯度（包括大小和方向），主要是为了捕获轮廓信息，同时进一步弱化光照的干扰。

第四，将图像划分成小区（cell），如每个 cell 为 6 像素×6 像素。

第五，统计每个 cell 的梯度直方图（不同梯度的个数），即可形成每个 cell 的特征描述符。

第六，将几个 cell 组成一个块（block）（如每个 block 为 3×3 个 cell），一个 block 内所有 cell 的特征描述符串联起来便得到该 block 的 HOG 特征描述符。

第七，将图像 image 内的所有 block 的 HOG 特征描述符串联起来就可以得到该 image 的 HOG 特征描述符。这就是最终的可供分类使用的特征向量。

3）基于深度特征的巡检图像以及监控视频图像特征提取技术

在卷积神经网络中包含特征提取层，其中每个神经元的输入与前一层的局部接受域相连，并提取该局部的特征。该局部特征被提取后，它与其他特征间的位置关系也随之确定下来。

深度卷积神经网络（DCNN）通过模拟视觉感知系统的层次结构，建立含有丰富隐含层结构的机器学习模型，通过大量的数据训练，能够学习获得有用的本质特征，它一般由卷积层、池化层、全连接层三种神经网络层以及一个输出层（Softmax 等分类器）组成，如图 11-7 所示，其实质是多层的感知器神经网络，每层由多个二维平面块组成，每个平面块由多个独立神经元组成。

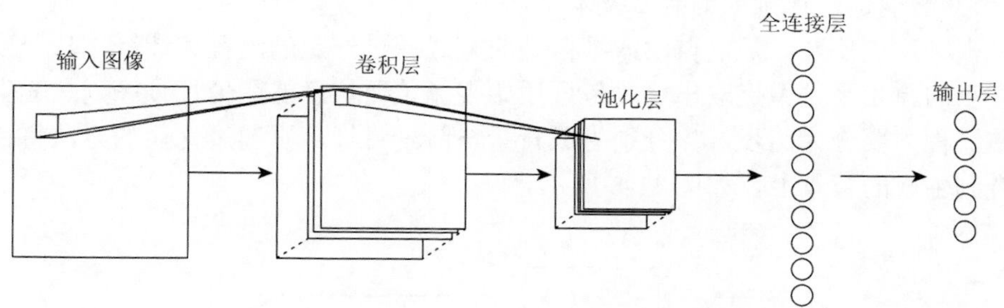

图 11-7　深度卷积神经网络模型

其各层操作如下。

第一，卷积层。卷积层通过局部接受域与上一层神经元实现部分连接，在同一局部接受域内的神经元与图像区域中对应像素由固定二维平面编码信息关联，迫使神经元提取局部特征，在每层的各个位置分布着许多组不同的神经元，每组神经元有一组输入权值，这些权值与前一层神经网络矩形块中的神经元关联，即共享权值，减少了权值数量，降低了网络模型的复杂度。卷积层在 DCNN 中起着至关重要的特征提取的功能，通过局部接受域方法获取的观测特征与平移、缩放和旋转无关，其权值共享结构减少了权值数量，进一步降低了网络模型的复杂度。卷积层的输出是网络中的卷积层特征图（feature map）。

第二，池化层。池化层是特征映射层，选择卷积特征图中不同的连续范围作为池化区域，然后取特征的最大值或平均值作为池化区域的特征，从而减少特征向量维度，实现局部平均和抽样，使特征映射输出对平移、旋转、比例缩放等形式变换的敏感度下降。池化层通常跟在卷积层之后，这样便构成了一个两次特征提取的结构，从而在对输入样本识别时，网络有很好的畸变容忍能力。

第三，全连接层。全连接层是本层神经元与上层神经元两两连接但本层神经元之间不连接的结构，相当于多层感知器（multilayer perceptron，MLP）中的隐含层，局部特征信息作为输出层（Softmax 等分类器）的输入，其后不再接卷积层，因为通过全连接层之后，图像特征已由二维信息降为一维信息，已无法进行二维卷积运算。

第四，输出层。Softmax 分类器是逻辑回归模型在多类别分类问题上的推广，可预测 k 种可能（k 为样本标签的种类数），但这里要求每个样本的标签必须是唯一的，若是多标签样本，则 Softmax 模型不适用。对于 Softmax 的代价函数求最优解，通常采用随机梯度下降法、牛顿法、拟牛顿法等迭代算法来求解。

2. 智能巡检视频图像预处理算法

1）智能巡检视频浓缩摘要技术

视频浓缩摘要，是以自动或半自动的方式通过一定的流程和计算，从一段冗长复杂的原始视频中提取出一段包含原始视频主要信息的图像视频序列。其生成算法流程主要分为两步，先分别生成背景与前景目标，再通过优化的方法将目标融合到生成的背景上，如图 11-8 所示。

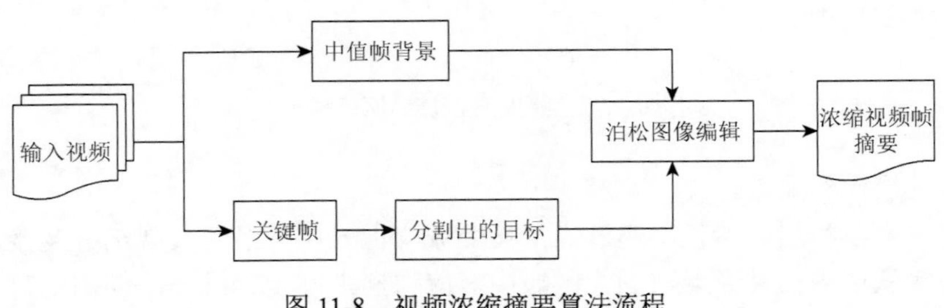

图 11-8　视频浓缩摘要算法流程

第一，读取视频。

第二，根据设定的时间间隔定位区间中值，读取中值位置的视频帧。

第三，选定关键帧。从第一帧视频帧开始处理，选出关键帧。关键帧的选取方法参考关键帧摘要的生成。

第四，区域填补。对选定的关键帧对应得到的前景图像进行区域填补，分隔出关键帧中目标的范围。

第五，去除重复目标。比较相邻关键帧中目标重心的位置和移动距离，去除重复的前景目标。

第六，确定目标位置。确定了前景目标的区域，通过判断目标的重心和目标区域所占图像区域的比值判断背景帧上当前目标的区域是否已经安置了其他目标或判断背景帧上是否“放满”了目标，由此决定前景目标安放的位置。

第七，融合目标。确定了选定目标的位置，利用泊松图像编辑，将前景目标融合到代表当前目标区间的背景帧上。

第八，重复步骤三～步骤七，直到处理完所有的视频帧。

2）无人机/有人机巡检图像去雾技术

随着大气污染问题越来越受重视，图像去雾对改善自动获取的图像质量的意义不言而喻，本书拟采用基于暗通道的图像去雾算法。

暗通道优先去雾方法是建立在户外自然场景暗通道优先法则基础上的去雾方法。暗通道优先去雾方法则认为无雾的户外自然场景图像，在经过暗通道优先处理之后，大部分像素的亮度将接近零，如果暗通道图像中存在大量亮度较高的像素，那么这些亮度应来自于空气中的雾气或天空。对于雾化的原始图像，将能够从暗通道优先处理的结果中得到初始透射图和空气颜色值。透射图中亮度越高的地方表示此处场景色彩的通过性越好，也可以理解为距离视点越近。

3）巡检图像去噪技术

现实中的数字图像在数字化和传输过程中常受到成像设备与外部环境噪声干扰等的影响，称为含噪图像或噪声图像。减少数字图像中噪声的过程称为图像去噪。

均值滤波是典型的线性滤波算法，线性滤波的基本原理是用均值代替原图像中的各个像素值，即对待处理的当前像素点(x,y)，选择一个模板，该模板由其邻近的若干像素组成，求模板中所有像素的均值，再把该均值赋予当前像素点(x,y)，作为处理后图像在该点上的灰度值$g(x,y)$，即$g(x,y)=\frac{1}{m}\sum f(x,y)$，$m$为该模板中包含当前像素在内的像素总个数。

中值滤波器是一种常用的非线性平滑滤波器，基本原理是把数字图像或数字序列中一点的值用该点邻域内各点的中值代换。设$f(x,y)$表示数字图像像素点(x,y)的灰度值，滤波窗口为 A 的中值滤波器可以定义为 $f(x,y)=\text{MED}\{f(x,y)\},(x,y)\in A$。若 A 区域有 n 个像素点，当 n 为奇数时，n 个数 $x_1,x_2,\cdots,x_n$ 的中值就是按数值大小顺序处于中间的数；当 n 为偶数时，定义两个中间数的平均值为中值。

4）巡检图像增强技术

图像增强技术是采用一系列技术去改善图像的视觉效果，或将图像转换成一种更适合人或机器进行分析处理的形式。它并不以图像保真为准则，而是有选择地突出某些对人或机器分析有意义的信息，抑制无用信息，提高图像的使用价值。

采用直方图均衡化对巡检图像作增强处理，直方图均衡化是将原图像的直方图通过变换函数修正为均匀的直方图，然后按均衡直方图修正原图像。图像均衡化处理后，图像的直方图是平直的，即各灰度级具有相同的出现频数，那么灰度级具有均匀的概率分布，图像看起来就更清晰了。

对给定的待处理图像进行统计直方图，求出

$$P_r(r_k)=n_k/N$$

根据统计出的直方图采用累积分布函数进行变换，求出变换后的新灰度。

$$S_k=T(r_k)=(L-1)\sum_{j=0}^{k}P_r(r_j)$$

另外，用新灰度代替旧灰度，这一步是近似过程，应根据处理目的尽量做到合理，同时把灰度值相等或近似地合并到一起。

5）巡检图像复原技术

现有的监控系统主要目标为宏观场景的监视，一个摄像机，覆盖一个很大的范围，导致画面中目标太小，人眼很难直接辨认。这类由欠采样导致的模糊占很大比例，对于由欠采样导致的模糊需要使用超分辨率重构的方法进行处理。

超分辨率复原是通过信号处理的方法，在提高图像分辨率的同时改善采集图像质量。其核心思想是通过对成像系统截止频率之外的信号高频成分估计来提高图像的分辨率。超分辨率复原技术最初只对单幅图像进行处理，这种方法由于可利用的信息只有单幅图像，图像复原效果有着固有的局限。序列图像的超分辨率复原技术旨在采用信号处理方法，通过对序列低分辨率退化图像的处理来获得一幅或者多幅高分辨率复原图像。序列图像复原可利用帧间的额外信息，比单幅复原效果更好，是当前的研究热点。

序列图像的超分辨率复原主要分为频域法和空域法两大类。频域法的优点是理论简单，运算复杂度低，缺点是只局限于全局平移运动和线性空间不变降质模型，包含空域先验知识的能力有限。空域法所采用的观测模型涉及全局和局部运动、空间可变模糊点扩散函数、非理想亚采样等，而且具有很强的包含空域先验约束的能力。常用的空域法有非均匀插值法、迭代反投影方法、凸集投影法、最大后验估计法、最大似然估计法、滤波器法等，其中最大后验估计法和凸集投影法两种方法研究较多，发展空间很大。

6）巡检移动监控视频稳定技术

视频抖动是指拍摄过程中由于摄像机存在不一致的运动噪声而造成视频序列的抖动和模糊。为了消除这些抖动，需要提取摄像机的真实全局运动参数，然后采用合适的变换技术补偿摄像机的运动，使视频画面流畅而稳定，这项技术通常称为视频去抖动或视频稳定。视频去抖动处理的核心问题是全局运动参数的估计和滤波处理。一般来说，场景中静止的背景物体占据较大的比例，这类物体对应的运动矢量采用区域相关方法（实质就是块运动估计）能够获得较高的匹配精度。其流程如下。

第一，块运动估计。采用块运动估计算法获得相邻帧之间的运动矢量，这些运动矢量实际上既包含了摄像机的全局运动，又包含了场景中移动物体的局部运动，显然局部运动对摄像机的全局运动没有贡献。

第二，运动矢量的时空滤波处理。对运动矢量进行时空滤波处理，将这类局部运动矢量（也称为局外点）加以剔除。

第三，全局运动估计。采用一种快速 M 估计方法，可以在提高估计精度的同时保持较低的运算复杂度，计算出相邻帧之间的全局运动参数集。

第四，运动参数滤波。在时间轴上对运动参数进行均值滤波处理，将随机抖动造成的运动噪声加以剔除。

第五，运动校正。根据新的全局参数对原始的视频流进行变换（即运动校正），就获得稳定的视频流。

3. 基于深度卷积神经网络和传统图像处理技术的视频图像识别算法

1）基于深度卷积神经网络的巡检视频图像识别算法

深度卷积神经网络由卷积层和次采样层（也称为池化层）交叉堆叠而成。网络前向计算时，在卷积层，可同时有多个卷积核对输入进行卷积运算，生成多个特征图，每个特征图的维度相对于输入的维度有所降低。在次采样层，每个特征图经过池化（pooling）得到维度进一步降低的对应图。多个卷积层和次采样层交叉堆叠后，经过全连接层到达输出层。网络的训练类似于传统的人工神经网络训练方法，采用 BP 算法将误差逐层反向传递，使用梯度下降法调整各层之间的参数。CNN 可提取输入数据的局部特征，并逐层组合抽象生成高层特征。基于深度卷积神经网络的巡检视频图像识别算法主要包括 2 个阶段。

训练阶段：首先，将训练样本通过卷积神经网络得到预训练的网络结构，然后提取训练样本特征；其次，将得到的特征进行归一化，主成分分析（principal component analysis，PCA）降维；最后，结合得到的训练特征和标签，训练支持向量机（support vector machine，SVM）分类器。

测试阶段：测试样本直接通过预训练好的网络，提取得到特征，然后进行归一化、降维等操作，最后通过训练阶段得到的 SVM 分类器，输出就是预测标签。

2）基于词袋模型的巡检视频图像识别算法

词袋模型识别方法步骤如下。

第一，利用 SIFT 算法从图像集的所有图像中提取 SIFT 特征形成视觉词汇向量。

第二，利用聚类方法（如 *k*-means 聚类）对第一步提取的 SIFT 特征即视觉词汇进行聚类，得到 k 个聚类中心，利用这些聚类中心构建词典（码本）。

第三，在每一幅图片中统计词典的每个单词对应 SIFT 特征的数量，这样一幅图就可用 *k*-entry 向量或者统计直方图的形式表示出来。

第四，将图像用词袋模型表示成一个向量，这样便可以利用其代表图像进行检索、分类等操作。

3）基于级联检测器的巡检视频图像识别算法

级联强分类器的策略是将若干个强分类器由简单到复杂排列，希望经过训练使每个强分类器都有较高检测率，而误识率可以降低，例如，约 99%的目标图像可以通过，但 50%的非目标图像也可以通过，这样，如果有 20 个强分类器级联，那么它们的总识别率约等于 80%，错误接受率也仅约等于 0.0001%，这样的效果就可以满足现实的需要。

设级联分类器共有 L 层，$h(x)$ 表示各层强分类器，T_i 为各级强分类器中弱分类器个数 $(i=1,2,\cdots,L)$，$h_{ij}(x)$ 表示第 i 层强分类器的第 j 个弱分类器。级联强分类器的结构如图 11-9 所示。

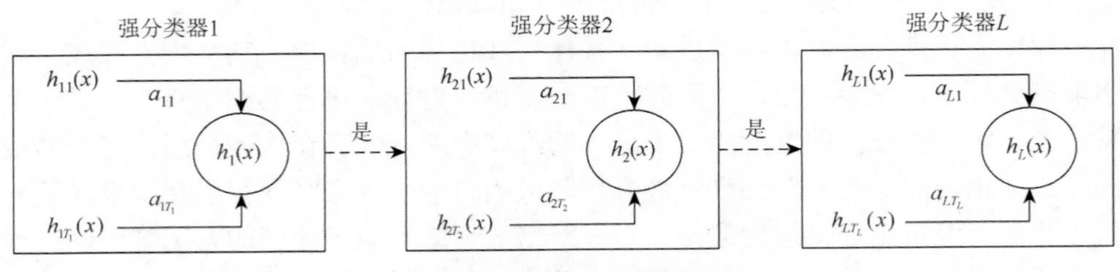

图 11-9　级联强分类器结构

11.5　人工智能巡检应用落地

基于深度学习模型的电网典型应用，可为大规模复杂电力系统的安全经济高效运行提供计算模型支持。在理论和算法方面进行的研究可在人工智能电网中的应用中开拓新的研究领域，引领新的技术方向，促进对传统电力系统分析相关领域的变革和创新，形成基于深度学习的电网应用系统。

现阶段人工智能在巡检中的应用成果如图 11-10 所示。

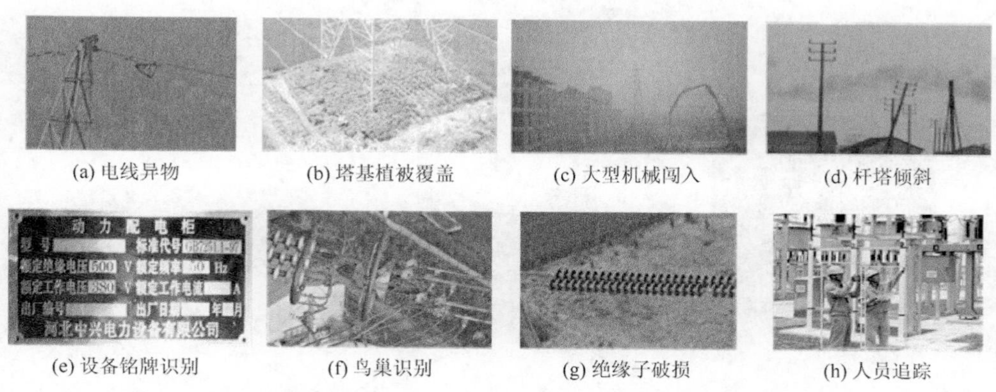

(a) 电线异物　(b) 塔基植被覆盖　(c) 大型机械闯入　(d) 杆塔倾斜

(e) 设备铭牌识别　(f) 鸟巢识别　(g) 绝缘子破损　(h) 人员追踪

图 11-10　人工智能在巡检中的主要应用成果

实现人工智能在巡检中应用的前提是开发多样化的基于深度学习的图像识别技术以及其他电网图像分析挖掘技术的应用系统，并考虑实际运行需求进行功能完善，为后续利用实际地面移动搭载平台、无人机搭载平台、有人机搭载平台采集到的真实数据实现程序软件的功能和性能验证，采用离线的方式进行初期运行，为进一步在线应用和推广做前期技术准备（图 11-11）。

11.5.1　无人机巡检场景应用

对无人机巡检采集图像数据（千张以上图片）进行缺陷自动化识别，重点对线路、杆塔、警示牌、塔基等异物覆盖或状态异常进行检测，试点效果达到智能分析系统要求的技术经济指标[38]。导线上缠绕有杂物的典型识别效果如图 11-12 所示。

11.5.2　智能机器人巡检场景应用

利用智能机器人对变电站进行设备缺陷和危险因素智能化识别。如图 11-13 所示，重点对变压器、断路器、隔离开关、机构箱、烟雾、火灾、实验室异物等进行监测。

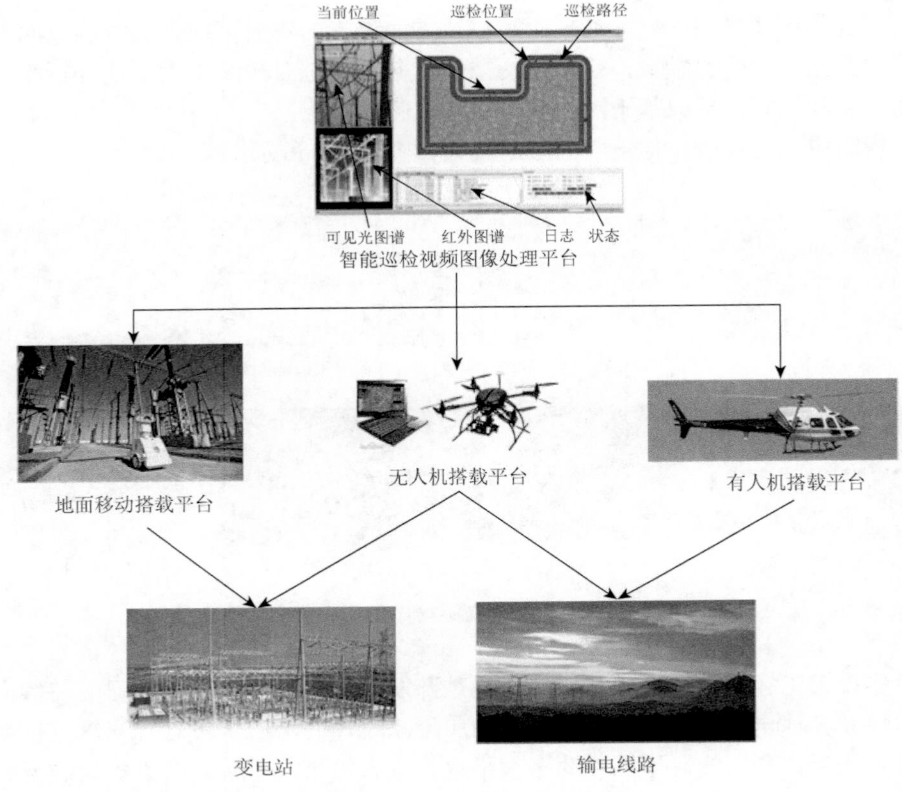

图 11-11　研究成果推广应用场景

图 11-12　无人机巡检图

图 11-13　智能机器人巡检图

第 12 章　总结与展望

12.1　智能巡检需求分析

随着特高压输电线路和变电站设备总量的逐年增多，常规条件和复杂条件下电力设备智能巡检技术日益重要，凸显无人机智能巡检、机器人智能巡检、人工智能巡检和智能巡检装备及技术的重要性，特别是基于 5G 和自主化 AI 芯片的发展，如何提高智能巡检水平，降低人力成本已成为趋势。“十三五”期间，输电线路、变电站、电缆线路智能巡检技术得到一定发展，输电线路无人机、变电站机器人和电缆隧道机器人已在电网实现初步应用，但尚未开展规模化巡检，充电和续航能力仍有待提高，可开展的巡检仍停留在图像识别等维度，且不深入。现阶段国内外研究发展主要集中在无人机智能巡检、机器人智能巡检、人工智能巡检和智能巡检装备及技术的深化应用方面。随着新能源技术的发展与应用，海上风电得到不断发展，同时柔性直流输电为海岛送电提供了新的送电形式，都为海底电缆发展提供了机遇，海底电缆的智能巡检技术有待突破。有必要结合 5G 和自主化 AI 芯片技术，提升特高压变电站、特高压线路、海底电缆等复杂工况下输变电设备的智能巡检技术。

在变电站智能巡检技术方面，需要进一步开展巡检机器人行走方式研究，作业机器人的研发，无人机巡检技术深化研究，结合 5G、人工智能技术发展，提升图像、视频识别准确性，建立综合的智能分析系统，提高设备故障辨识能力，为超、特高压变电站智能立体巡检提供坚实的基础。在电缆智能巡检技术方面，开展基于 5G、人工智能技术的电缆通道巡检技术提升研究，开展海底电缆故障特征研究，提升海底电缆故障辨识准确性；深入研究海底电缆巡检机器人，突破机器人水下充电、续航能力不足等问题，为海底电缆智能巡检技术提供支撑。输电线路智能巡检技术方面，需要研究基于实物 ID 应用的输电线路无人机、机器人智能巡检作业技术，基于智能传感和智能化巡检作业装备的立体化智能巡检作业体系，基于 5G 和自主化 AI 芯片的输电线路多边协同精细化巡检技术，基于数字孪生的输电通道智能全景感知技术。配电智能巡检方面，需要研究配电室机器人系统及协同巡检方法，提高配电室巡检效率和智能化程度，实现配电室内设备状态及运行环境的自主巡检控制和远程全景监控，提高配电设备运行可靠性。

12.2　智能巡检技术发展趋势

在设备智能巡检技术领域，发展趋势为深化应用基于实物 ID 应用的无人机、机器人等智能巡检作业技术，建立集成智能传感和智能化巡检作业装备的立体化智能巡检作业体系，建设基于数字孪生的智能全景感知系统，开展基于 5G 和国产 AI 芯片的输变电设备多边协同精细化巡检。

输电线路智能巡检技术方面的发展趋势为巡检体系的精细化和立体化。研究形成空天地一体化的输电线路立体智能巡检作业体系，基于无人机、机器人等智能巡检作业技术，开展集成 5G 和国产 AI 芯片的输电线路多边协同精细化巡检，实现输电通道智能全景感知技术。

变电站智能巡检技术方面，发展趋势为拓宽巡检和作业维度，增加智能巡检的适应性和覆盖面，提升智能巡检装备的智能化水平，切实提高巡检效率。深入开展巡检机器人行走方式研究，提高巡检区域的适应性；开展作业机器人的研发，不仅达到巡视目的，而且实现作业功能；开展无人机巡检技术深化研究，解决变电站高、中空域移动观察视角盲区以及机器人巡视速度慢的问题；基于 5G、人工智能等技术，提升图像、视频识别能力。基于以上研究，实现变电站的立体巡检，首先在超、特高压变电站开展智能立体巡检技术的推广应用。

电缆智能巡检技术方面，发展趋势为复杂甚至恶劣工况下电缆的智能巡检。基于 5G、人工智能技术，将开展电缆通道巡检技术提升研究；随着海上风电不断发展，基于海岛供电、柔性直流输电技术发展需求，海底电缆工程不断增加，迫切需要开展海底电缆巡检技术研究，尤其是海底电缆巡检机器人研制，需解决机器人充电及水下图像、视频识别等技术难题。

12.3　智能巡检关键技术发展方向

1. 输电线路智能巡检技术

研究架空输电线路智能巡检作业技术，突破基于专业化无人机、机器人和卫星遥感的输电通道立体化巡检和监测技术，构建融合 5G 与自主化 AI 芯片边缘计算的输电线路多边协同精细化巡检体系，攻关基于激光点云和数字孪生的全景感知和智能监控技术，实现密集输电通道状态的全面感知、可视化展示、灾害预警及风险模拟。

2. 变电站智能巡检技术

开展超、特高压变电站智能立体巡检关键技术研究，研发适用于狭小空间的智能装置，研究超、特高压变电站密集气体绝缘开关设备群巡检机器人及驻站巡检无人机巡检技术，研究变电设备缺陷图像智能识别技术、基于云端异构分析诊断技术，利用边云协同的联合巡检技术，构建超、特高压变电站智能联动立体巡检体系。

3. 电缆智能巡检技术

基于人工智能和边缘计算，完善高压电缆线路感知能力，提升巡检大数据多场景分析能力，深化电缆隧道多信息融合技术，基于电缆故障机理及故障自动识别技术，实现电力电缆运行状态与寿命评估，依据声、光、热判别电缆各类型故障，实现基于全景感知与边缘计算技术的电缆通道综合监测及智能预警。

参 考 文 献

[1] 张楠. 变电站巡检机器人路径规划的智能算法研究[D]. 合肥：合肥工业大学，2018：3-4.

[2] 崔健. 变电站智能巡检机器人改进技术研究[D]. 济南：山东大学，2018：1-3.

[3] 罗宇亮，沈洁. 智能机器人巡检系统在输变电工程中的应用研究[J]. 电测与仪表，2020，57（23）：17-21.

[4] 杨旭东，黄玉柱，李继刚，等. 变电站巡检机器人研究现状综述[J]. 山东电力技术，2015，42（1）：30-34.

[5] 彭向阳，钱金菊，吴功平，等. 架空输电线路机器人全自主巡检系统及示范应用[J]. 高电压技术，2017，43（8）：2582-2591.

[6] 胡雨濛，吴功平. 高压输电线路绝缘子清扫与检测机器人的研究[J]. 机床与液压，2017，45（5）：1-4，9.

[7] 吴庆，赵涛，佃松宜，等. 基于 FPSO 的电力巡检机器人的广义二型模糊逻辑控制[J]. 自动化学报，2022，48（6）：1482-1492.

[8] 李岩，彭玉金，时海刚. 无人机在输电线路巡检的应用[J]. 国网技术学院学报，2021，24（1）：9-11.

[9] 邢景尧，赵辉，佟明. 无人机在输电线路运行中的应用分析[J]. 电工技术，2021，（9）：79-81.

[10] 杨英仪. 深度学习赋能电网智能巡检新装备[J]. 人工智能，2020，（3）：64-72.

[11] 李振宇，郭锐，赖秋频，等. 基于计算机视觉的架空输电线路机器人巡检技术综述[J]. 中国电力，2018，51（11）：144-151.

[12] 赵晖. 电缆隧道巡检机器人机械系统设计与作业性能研究[D]. 南京：东南大学，2018：4-8.

[13] 牛祉霏. 变电站设备巡检机器人系统设计方案的研究与应用[D]. 北京：华北电力大学，2016：15-17.

[14] 丘海斌，陈丹，王孝顺. 基于机器视觉的水表抓取系统[J]. 计算机系统应用，2020，29（3）：80-86.

[15] 蒋强卫. 基于卷积神经网络的双目视觉物体识别与定位研究[D]. 哈尔滨：哈尔滨工程大学，2017：31-35.

[16] 袁国亮. 无监督学习和多重采样对卷积神经网络的优化研究[D]. 武汉：湖北工业大学，2019：29-32.

[17] 李旭冬，叶茂，李涛. 基于卷积神经网络的目标检测研究综述[J]. 计算机应用研究，2017，34（10）：2881-2886.

[18] 刘海莹，莫文昊，谈元鹏，等. 基于方向自适应检测器的输电线路设备检测方法[J]. 电网技术，2021，45（12）：4888-4895.

[19] 杨雪梦，姚敏茹，曹凯. 移动机器人 SLAM 关键问题和解决方法综述[J]. 计算机系统应用，2018，27（7）：1-10.

[20] 班涛. 室内环境下移动机器人地图构建技术的研究[D]. 天津：南开大学，2010：12-14.
[21] 朱凯，刘华峰，夏青元. 基于单目视觉的同时定位与建图算法研究综述[J]. 计算机应用研究，2018，35（1）：1-6.
[22] 白瑞林，彭建建，李新. 一种基于 ORB-SLAM2 的双目三维稠密建图方法：中国，CN108520554A[P]. 2018.
[23] 张超凡. 基于多目视觉与惯导融合的 SLAM 方法研究[D]. 合肥：中国科学技术大学，2019：14-16.
[24] 潘林豪，田福庆，应文健，等. 单目相机-IMU 外参自动标定与在线估计的视觉-惯导 SLAM[J]. 仪器仪表学报，2019，40（6）：56-67.
[25] 何庆稀，游震洲，孔向东. 一种基于位姿反馈的工业机器人定位补偿方法[J]. 中国机械工程，2016，27（7）：872-876.
[26] 严盼辉. 基于视觉的绳驱柔性机械臂形状测量与目标定位方法[D]. 哈尔滨：哈尔滨工业大学，2019：33-34.
[27] 黄金鑫，赵勇. 一种改进的未知环境无人机三维地图实时创建方法[J]. 机械与电子，2015，（1）：76-80.
[28] 赵晖，钱瑞明. 新型电缆隧道巡检机器人机构设计与轨道优化仿真[J]. 机械设计与制造工程，2018，3（47）：66-70.
[29] 黄山，吴振升，任志刚，等. 电力智能巡检机器人研究综述[J]. 电测与仪表，2020，57（2）：31-43.
[30] 霍春宝，杨闯，佟智波，等. OCR 下的改进 SIFT 人脸识别算法[J]. 辽宁工程技术大学学报（自然科学版），2021，40（4）：378-382.
[31] 柏溢，陈云杰. 基于多接入边缘计算的通信网络融合架构研究[J]. 长江信息通信，2021，34（8）：12-14.
[32] 蔡恬，林哲. 融合深度学习目标识别的监控视频摘要浓缩方法[J]. 现代计算机，2020，（24）：49-53.
[33] 丁泳钧，黄山. 一种用于图像去雾的改进生成对抗网络[J]. 计算机工程，2022，48（6）：207-212.
[34] 徐友洪，童根树. 基于双椭圆滤波算法的傅里叶变换轮廓术[J]. 组合机床与自动化加工技术，2021，（8）：36-39，43.
[35] 杨棉绒，牛丽平. 基于 LGBM 的 Zernike 特征选取及红外图像目标识别方法[J]. 红外与激光工程，2022，51（4）：405-410.
[36] 王玉梅，张家康. 基于卷积神经网络多判据融合的井下电网故障选线方法[EB/OL]. http://kns.cnki. net/kcms/detail/12.1420.TM.20210826.1712.010.html[2021-10-13].
[37] 张军，谢竟成，沈凡凡，等. 通用图形处理器缓存子系统性能优化方法综述[J]. 计算机研究与发展，2020，57（6）：1191-1207.
[38] 黄郑，王红星，翟学锋，等. 输电线路无人机自主巡检方法研究与应用[J]. 计算技术与自动化，2021，40（3）：157-161.